普通高等教育规划教材

工程制图与 CAD

李 勇 时培宁 主编

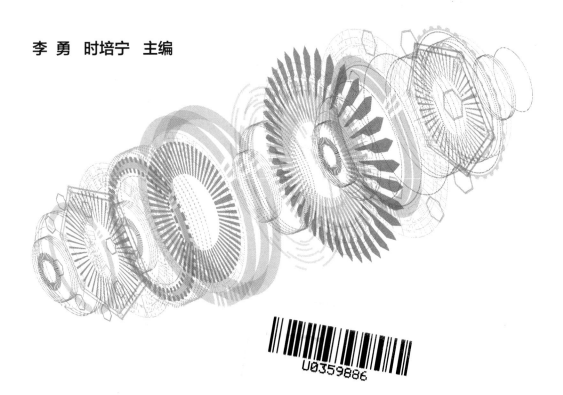

 化学工业出版社

·北京·

内 容 简 介

　　《工程制图与CAD》系统介绍了工程制图的最新国家标准、画法几何投影原理、工程制图的方法步骤、AutoCAD绘图基础及部分工程绘图实例等方面的内容，部分机械图、建筑图及平面布置图等绘图实例附有视频资料便于学习，力求满足目前食品、轻工、环境等非机械类专业工程的绘图需求。全书共分12章，按点、线、面、立体、零件、设备、工艺、建筑物等的投影图绘制方法，循序渐进地介绍；为了加强计算机绘图练习，在第2章即介绍AutoCAD绘图知识，便于在机上完成课程作业。

　　本书编写针对非机械类专业，在重视实际应用，培养基础绘图能力的同时，加强计算机绘图能力培养。本书既可作为食品工程、生物工程、轻工工程、环境工程等非机械类专业本科教材使用，也可作为该领域工程技术人员的参考资料使用。

图书在版编目（CIP）数据

　　工程制图与CAD/李勇，时培宁主编．—北京：化学工业出版社，2021.4（2024.1重印）
　　ISBN 978-7-122-38377-8

　　Ⅰ.①工…　Ⅱ.①李…②时…　Ⅲ.①工程制图-AutoCAD软件-教材　Ⅳ.①TB237

　　中国版本图书馆CIP数据核字（2021）第017008号

责任编辑：刘丽菲	文字编辑：林　丹　陈立璞
责任校对：王　静	装帧设计：史利平

出版发行：化学工业出版社（北京市东城区青年湖南街13号　邮政编码100011）
印　　装：三河市双峰印刷装订有限公司
787mm×1092mm　1/16　印张15¼　字数379千字　2024年1月北京第1版第5次印刷

购书咨询：010-64518888　　　　　　售后服务：010-64518899
网　　址：http://www.cip.com.cn
凡购买本书，如有缺损质量问题，本社销售中心负责调换。

定　　价：48.00元

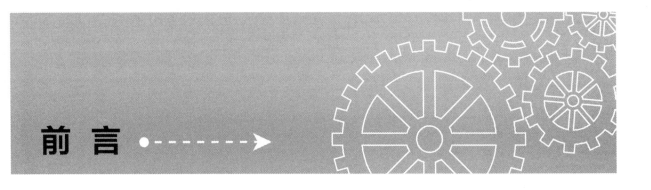

前 言

　　为提高非机械类工科专业学生的工程素养，让学生熟悉国内外一线生产企业与科研设计单位读画图纸的方法，根据应用型本科人才培养的特点，按照工科高等教育的培养目标，结合我国卓越计划教育与工程认证教育要求，我们编写了本书。本书的编写立足实用性和系统性，贯彻少而精的原则，以满足非机械类专业的使用需求。

　　本书内容包括基础部分和专业制图部分。基础部分包括机械制图和建筑制图国家标准基本知识、画法几何、投影制图；专业制图部分包括机械制图、建筑识图、AutoCAD、工艺流程图、车间平面布置图等内容。不同专业可根据要求选讲各章内容。本书在加强绘图、读图能力训练的同时，强化了计算机绘图的教学，便于每上2次理论课接着上1次上机课的教学安排，学生练习也全在机上操作。本书的编写有如下几个特点。

　　① 以点、线、面、立体、实物、零件、设备、工艺、建筑物等投影图绘制为线索，由浅入深、循序渐进地引领读者快速入门工程语言。知识点虽然深度不大，但突出重点，内容精选，利于绘图和识图能力的提高，学好本书基本能直接上手CAD图纸的绘制。

　　② 文字叙述力求通俗简练，注意分析解题的思路和步骤，注意培养学生的空间想象能力，以帮助学生理解图物互相转换的问题。图形编排上尽量符合学生的学习习惯，对一些难点和重点问题采用与作图步骤基本一致的分解图。

　　③ 视频讲解，通俗易懂。视频录制时采用网上实际授课的形式，在各知识点的关键处给出解释、提醒和注意事项，有利于工程素质的快速提高，且让学生体会到更多的绘图乐趣。增加设备流程图和车间平面布置图内容，并附有工程实施图样；书中二维彩图、三维彩图、动画和录像可用二维码扫码阅读，便于读者理解和掌握空间抽象内容。

　　本书由徐州工程学院食品与生物工程学院李勇和时培宁主编，徐州工程学院陈凤腾、高兆建和南京航空航天大学李士佩任副主编，枣庄学院梁井瑞，徐州工程学院环境学院张林军，徐州工业职业技术学院王晨，江苏科技大学刘冠卉，徐州工程学院商学兵、杨旭、王帅、周金伟和闫芬芬等老师参编，江苏大学张龙、齐鲁工业大学李洪宇和徐州工程学院汤柯怡参与绘图与稿件整理工作。在本书编写过程中，得到化学工业出版社的大力支持和指导，得到徐州工程学院食品与生物工程学院领导的大力支持，在此一并深表感谢。

　　由于编者水平所限，书中难免存在不足之处，敬请专家和读者批评指正。

编者

2020 年 12 月

目　录

绪论

（1）概述

蒸汽机的出现被认为是欧洲 18 世纪工业革命的开端，直到目前现代工业的各个领域仍然离不开工业化机械生产设备，如食品工业（2015 年我国食品工业规模以上企业主营收入约 11.35 万亿元）、纺织业、轻工业、农业、矿业、建筑业、化工业、医药行业、交通运输业等离不开机械生产设备支撑。一个行业的工业化发展道路往往是一个从手工作坊到半机械化，再到机械化、自动化、智能化的过程。食品、制药等企业的厂房、车间、生产线等硬件设施建设是建立在工厂平面布置图、工艺流程图、车间平面布置图、机械设备设计图等基础之上的，《工程制图与 CAD》就是重点讲述机械制图、建筑制图和车间平面布置图等绘制和阅读的课程，是一门以图形为研究对象、用图形来表达设计思维的课程，能为专业设备课程学习、课程设计、毕业设计和工程实践打下良好技术基础。

图形在古代是文化与文字的起源之一，可以表达思维和情感，它不仅发展为一种艺术，也与人们的生产生活密不可分。我国在 2000 多年前的战国时期就有中山墓建筑平面规划铜板图；南朝，宋，宗炳著的《画山水序》中使用了现代投影原理；北宋李诚在《营造法式》中绘制 570 余幅图，总结了我国的建筑技术和成就，使用了正投影、轴测和透视投影画法。机械定义为利用力学原理组成的各种装置，从原理上分有杠杆、滑轮、枪炮及各种机器（指能转换能量、作工具使用的装置）。建筑是建筑物与构筑物的总称，是人们为了满足社会生活需要，用泥土、砖、瓦、石材、木材、钢筋混凝土、型材等构成的一种供人居住和使用的空间。制图即绘图，指将空间物体按规定绘制在平面上成为图样（图纸）。图样是用来表达物体的形状、大小和技术要求的技术文件，也是表达设计意图、交流思想和指导生产的重要工具，又称无国界的"工程语言"，所以正确规范地绘制和阅读工程图是一名工程技术人员必备的基本素质。现代工程制图已发展为传统制图、设计学和计算机图形学的交叉学科。

工程图样是高度浓缩工程信息的载体，作为指导生产的可视化文件和技术交流的工具使用。随着计算机科学和技术的发展，计算机绘图技术推进了工程设计方法（从人工设计到计算机辅助设计）和工程绘图工具（从直尺圆规到计算机）的发展，改变了工程师和科学家们的思维方式和工作程序。传递机械工程信息的现代方式是以计算机三维实体造型为基础的特征建模形式表达在数据文件中，作为数控加工的依据，进而实现计算机辅助设计、计算机辅助工艺计划和计算机辅助制造一体化的无图纸生产。虽然使用直尺圆规绘图和使用计算机绘图对应着不同的技术基础，但是物体的空间形状、投影法和制图国家标准则是绘制工程图样的共同基础。所以通过本书学习，要学会使用 AutoCAD 进行画图、看图实践，培养学生的工程图学素质。

（2）本课程的主要学习目的

本课程研究工程技术领域图理论与应用，包含工程制图与 AutoCAD 两部分内容，主要讨论从空间立体到平面图形的表达以及从二维到三维图的转换方法；由于计算机绘图具有高效性、高精度，便于管理、检索和修改的突出优点，在现代工业中广泛使用，本课程重点介绍 AutoCAD 2010 软件的绘图方法和使用技能。

本课程主要培养学生的空间分析与创新能力，培养学生在工程技术领域的图形表达和形象思维能力，同时培养学生工程图样绘制与阅读的基本技能。

（3）本课程的主要任务

① 学习和掌握投影制图的基本理论和作图方法，熟悉相关的国家标准，熟悉图和物的转换过程，培养学生绘制和阅读工程图样的基本方法及图解空间几何问题的能力。

② 培养用仪器绘图、计算机绘图和手工绘制草图的能力。

③ 培养空间逻辑思维与形象思维的能力。

④ 培养分析问题和解决问题的能力。

⑤ 培养认真负责的工作态度和严谨细致的工作作风。

（4）本课程的学习方法

① 认真听课，及时复习，认真完成作业，按照正确的制图方法和步骤完成作图，严格遵守相应的国家标准。

② 掌握形体分析法、线面分析法和投影分析法，提高独立分析和解决看图、画图等问题的能力。

③ 注意绘图与识图相结合，物体与图样相结合，多画多看，逐步培养空间逻辑思维与形象思维的能力，加强计算机绘图的应用实践。

第1章

制图的基本知识

图纸作为工程界的语言，必须有统一的规定，这就逐渐形成了国家制图标准，它是画图、看图者要掌握的基本内容，本章加以详细介绍。

1.1 国家标准简介

为适应生产和技术交流的需要，国家标准《技术制图》《机械制图》对工程图样的图纸幅面、绘图比例、图纸上的字体、图线、尺寸标注及图样的表示方法等都做了统一的要求和规定，这就形成了每个制图者必须遵守的国家制图标准。我国于 1959 年首次颁布机械制图系列国家标准，2008 年形成第八次修订技术制图与机械制图系列标准，内容很多，本章重点介绍常用的基本内容。标准号由三部分组成，第一部分是 GB 与 GB/T，"GB"表示国标，"GB/T"表示该标准为推荐标准；第二部分是国标的编号，用数字表示；第三部分是颁布标准的年号。

1.1.1 图纸幅面和格式、标题栏

图纸幅面是指由图纸宽度 B 与长度 L 组成的图面。根据国标 GB/T 14689—2008 的规定，绘制技术图样时，应优先按表 1-1 规定的五种基本幅面尺寸选用图纸，其代号为 A0、A1、A2、A3、A4，长与宽的比为 $\sqrt{2}$，但也允许按规定加长或加宽。

表 1-1　图纸幅面格式及尺寸　　　　　单位：mm

幅面代号	A0	A1	A2	A3	A4
$B \times L$	841×1189	594×841	420×594	297×420	210×297
c	10			5	
a	25				

图纸一般留装订边格式，也可不留装订边，均用粗实线画图框线。装订图纸幅面的横放格式如图 1-1 所示，也有竖放格式。其中图框与图幅间距尺寸详见表 1-1 中对应数值。

标题栏是图纸提供图样信息、图样所表达的产品信息及图样管理信息等内容的表格，按国标 GB/T 10609.1—2008 的规定绘制在图框的右下角。该标准规定了标题栏的基本要求、内容、格式、尺寸和标题栏的填写，如图 1-2 所示。制图作业中推荐采用简化标题栏，如图 1-3 所示。绘制标题栏时，注意标题栏的外框用粗实线绘制，内部的框线用细实线绘制。标题栏内单位名称、图样名称、图样代号、材料用 7 号字书写，其余都用 5 号字书写。

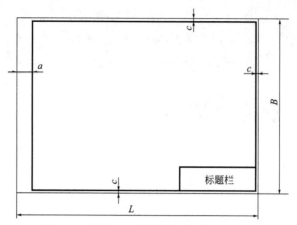

图 1-1 留装订边横放图幅的图框及尺寸

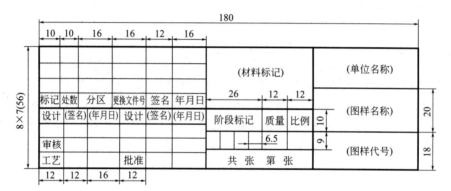

图 1-2 国家标准标题栏的格式与尺寸

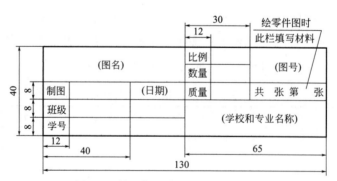

图 1-3 制图作业采用的标题栏格式

1.1.2 比例

比例是指图样中图形与实物相应要素的线性尺寸之比，即图上长度与实际长度的比值。绘图时，要根据所画物体的大小和结构特点选用适当比例，为了方便画图和读图，一般优先选用1∶1比例，称为原值比例。如果绘制图形比实物小，即为缩小比例；如果绘制图形比实物大，即为放大比例。不管绘制物体时采用的比例是多少，在标注尺寸时，仍应按物体的实际尺寸标注，与绘图的比例无关。表1-2列出了国家标准GB/T 14690—1993中规定的比例值，可根据绘图需要选择合适比例使用。

表 1-2 图纸幅面格式及尺寸

种类	比例
原值比例	1∶1
缩小比例	1∶2　　1∶5　　1∶10 1∶2×10ⁿ　　1∶5×10ⁿ　　1∶10ⁿ
放大比例	2∶1　　5∶1　　10∶1 2×10ⁿ∶1　　5×10ⁿ∶1　　10ⁿ∶1

注：n 为整数。

1.1.3 字体

图样中除了有表达形状的图形外，还有文字、字母和数字，用来说明技术要求和尺寸等。国标 GB/T 14691—1993 对字体的书写作出具体规定。

① 图样中书写的字体必须做到字体工整、笔画清楚、间隔均匀、排列整齐。

② 字体的号数即为字体的高度 h，其公称尺寸系列为 1.8mm、2.5mm、3.5mm、5mm、7mm、10mm、14mm、20mm 等。

③ 汉字必须写长仿宋体字体，采用中华人民共和国国务院正式公布推行的简化字。汉字的高度 h 不应小于 3.5mm，其宽度约为 $h/\sqrt{2}$。

④ 字母和数字根据宽度不同分为 A 型和 B 型。A 型字体的笔画宽度为字高的 1/14，B 型字体的笔画宽度为字高的 1/10。字母和数字可写成斜体或直体，工程图样通常写成斜体。斜体字字头向右倾斜，与水平基准线成 75°。用作指数、极限偏差、注脚等的数字和字母一般用小一号字体书写。

字体具体写法示例如图 1-4 所示。文字要横平竖直、注意起落、大小一致、结构匀称。CAD 中文字的输入：单击绘图工具栏多行文字，光标移至要输入处单击，然后在显示的对话框中输入文字、数字和字母，再选择字体、字号等。

$$0123456789$$

字体端正笔画清楚

I II III IV V VI VII VIII IX X

排列整齐间隔均匀

Abcdefghijk　　*ABCDEFGHIJK*

图 1-4　文字和数字书写示例

1.1.4 图线

(1) 图线类型及其应用

《技术制图 图线》（GB/T 17450—1998）中规定了适应于各种技术图样中图线的名称、线型、线宽、构成、标记及画法规则等；《机械制图 图样画法 图线》（GB/T 4457.4—2002）中规定了机械制图中所用图线的规则。工程图样一般用表 1-3 中规定的八种图线绘图。

表 1-3　图线名称、线型、线宽及用途

图线名称	图线形式	图线宽度	一般应用
粗实线	b ————	b	可见轮廓线等
细实线	————	约 $b/3$	尺寸线、尺寸界线、剖面线、引出线等
虚线	1　2～6 – – –	约 $b/3$	不可见轮廓线等
细点画线	15～20　≈3 —·—·—	约 $b/3$	轴线、对称中心线等
双点画线	15～20　≈5 —··—··—	约 $b/3$	假想投影轮廓线、极限位置的轮廓线等
波浪线	∼∼∼	约 $b/3$	断裂处边界线
双折线	─⌇─⌇─	约 $b/3$	较长断裂外边界线等
粗点画线	━━　━・━	b	有特殊要求的线或表面的表示线

图线的线宽 d 应根据图形的大小和复杂程度，在下列系列中选择：0.18mm、0.25mm、0.35mm、0.5mm、0.7mm、1mm、1.4mm、2mm。一张图上的图线一般只有两种宽度，即粗线 d 和细线 $d/2$，其宽度之比为 2：1；一般粗线优先用 0.5mm、0.7mm 或 1.0mm 宽度。

（2）图线的画法

图线的具体应用如图 1-5 所示。绘制图线时还应注意以下几点。

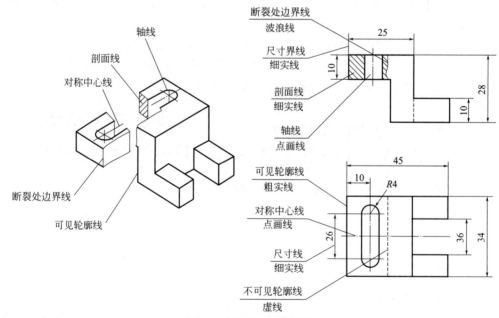

图 1-5　图线的用途示例

① 同一图样中同类图线的宽度应基本一致；虚线、点画线及双点画线的线段长度和间隔应各自大致相等。

② 两条平行线（包括剖面线）之间的距离应不小于粗实线的两倍宽度，其最小距离不得小于 0.7mm。

③ 绘制圆的对称中心线时，圆心应为长画的交点，点画线和双点画线的首末两端不能是短画。在较小的图形上绘制点画线、双点画线有困难时，可用细实线代替。

④ 轴线、对称线等应超出相应轮廓线 2～5mm。

⑤ 点画线、虚线与其他图线相交时，都应有实际的交点；虚线处于实线的延长线上时，在分界处要留有间隙；当虚线圆弧与虚线直线相切时，虚线圆弧的线段应画到切点，而虚线直线需留有间隙。

⑥ 粗实线与虚线或点画线重叠时，应画粗实线；虚线与点画线重叠，应画虚线。

1.1.5　尺寸标注

图形只能表达机件的形状，而大小则由标注的尺寸确定。国家标准 GB/T 4458.4—2003 规定了尺寸标注的基本规则、尺寸组成及各类尺寸标注方法。

(1) 基本规则

① 机件的真实大小以图样上所标注的尺寸数值为依据，与图形的大小及绘图的准确度和比例无关。

② 图样中的尺寸以毫米（mm）为单位时，不需标注其计量单位的代号或名称，如采用其他单位，则必须注明相应的单位符号。

③ 图样所标注尺寸是该机件的最后完工尺寸，否则应加以说明。

④ 机件的每一个尺寸都标注成只有一个的准确数值，并标注在能反映其主要结构特点的图形上。

(2) 尺寸的组成

一个完整的尺寸一般由四个要素组成，分别为尺寸数字、尺寸线、尺寸线终端（箭头或斜线）及尺寸界线，如图 1-6 所示。

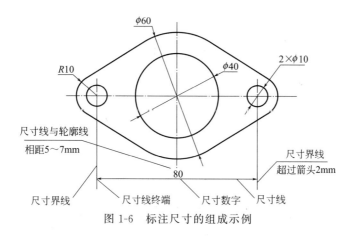

图 1-6　标注尺寸的组成示例

① 尺寸数字　尺寸数字表示所标注尺寸的数值。尺寸数字一般注写在尺寸线的上方或左侧。同一张图上的尺寸数字应采用同一种字体及字号，推荐采用 3.5 号国标斜体字。标注直径时，应在尺寸数字前加注符号"ϕ"；标注半径时，应在尺寸数字前加注符号"R"；标注球面直径或球面半径时，应在符号"ϕ"及"R"前面加符号"S"。线性尺寸数字的位置

及方向应按表 1-4 中所示的方法标注。

② 尺寸线　尺寸线表示所标注尺寸的范围，用细实线绘制。尺寸线不能用其他图线代替，不得与其他图线重合或画在其他图线的延长线上。尺寸线应与所标注的线段平行，当有几条相互平行的尺寸线时，大尺寸要标注在外，小尺寸要标注在内，以免尺寸线交叉。在标注"ϕ"尺寸时，尺寸线应通过圆心；在标注"R"尺寸时，尺寸线应由圆心处向外指出。

③ 尺寸线终端　尺寸线终端用于表示尺寸的起止，有三种表达形式，即箭头、斜线和圆点。一般机械图样中多采用箭头，箭头画法如图 1-7(a) 所示。化工和建筑等图样中多采用斜线，如图 1-7(b) 所示。如果标注空间不够，尺寸线终端可以采用圆点形式，见表 1-4中小尺寸的标注方法。

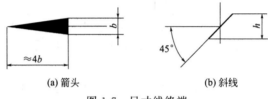

(a) 箭头　　　　　　　　(b) 斜线

图 1-7　尺寸线终端

④ 尺寸界线　尺寸界线表示所注尺寸的起始和终止位置，用细实线绘制，应由图形的轮廓线、轴线或对称中心线引出；也可利用轮廓线、轴线或对称中心线本身直接作为尺寸界线。尺寸界线一般应与尺寸线垂直，并超出尺寸线的终端 2mm 左右。

(3) 各类尺寸的标注方法

国家标准中规定的一些尺寸注法详见表 1-4。

表 1-4　尺寸注法示例

标注内容	示例	说明
线性尺寸的数字方向	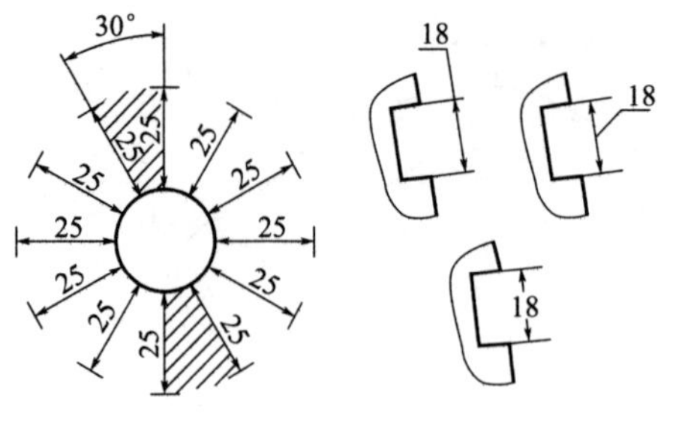	尺寸数字应按左图所示的方向注写，即水平尺寸和倾斜尺寸均自左向右书写，垂直尺寸在尺寸线左侧自下向上书写；尽可能避免在图示 30°阴影范围内标注尺寸，当无法避免时，可引出标注
图线通过数字时的处理	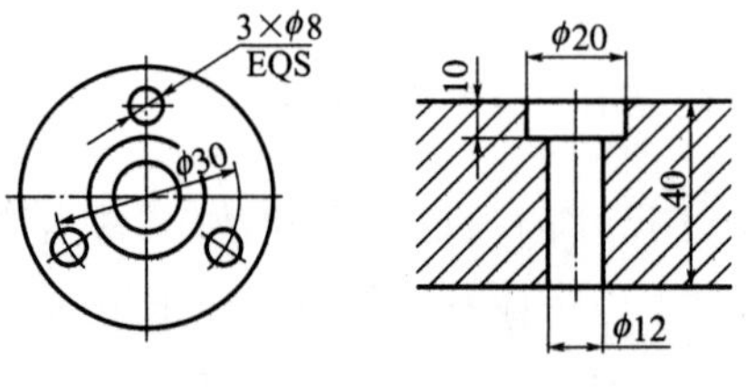	尺寸数字不可被任何图线通过，当无法避免时，图线必须如左图所示断开

标注内容	示例	说明
角度	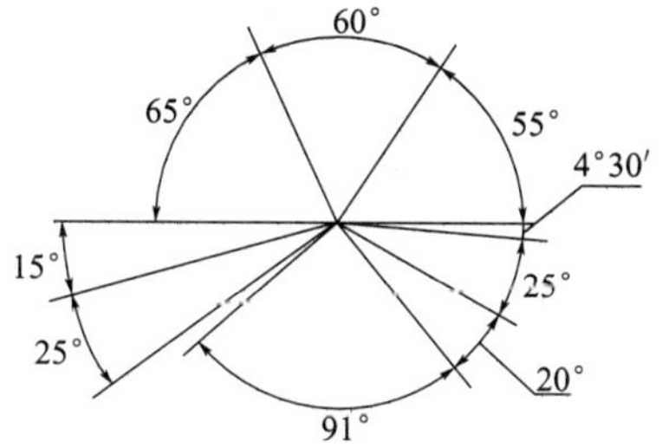	尺寸界线应沿径向引出,尺寸线画成圆弧,圆心是该角的顶点。角度数字一律写成水平方向,一般注在尺寸线的中断处,也可标注在尺寸线的外侧或上方,还可以引出标注
圆的直径	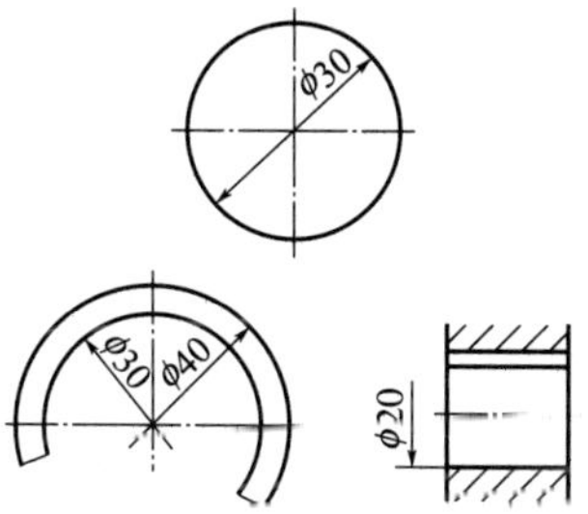	圆的直径一般按左图三个示例标注
圆弧半径	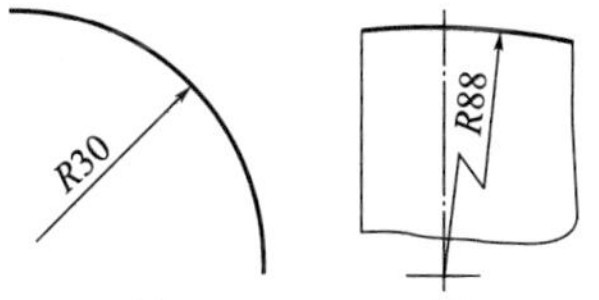	圆弧半径一般按左图(a)标注;当圆弧过大时按左图(b)标注
小尺寸	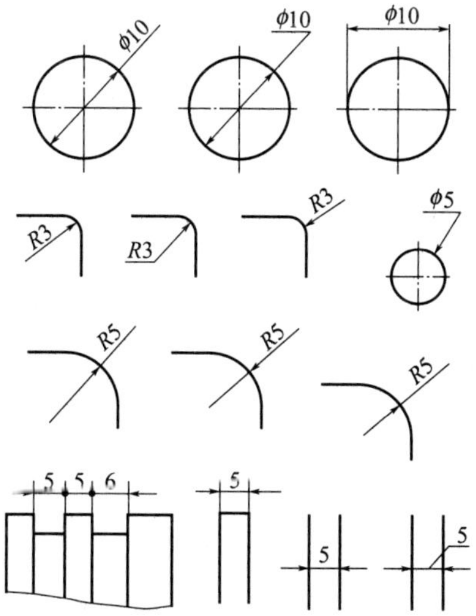	小尺寸标注时,箭头可画在尺寸线外面或用圆点、斜线代替;尺寸数字可写在外面或引出标注

1.2　平面图形的画法

绘制工程图样可用尺规绘图、徒手绘图和计算机绘图三种方法。

① 使用绘图工具画图的方法称为尺规绘图。它一般对图线、图面质量等方面要求较高,

需要掌握一些几何作图的技巧，是计算机绘图和徒手绘图的基础。

② 徒手绘图是用目测来估计物体的形状和大小，不借助绘图工具，徒手画出图样（即草图）的方法。一般用于设计、维修、仿造等场合。借助徒手绘图来记录和表达技术思想，是工程技术人员必备的一项重要的基本技能。

③ 使用计算机绘图软件绘图的方法称为计算机绘图。它具有作图精度高、出图速度快等特点，在各行各业中得到了日益广泛的应用。

1.2.1 尺规绘图工具

常用的绘图工具有绘图铅笔、三角板、圆规、曲线板、图板、丁字尺、点圆规、分规、描图笔等，还有胶带纸、铅笔刀、擦图片、橡皮等。

① 图板　图板用来固定图纸，在画图时，其左边作为丁字尺的导边。一般用胶带纸将图纸固定在图板的左下角进行画图。

② 丁字尺　丁字尺由尺头和尺身两部分构成。丁字尺用来画水平线，画图时，将尺头紧靠在图板的左边（导边），左手压紧丁字尺，右手画线。

③ 三角板　三角板有 20cm、25cm、30cm、60cm 等多种规格。利用一副三角板再和丁字尺配合，画水平线、铅垂线和斜线就十分方便了。

④ 圆规与分规　圆规用来画圆和圆弧，附件有铅芯插脚（画圆或圆弧）、钢针插脚（当分规用）、鸭嘴插脚（上墨）和延伸插杆（画大圆）等。圆规固定脚上装有定心针，定心针带有台阶的一端画圆时，另一端锥形针尖在圆规当分规时用。用圆规画圆时，定心针和插脚均应垂直于纸面。

分规是用来截取线段、等分直线段和圆周以及从直尺上量取尺寸的工具。

⑤ 绘图铅笔　绘图铅笔的铅芯按软硬程度常用的有 2B、B、HB、H、2H 等型号，B 前面的数字越大铅芯越软，H 前数字越大铅芯越硬，HB 型软硬度适中。常用 2H 的铅芯画底稿，用 HB 的铅芯写字、画箭头、画细线；用 B 或 2B 的铅芯磨削成鸭嘴形或长方形后绘制粗实线，2H、HB 的铅芯一般削成锥形。

1.2.2 几何作图

工程技术图样中的图形多种多样，但都可以看作是由直线、圆弧和其他一些曲线组成的几何图形，因此需要掌握有关几何作图的知识及常用的几何作图方法。

(1) 斜度与锥度的画法

斜度是指一直线对另一直线的倾斜度。斜度 $=(H-h)/L$，在图样上用斜度符号和 $1:n$ 的形式标注，画法如图 1-8 所示。

锥度是指正圆锥底圆的直径与高度之比。对于圆台是指两底圆的直径差与圆台的高度之比。在图样上用锥度符号和 $1:n$ 的形式标注，如图 1-9 所示。

(2) 圆弧连接的画法

用已知半径的圆弧光滑连接（相切）两已知线段（直线或圆弧），称圆弧连接。这

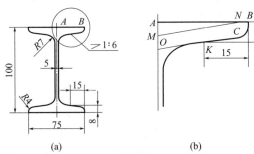

(a)　　　　　　　　　　(b)

图 1-8　斜度的画法

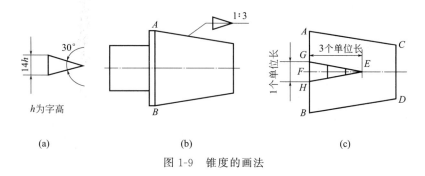

图 1-9　锥度的画法

条公切圆弧称为连接圆弧。作图时，必须求出连接弧的圆心和两个切点，才能画连接圆弧，如表 1-5 所示。

表 1-5　圆弧连接方法

连接要求	作图方法和步骤		
	1.求连接弧圆心 O	2.求切点 A、B	3.画连接弧并描粗
用已知半径为 R 的圆弧连接两直线 MN、EF			
用已知半径为 R 的圆弧连接直线 MN 和半径为 R_1 的已知圆弧			
用已知半径为 R 的圆弧外切两个半径分别为 R_1、R_2 的已知圆弧			
用已知半径为 R 的圆弧内切两个半径分别为 R_1、R_2 的已知圆弧			
用已知半径为 R 的圆弧内、外切两个半径分别为 R_1、R_2 的已知圆弧			

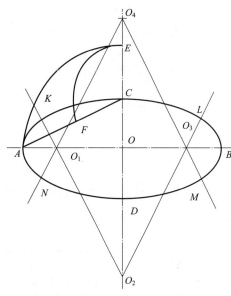

图 1-10　四心扁圆法作椭圆

(3) 椭圆的画法

椭圆为非圆曲线，在绘图时，常利用四段相切的圆弧近似代替，称为四心扁圆法。作图步骤如图 1-10 所示。

① 作椭圆的长轴 AB 和短轴 CD，两轴的交点 O 为椭圆的中心。

② 连接 AC，在 AC 上截取 AF，使 $AF = AC - (AO - CO)$。作图时可延长 OC 到 E，使 $OE = AO$，再以 C 为圆心，CE 为半径画弧，交 AC 于点 F。

③ 作 AF 的中垂线，与两轴分别交于 O_1、O_2 点。

④ 作出 O_1、O_2 的对称点 O_3、O_4。

⑤ 以 O_1、O_2、O_3、O_4 为圆心，以 O_1A、O_2C、O_3B、O_4D 为半径作弧，这四段弧两两相切，即得所求的四心扁圆。

1.2.3　平面图形的尺寸分析与标注

(1) 平面图形的尺寸标注

在标注平面图形的尺寸时，首先要确定长度方向和高度方向的尺寸基准，一般选图形的对称线、较大圆的圆心、轴线、较长的直线或较大的平面为基准。平面图形中的尺寸按其作用可分为两类：①定形尺寸：确定图形形状和大小的尺寸，也称大小尺寸。如圆的直径、圆弧的半径、角度的大小、长方形的长度和宽度等。②定位尺寸：确定图形各部分之间相对位置的尺寸。

平面图形尺寸标注的基本要求是：正确（符合国家标准规定）、完整（每个尺寸都只有一个数值）、清晰（便于读图）。在标注尺寸时，先确定尺寸基准标注定位尺寸，再标注定形尺寸；标注完成后进行检查，如按所注尺寸无法完成作图，说明尺寸不足，应补上所需尺寸。表 1-6 为几种典型平面图形的尺寸标注示例。

表 1-6　平面图形的尺寸标注示例

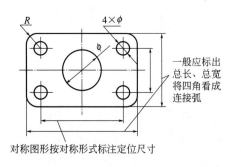

对称图形按对称形式标注定位尺寸

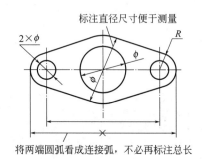

将两端圆弧看成连接弧，不必再标注总长

续表

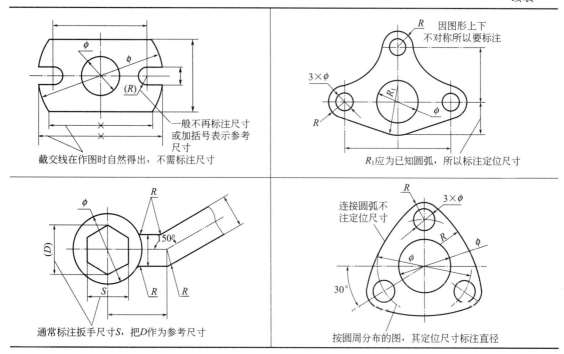

（2）平面图形的线段分析与画法

平面图形中的线段按所注尺寸的情况可分为三类：已知线段、中间线段和连接线段。

① 已知线段：是指按平面图形中所注的尺寸可以独立地画出的线段。此类线段的定形定位尺寸全部给出，如图 1-11（a）中的 $\phi12\text{mm}$ 圆、$\phi20\text{mm}$ 圆弧、$R25\text{mm}$ 圆弧和 $R52\text{mm}$ 圆弧。

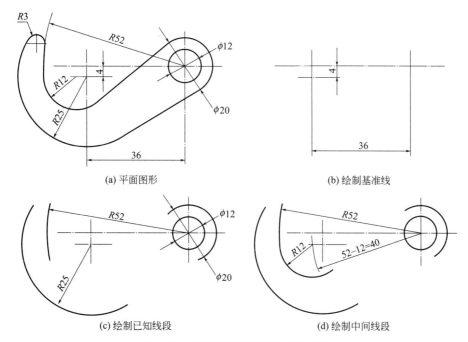

（a）平面图形　　　　　　　　　　　（b）绘制基准线

（c）绘制已知线段　　　　　　　　　（d）绘制中间线段

图 1-11　平面图形的线段分析与画法

② 中间线段：是指除平面图形中所注尺寸外，需要根据一个连接关系才能画出的圆弧或直线，如图 1-11(a) 中的圆弧 R12mm。

③ 连接线段：是指需要根据两个连接关系才能画出的圆弧或直线，如图 1-11(a) 中的 R3mm 圆弧和两条公切线就是连接线段。

(3) 平面图形的画法与步骤

一是选绘图比例，布图，画基准线，以已知 ϕ12mm 圆和 R25mm 圆弧的中心线作为基线，如图 1-11(b) 所示。

二是绘制已知线段，画 ϕ12mm 圆、ϕ20mm 圆弧、R25mm 圆弧和 R52mm 圆弧，如图 1-11(c) 所示。

三是绘制中间线段，画 R12mm 圆弧，如图 1-11(d) 所示。

四是绘制连接线段，画 R3mm 圆弧和两条公切线。

五是检查、加深。

六是标注尺寸，完成图 1-11(a) 所示的图形。

第2章

AutoCAD绘图基础

本章将介绍如何把 AutoCAD 作为绘图工具进行画图和读图，学好本章基本能直接上手 CAD 图纸的绘制，提高看图能力。

2.1 绘图软件简介

CAD 是计算机辅助设计（Computer Aided Design）的英文缩写。AutoCAD 绘图软件是 Autodesk 公司研发的一种交互式绘图软件，是集二维绘图、三维设计、参数化设计、协同设计及通用数据库管理和互联网通信功能为一体的软件包。该软件自 1982 年问世以来，至今已相继推出 30 多个版本，被翻译成 20 多种语言，是全球机械、建筑、电子、冶金、化工、服装、城市规划与园林等许多行业设计时广泛使用的绘图软件，目前最新版本为 AutoCAD 2020。另外国外 3D Max、Pro/E、UG、Sketchup、Photoshop、Solidworks Premium 等绘图软件和国内的迅捷 CAD、浩辰 CAD、中望 CAD 等也各有特色，其基本绘图功能大致相同。

AutoCAD 绘图软件的主要功能有：

① 高级用户界面　提供了菜单条、下拉式菜单、图标菜单和对话框。

② 基本绘图功能　提供了绘制点、直线、圆、椭圆、折线、正多边形、加宽线以及写字符、处理图块、图形和区域填充等功能，可精确完善地绘制二维图样，进行三维实体建模，并能对图形进行消隐、编辑和拟合。

③ 图形编辑功能　AutoCAD 具有强大的图形编辑功能，可以对图形进行删除、修改、平移、缩放、镜像、复制、旋转、修剪、阵列、倒角、倒圆角等操作。

④ 输入输出及显示功能　AutoCAD 可以用键盘、菜单、鼠标和数字化仪等多种方式输入各种信息，进行交互式操作。系统提供了多种方法来显示图形，可以缩放、扫视图形，还可以实现多视窗控制，将屏幕分为 4 个窗口，独立进行各种显示。

⑤ 用户编程语言　AutoCAD 在内部嵌入了扩展的 AutoLISP 和 VBA 编程语言，为软件增强了运算能力，同时给用户提供了二次开发的工具。

⑥ 与高级语言连接　AutoCAD 提供图形交换文件（.DXF）和命令组文件（.SCR）等，便于其他图形系统交换数据，进行信息传递。

⑦ 其他功能　AutoCAD 还提供了标注尺寸、图案填充、图形查询、绘图工具、属性应用、幻灯片文件等功能。

2.2 AutoCAD 绘图界面

（1）AutoCAD 程序的启动与退出

双击桌面上 AutoCAD 2010 的图标，或在"开始"菜单"程序"组下选择 AutoCAD 程序组中的 AutoCAD 2010 项，可启动 AutoCAD 2010 系统，并将自动创建一个新的图形文件，命名为"Drawing1.dwg"，显示在操作界面的正上方；双击扩展名为 DWG 的图形文件，也可启动 AutoCAD 2010 程序。直接单击标题栏最右侧的关闭按钮可退出系统。

（2）用户界面

AutoCAD 2010 的用户经典界面主要由标题栏、菜单栏、工具栏、绘图区、命令窗口和状态栏等组成。操作界面窗口下方还包括命令行和文本窗口，通过它们可以和 AutoCAD 系统进行人机对话，如图 2-1 所示。AutoCAD 2010 中所有的命令都集中在菜单栏中，为了便于操作，将一些常用的命令集中在工具栏中，包括"标准""绘图"和"修改"工具栏等，如图 2-2 所示。

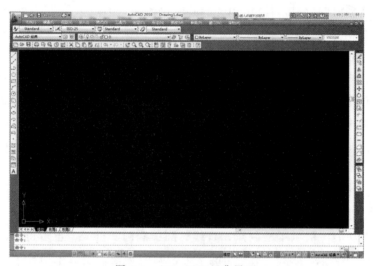

图 2-1　AutoCAD 经典界面

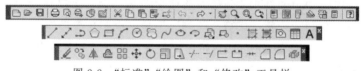

图 2-2　"标准""绘图"和"修改"工具栏

（3）坐标系介绍

在 AutoCAD 默认的直角坐标系中，X 轴正向为水平向右，Y 轴正向为垂直向上，Z 轴正向为垂直于 XY 平面指向用户，这个坐标系称为世界坐标系（World Coordinate System，WCS）。WCS 总是出现在用户图样上，是基准坐标系。根据需要用户也可以通过 UCS 命令自行创建坐标系，新建的坐标系称为用户坐标系（User Coordinate System，UCS）。

尽管 WCS 是固定的，但用户仍然可以在不改变坐标系的情况下，从各个角度观察实体。单击"视图"菜单→"三维视图"，列出了可以观察视图的各个角度；或者单击窗口右上角的"三维导航"按钮也可调整观察角度。当视角改变后,坐标系图标也会随之改变。

2.3 AutoCAD 的基本绘图操作

AutoCAD 绘图一般可分为绘图环境设置、图形绘制、尺寸标注和打印出图等步骤。

(1) 绘图环境设置

单击桌面 AutoCAD 快捷图标,即在视口中新建一个 AutoCAD 经典默认格式的 "Drawing1.dwg"图形文件(文件名在保存时可以重新命名);可进一步单击左上角快速工具栏上的"新建文件"图标,在弹出对话框中,对多种格式的图形文件样板进行选择,从而确定绘图的单位、工作范围、文字样式、尺寸样式、图层设置、图框和标题栏等。但绘图者大多自行设置绘图环境,常做图形界限、图层、尺寸标注等设置。

① 图形界限设置 单击菜单栏"格式",在下拉菜单中选择"图形界限",状态栏可见默认左下角点是"0.00,0.00",按回车键即确定了左下角点;此时状态栏显示默认的右上角点是"420.00,297.00",再按回车键即确定了 A3 图纸幅面。其他图纸幅面可输入数值确定。在命令行输入"ZOOM"(缩放),接着输入"A"(全显示),再单击功能区"栅格显示",此时 A3 图纸全显示在视口中,在此绘图区域方便输出打印出一张 A3 图纸。

② 图层设置 图层(Layer)本身是不可见的,可将其理解为透明薄膜。图形的不同部分可以用不同线条画在不同的透明薄膜上,最终将这些透明薄膜叠加在一起就形成了一幅完整的有各种图线的图样。

设置图层可单击"格式"菜单再单击"图层"进行操作,也可单击"图层特性管理器"

,对话框中显示"0 图层",选中后按回车键可顺次建立"图层 1、图层 2、……"等不同的新图层(各图层可重新命名)。每一图层可指定不同的颜色、线型、线宽和打印样式,还可改变当前层、删除图层,设定图层打开或关闭(被关闭图层上的图形既不能显示,也不能打印输出,但仍然参与显示运算,合理关闭一些图层,可以使绘图或看图显得更清楚)、冻结或解冻(被冻结图层上的图形同样既不能显示,也不能打印输出,且不参与显示运算,合理冻结一些图层,能加快图形重新生成的速度)、锁定或解锁(锁定图层不影响其上图形的显示状态,锁定层上可以绘制图形,但不能对锁定层上的图形进行编辑,即可防止锁定图层的图形被误删除),以及过滤图层等。

绘制图线操作是绘制出当前图层图线,不同线条要更换图层绘出。视口中默认不显示线条线宽,若要显示不同线宽,可分别单击"格式"及"线宽",在对话框"显示线宽"中打"√"即可,如图 2-3 所示。

③ 尺寸标注设置 快速尺寸标注可以单击"标注"菜单栏,在下拉菜单中选择不同的标注。标注的设置参阅"5.4 组合体的尺寸标注"。

(2) 绘制平面图形命令

要让 AutoCAD 按人们的要求绘制机械、建筑、园林和电气等图样,必须输入相应的命令。AutoCAD 有多种输入绘图命令的方式,最常用的有:①通过菜单输入命令。工具条上几乎所有的命令都可以通过这种方式输入。因为有些命令需要通过二级或三级菜单才能找到,所以这种输入方式的速度相对较慢,但通过归类的菜单能很容易找到相应的命令。②通过工具栏输入命令。几乎包含全部的常用命令,有些命令在默认状态下处于隐藏状态,需要

图 2-3 "线宽设置"对话框

时才调出使用。这种输入方式由于直接单击按钮即可执行命令，速度相对较快，是 Auto-CAD 常用输入方式。③命令行输入命令。这种方式是在命令行输入命令或别名，按回车或空格键执行命令。此方式也常有使用。

平面图形都由直线和曲线组合而成，AutoCAD 提供了很多绘制直线、曲线的命令，包括直线、射线、构造线、多段线、多边形、矩形等直线图形的绘制命令和圆、圆弧、样条曲线等曲线图形的绘制命令。此外还有图案填充、绘制表格、图块等功能用于绘制建筑墙面和图样用的明细表以及绘制线路配线方式符号表等。为了便于绘图，AutoCAD 把常用的一些绘图命令集中放置在绘图工具栏中，使用这些命令可以绘制直线、曲线、填充、表格等图形，下面介绍常用几种绘图工具。

1）直线命令

单击"直线"命令按钮"╱"，可根据命令行的提示连续绘制指定长度和角度的不同类型直线段，如图 2-4 所示。

图 2-4 绘制直线

视频：绘制直线

2）构造线与多段线命令

构造线是无限延伸的真正直线，它在控制草图的几何关系、尺寸关系方面有方便绘图的重要作用，一般作为绘制复杂图形的"辅助线"使用。

单击"多段线"命令按钮，根据命令行提示可以连续绘制指定长度、角度或宽度的直线或曲线，如图 2-5 所示。

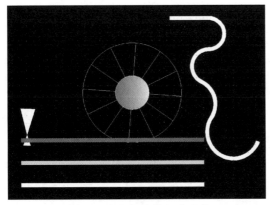

图 2-5　绘制构造线与多段线　　　　　　　视频：绘制构造线与多段线

3）圆命令

单击"绘图"菜单的"圆"命令，可根据提示选择"圆心、半径""圆心、直径""两点""三点""相切、相切、半径""相切、相切、直径"等菜单绘制一个整圆，如图 2-6 所示。

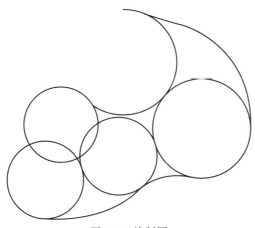

图 2-6　绘制圆　　　　　　　　　视频：绘制圆

4）多边形与矩形命令

单击绘图工具栏中的"多边形"命令按钮，输入要绘制正多边形的边数，回车后指定多边形的中心，然后可指定内接圆或外切圆半径绘制正多边形；或回车后选择输入边长绘制指定边长的正多边形。

5）点、圆弧与样条曲线命令

画点一般先单击"格式"菜单栏，再选中下拉菜单"点样式"；对话框中默认的样式为"█"，可以选择其他样式，如"⊕"为点的显示样式，还可输入点大小数值更改点的大小显示。绘制点时只要指定点的坐标就可以了。

单击"绘图"菜单的"圆弧"命令，可根据提示选择"三点""起点、圆心、端点""起点、圆心、角度""起点、圆心、长度""起点、端点、角度""圆心、起点、端点"等下拉菜单绘制一个圆弧。

单击绘图工具栏中的"样条曲线"命令按钮，指定样条曲线通过的一系列点，单击右键确认。一般用于绘制断裂线。

6）图块

在一些常用的组合图形（如机械标准件、表面粗糙度符号、建筑标记、电气符号等）需要多次绘图时，可将其创建为块，在以后需要时采用插入块的方式即可快速地绘出图形，提高了设计效率，如图 2-7 所示。

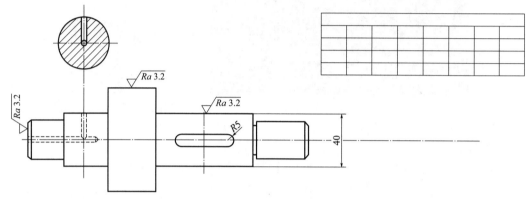

图 2-7　绘制图块与表格

7）表格

视频：绘制图块
与表格

单击绘图工具栏中的绘制表格命令"▦"，在插入表格对话框中，输入表格的行数、列数和行宽、列宽等数据，然后指定插入点或指定窗口插入表格，可用于明细表、参数表和标题栏的绘制，如图 2-7 所示。

8）图案填充

图案填充广泛应用于表达剖面、墙体用料。单击绘图工具栏中的图案填充命令按钮"▨"，按命令行的提示即可给封闭的图框打上剖面线，如图 2-8 所示。

9）面域

用零件的二维视图建模时，常需把闭合的复合图框拉伸为拉伸形体，对此可先把闭合图框建立成一个面域，然后才可进行拉伸操作，如图 2-8 所示。

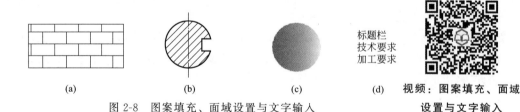

(a)　　　　　(b)　　　　　(c)　　　　　(d)　　**视频：图案填充、面域**
设置与文字输入

图 2-8　图案填充、面域设置与文字输入

10）多行文字

进行各种设计时，不仅要绘出图形，还要在图形中标注一些文字，如技术要求、注释说明等。单击绘图工具栏中的多行文字按钮"**A**"，按提示指定对角点，弹出对话框（图 2-9），可输入多行文字与符号，同时可对文字进行编辑；也可以在"格式"菜单中的"文字样式"对话框中设置文字样式参数。

图 2-9　输入多行文字对话框图

（3）辅助绘制工具

为了实现用鼠标快速精确定位，完成精确绘图的目的，AutoCAD 提供了栅格显示、捕捉、正交、极轴追踪、对象捕捉和对象捕捉追踪等辅助绘图工具。这些工具均在状态栏里有一个工具按钮，这些工具按钮就是这些工具的开关，用于打开或关闭这些工具，以方便使用和设置。

1）栅格

栅格是绘图时在绘图区内出现的网格点或网格线。有了栅格点线，使图更直观，更容易定位鼠标到某一特定位置，因而提高作图速度和正确性。打开或关闭栅格的方式有：①菜单方式："工具"→"草图设置"→"栅格和捕捉"选项卡→启用栅格。②Grid→ON。③单击下方工具按钮"▦"。④辅助工具栏快捷菜单方式："设置"→"启用栅格"。⑤功能键：F7。栅格捕捉 X 轴、Y 轴间距可以自行设置。

2）捕捉与对象捕捉

捕捉模式分为栅格捕捉和极轴捕捉两种形式，都是在绘图时按捕捉设定的方式定位鼠标到某些特定位置，因而利用捕捉可以大幅度提高作图速度。因为这种绘图方式会限制鼠标的使用，使鼠标不能输入其他点，所以绘图时要根据需要随时打开或关闭捕捉。但这种限制仅针对光标输入，不针对键盘输入。单击工具按钮"▦"可以启用捕捉功能，并可以进行设置。

利用 AutoCAD 绘图时经常需要捕捉到一些特殊点，如圆心、切点、线端、直线或圆弧的中点等。如果只利用光标在图形上选择，要准确地找到这些点十分困难。因此，AutoCAD 提供了一些识别这些点的工具，从而可精确地绘制图形，这种功能称为对象捕捉功能。单击工具按钮"▯"可以很方便地打开或关闭对象捕捉功能，光标放在按钮上单击右键，在设置对话框中，可以对捕捉的对象进行设置。对象捕捉是捕捉到对象上的特殊点。打开对象捕捉后，当光标移动到对象点附近时就会捕捉到对象上的这个点，并在点的位置显示对应的符号。当选择多个选项后，选定距离靶框中心最近的点。如果有多个点靠近靶框，这时按 Tab 键可以在对象上的这些点之间循环。对象捕捉可以捕捉的点有以下几种：

① 端点　线段、曲线或圆弧等对象的端点。

② 中点　线段或圆弧等对象的中点。

③ 圆心　圆或圆弧的圆心。

④ 垂足　在绘制垂直的几何关系时，对象上的垂足。

⑤ 交点　线段、圆弧或圆等对象之间的交点。

⑥ 插入点　图块、图形、文本和属性等的插入点。

⑦ 切点　在绘制相切的几何关系时，图元与圆或圆弧的切点。

⑧ 最近点　离拾取点最近的线段、圆或圆弧等对象上的点。

⑨ 节点　节点对象，如捕捉点、等分点或等距点。

除此之外还有，象限点：圆或圆弧等对象的象限点，即圆或圆弧上的四分点（0°、90°、180°、270°位置）。延长线上的点：直线或圆弧的延长线上的点。外观交点：即虚交点，也就是在视图平面上相交的点，可能不存在。平行线上的点：与参照对象平行的线上的点。平行是特殊的对象。当提示用户指定矢量的第 2 个点时，首先将光标移动到另一个对象的直线段上，直到出现平行的符号；然后移动光标到平行位置附近，就会出现一条虚线，同时在参照线上出现平行符号，这时沿线移动光标即可获得第 2 个点。

3）正交

正交绘图，将限制光标只能在平行于 X 轴或 Y 轴的方向上移动，以便于精确快速绘制水平或铅垂线。创建或移动对象时，使用"正交"模式将光标限制在水平或垂直轴上。移动光标时，不管水平轴还是垂直轴，拖引线都将沿着离光标最近那个轴移动。使用直接距离输入方法可以创建指定长度的正交线或将对象移动指定的距离。在绘图和编辑过程中，可以随时打开或关闭"正交"。如果已打开等轴测捕捉，则在确定水平方向和垂直方向时该设置较 UCS 具有优先级。可单击状态栏按钮"⌐"打开正交模式。

4）极轴追踪

追踪就是追查踪迹，AutoCAD 在绘图时，利用辅助工具可追踪到某个特定位置的点，其追踪方式是在某个方向上显示虚线以方便绘图。极轴追踪是按极轴方式追踪到某个特定的点，其方向是相对于上一段或 UCS 的角度方向。因此方便绘图，可以提高绘图速度。

打开或关闭捕捉的方式有：①菜单方式："工具"→"草图设置"→"极轴追踪"选项卡→启用极轴追踪。②辅助工具栏快捷菜单方式："设置"→"启用极轴追踪"。③工具按钮："⌖"。④功能键：F10。

更改极轴追踪的方式，进行极轴追踪设置有以下几种方式。①菜单方式："工具"→"草图设置"。②命令行方式：Dettings(ds)。③辅助工具栏快捷菜单方式："设置"。执行命令后，程序均会打开"草图设置"对话框，可以在对话框中选择"极轴追踪"选项卡进行设置。

5）对象捕捉追踪

对象捕捉追踪是指捕捉到对象点后悬停，程序会对这个点进行追踪。要使用对象捕捉追踪，必须打开一个或多个对象捕捉。

如要从一个矩形的中心画一个圆，按 F3、F8、F11，依次打开对象捕捉、正交和对象捕捉追踪，在命令行中输入 C；移动光标到矩形的边上，捕捉到中点悬停，再移动光标到矩形的临近边上，捕捉到中点悬停，然后移动光标到中心附近，就会追踪到交点；单击拾取这个点，输入半径 50，就完成了半径为 50 的圆的绘制（图 2-10）。

（4）状态栏

状态栏在整个用户界面的最下方，反映当前的绘图状态，单击状态栏工作空间右侧的黑三角，可以选择二维草图与注释、三维建模和 AutoCAD 经典等三个预设的空间。其中 AutoCAD 经典是特意为老用户准备的，其风格与早先的版本一致。

状态栏还依次有"坐标""模型空间""栅格""捕捉模式""动态输入""正交模式""极轴追踪""对象捕捉追踪""对象捕捉""对象捕捉追踪""快捷特性""选择过滤""自动缩放""注释比例""注释监视器""锁定用户界面""全屏显示""自定义"等多个功能按钮。

单击其开关按钮，可以实现这些功能的开与关。部分按钮也可以控制图形或绘图区的状态。

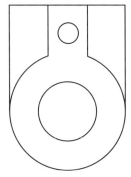

视频：对象捕捉追踪
与对象捕捉追踪练习

图 2-10　对象捕捉追踪与对象捕捉追踪练习

（5）布局标签

AutoCAD 系统默认设定一个"模型"空间和"布局 1""布局 2"两个图样空间标签，这里有两个概念需要加以说明。

① 布局　布局是系统为图纸设置的一种环境，包括图样大小、尺寸单位、角度设定、数值精确度等，在系统预设的 3 个标签中，这些环境变量都按默认设置。用户可以根据实际需要改变变量的值，也可设置符合自己要求的新标签。

② 模型　AutoCAD 的空间分为模型空间和图样空间两种。模型空间通常是绘图的工作环境，而在图样空间中，用户可以创建浮动视口，以不同视图显示所绘图形，还可以调整浮动视口并决定所包含视图的缩放比例。如果用户选择图样空间，可打印多个视图，也可以打印任意布局的视图。AutoCAD 系统默认打开模型空间，用户可以通过单击操作界面下方的布局标签选择需要的布局。

2.4　AutoCAD 的绘图实例

绘制如图 2-11 所示的五角星图案，请扫描二维码看绘图过程。

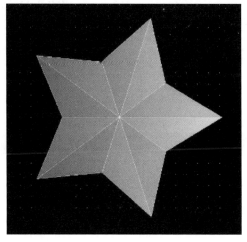

图 2-11　五角星图案

视频：五角星图案

绘制如图 2-12 所示的花编图案，请扫描二维码看绘图过程。

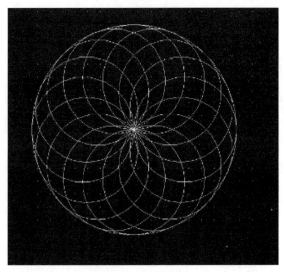

图 2-12　花编图案

视频：花编图案

绘制如图 2-13 所示的花瓣图案，请扫描二维码看绘图过程。

图 2-13　花瓣图案

视频：花瓣图案

练习题

(1) 在直径 $\phi100mm$ 的圆内绘制一个内接五角星图案。

(2) 绘制一个简易房屋的图形。

(3) 设计一个图案，用于镶嵌在公共场所或客厅的地板上。

(4) 按图 2-14 中的尺寸，采用 1∶2 比例绘制该图（不用标注尺寸）。

（5）参照图 2-15 中的尺寸，采用 1∶1 比例绘制该图（不用标注尺寸）。

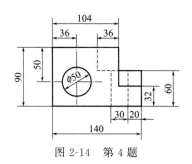

图 2-14 第 4 题

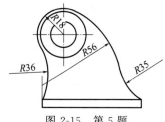

图 2-15 第 5 题

第**3**章

点、直线与平面的投影

机械设备或其零件、建筑物或其梁和楼板等实物形体均可看作是多个平面和曲面围成的，或者说立体由面组成；平面和曲面又可认为是无数条直线和曲线组成的；每一条线又可看作是无数个点组成的。因此想绘制各种机械零件与建筑物的图形，就需要先学会表达空间里一个点的投影图，然后再学会各线条和各种面的投影图，最后才绘制立体、实物、零件、设备、工艺流程、建筑物等图纸。本章将从点的投影开始学习。

3.1 投影的基本知识

3.1.1 投影的形成

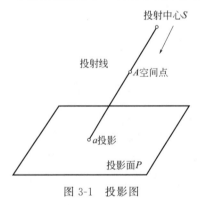

图 3-1 投影图

人们的生活中，物体在光线照射下，就会在地面或墙面上产生投影。人们根据这种自然现象加以研究，总结其中规律，提出了投影的方法。如图 3-1 所示，设 S 为投射中心，P 为平面投影面，在 S 和 P 之间有一空间点 A，连接 SA 并延长与平面交于点 a，SAa 为投射线。图中箭头方向是投射方向，a 即为空间点 A 在投影面 P 上的投影。由于一条直线只能与平面相交于一点，因此当投射方向和投影面确定后，点在投影面上的投影是唯一的。这种利用射线在投影面上产生物体投影的方法称为投影法。投影法是在平面上表示空间形体的基本方法之一，它广泛地应用于工程图样中。

3.1.2 投影法的分类

投影法一般可分为中心投影法和平行投影法两类。

(1) 中心投影法

当投影中心距离投影面较近时，投射线都汇交于一点，如图 3-2 所示。从投射中心 S 引出三根投射线分别过△ABC 的三个顶点与投影面 P 交于点 a、b、c，直线 ab、bc、ca 分别是直线 AB、BC、CA 的投影。△ABC 投射线都通过投射中心的投影法称为中心投影法，其投影称为中心投影。

这种投影图立体感强、形象逼真。其缺点是度量性差，投影大小不能反映真实物体的大小。

（2）平行投影法

当投影中心距离投影面无限远时，其投射线均可看作互相
平行。这种投射线都互相平行的投影方法称为平行投影法，如
图 3-3 所示。用这种方法得到的投影称为平行投影。

根据投射线与投影面的倾角不同，平行投影法又分为斜投
影法和正投影法两种。

① 斜投影法　当投射线与投影面倾斜一定角度时，称为斜
投影法，如图 3-3（a）所示。用这种方法得到的投影称为斜
投影。

② 正投影法　当投射线与投影面垂直时，称为正投影法，
如图 3-3（b）所示。用这种方法得到的投影称为正投影。

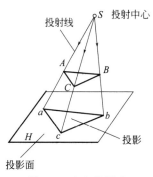

图 3-2　中心投影法

正投影能真实地表达空间物体的形状与大小，作图又比较方便，因此广泛应用于工程
制图。

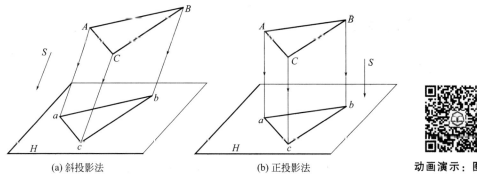

（a）斜投影法　　　　　　　　　　（b）正投影法　　　　　　动画演示：图 **3-3**

图 3-3　平行投影法

3.1.3　正投影的性质

① 真实性　当直线（或平面）平行于投影面时，其投影反映物体真实形状，反映线段
的实际长度，这种特性称为真实性，如图 3-4（a）、（b）所示。

② 积聚性　当直线（或面）垂直于投影面时，其投影积聚为一点（或一条直线），如
图 3-4（c）、（d）所示。

③ 类似性　当直线（或平面）倾斜于投影面时，其投影小于线段实际长度（简称实
长），物体形状和投影图形类似，形状和原来形状不相等，但具有一定相似性，如图 3-4（e）、
（f）所示。线段的投影仍然是线段，三角形的投影仍然是三角形。

④ 从属性　若点在直线上，则点的投影一定在直线的投影上。如图 3-4（e）所示，C 点
在直线 AB 上，则 C 点的投影 c 必在直线 AB 的投影 ab 上。

⑤ 定比性　线段上一点将线段分成两段的长度之比等于它们的投影长度之比。如图 3-4
（e）所示，$AC:CB=ac:cb$。

⑥ 平行性　空间互相平行的两直线在同一投影面上的投影仍平行（特例：两直线投影
重合为一直线或两垂直直线积聚成两点）。如图 3-4（g）所示，$AB/\!/CD$，则投影 $ab/\!/cd$。

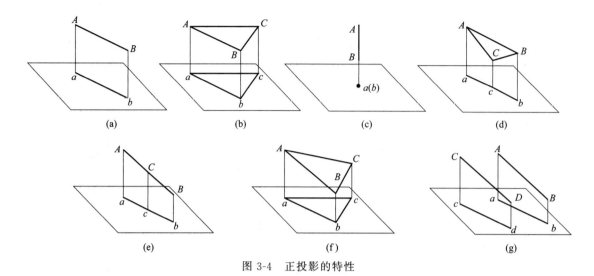

图 3-4　正投影的特性

3.2　三视图的形成及投影关系

（1）三投影体系的建立

物体一般有长、宽、高三个尺度，其在空间的位置和形状无法通过一个投影面上的投影来确定。如图 3-5 所示，在投影面上的三个投影都是矩形，但是其空间形体各不相同。另外，正投影法也存在缺点——立体感差，仅靠一个投影是无法表达空间物体的，因此工程上常采用三视图的方法来表达工程图样。

三视图就是将空间物体向互相垂直的三个投影面进行投影，处于观察者正面的投影面称为正立投影面，简称正面或 V 面；处于水平位置的投影面称为水平投影面，简称水平面或 H 面；右边侧立的投影面称为侧立投影面，简称侧面或 W 面，如图 3-6 所示。其中，V、H 面交线为投影轴 OX，H、W 面交线为投影轴 OY，V、W 面交线为投影轴 OZ，三根投影轴的交点为原点 O，此时三个投影轴 OX、OY、OZ 必定互相垂直。

动画演示：**图 3-6**

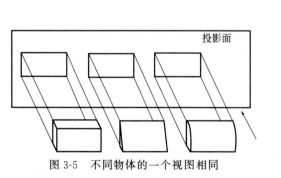

图 3-5　不同物体的一个视图相同

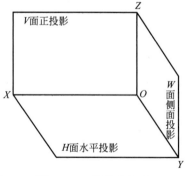

图 3-6　三投影坐标系

（2）三视图的形成

由于正投影法存在立体感差的缺点，因此需要将物体置于三面投影体系中，使底面与水平面平行，前面与正面平行。用正投影法分别向三个投影面进行投影，得到物体的三视图，如图 3-7 (a) 所示，即：

主视图：由物体的前面向后投影，在正立投影面（V 面）上得到的图形。

俯视图：由物体的上面向下投影，在水平投影面（H 面）上得到的图形。

左视图：由物体的左面向右投影，在侧立投影面（W 面）上得到的图形。

为使三个视图画在同一个图纸平面上，必须把三个投影面展开，展开的方法如图 3-7 (b) 所示。将物体从三面投影体系中移出，V 面保持不动，H 面绕 OX 轴向下旋转 90°（随 H 面旋转的 OY 轴用 OY_H 表示），W 面绕 OZ 轴向右旋转 90°（随 W 面旋转的 OY 轴用 OY_W 表示），使 V 面、H 面和 W 面摊平在同一个平面上，如图 3-7(c) 所示。

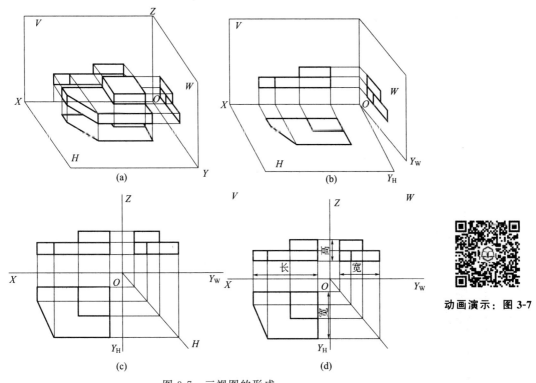

图 3-7　三视图的形成

（3）三视图与物体的对应关系

① 位置对应关系　三个视图按规定展开、摊平在同一平面以后，具有明确的位置关系，即主视图在上方，俯视图在主视图的正下方，左视图在主视图的正右方。

任何一个物体都有上、下、左、右、前、后六个方位。当物体在三面投影体系中的位置确定以后，距离观察者近的是物体的前面，远的是物体的后面，同时物体的上、下、左、右方位也就确定下来了，并反映在三视图中，如图 3-8 所示。物体的三面投影图与物体之间的位置对应关系为：

主视图反映物体上、下、左、右的位置关系（反映 X、Z 坐标）；

俯视图反映物体前、后、左、右的位置关系（反映 X、Y 坐标）；

左视图反映物体上、下、前、后的位置关系（反映 Y、Z 坐标）。

空间点的位置可以用其相对原点的绝对坐标来表述，也可以用相对于另一点的相对坐标来确定。一般地，在物体的投影作图中，大多数情况是表示几何元素之间的相对位置关系。两点的相对位置有上下、左右、前后之分，上下关系可由 Z 坐标确定，坐标大者在上，小者在下；左右关系由 X 坐标确定，坐标大者在左，小者在右；前后关系由 Y 坐标确定，坐标大者在前，小者在后。

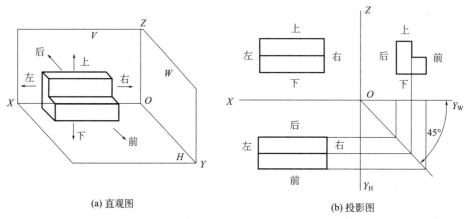

(a) 直观图 (b) 投影图

图 3-8 投影图与物体的位置对应关系

② 度量对应关系 物体都有长、宽、高三个方向的尺寸，左、右之间的距离叫做长，其坐标值是 x；前、后之间的距离叫做宽，其坐标值是 y；上、下之间的距离叫做高，其坐标值是 z。

三视图是在物体安放位置不变的情况下，从三个不同方向投影得到的。它们共同表达同一物体，每个视图反映物体两个方向的尺寸：主视图反映物体的长度 (x) 和高度 (z)；俯视图反映物体的长度 (x) 和宽度 (y)；左视图反映物体的宽度 (y) 和高度 (z)。

3.3 点的多面投影

点、线、面是构成物体形状的基本几何元素，其中，线是由无穷个连续点组成的，而面又是由无数线组成的，因此研究空间形体的投影问题，需要先研究点的投影。

3.3.1 点的投影及其规律

空间点在一个投影面上的投影不能确定点的空间位置，它至少需要两个或三个投影面上的投影来确定。

(1) 点的直角坐标与三面投影的关系

将空间点 A 放在三投影面体系中，由 A 点分别向 H、V、W 面作垂线 Aa、Aa'、Aa''，垂足 a、a'、a'' 即为点 A 在 H 面、V 面和 W 面的投影，分别称为 A 点的水平投影、正面投影、侧面投影。如图 3-9(a) 所示，空间点一般用大写英文字母如 A、B、C 表示；水平投影用相应的小写字母表示；正面投影用相应的小写字母加一撇表示；侧面投影用相应的小写字母加两撇表示。设空间点 A 的三个直角坐标即为点 A 到三个坐标面的距离，则从图 3-10(a) 可看出三投影面体系中的点满足如下关系。

① 点的正面投影和水平投影的连线垂直于 X 轴，这两个投影都反映空间点的 X（长）

坐标，其中 $Aa''=a_xO=a'a_z=aa_y=x$；即 A 点的水平投影 a 到 OX 轴的距离等于 A 点的侧面投影 a'' 到 OZ 轴的距离，等于 A 点到 V 面的距离。

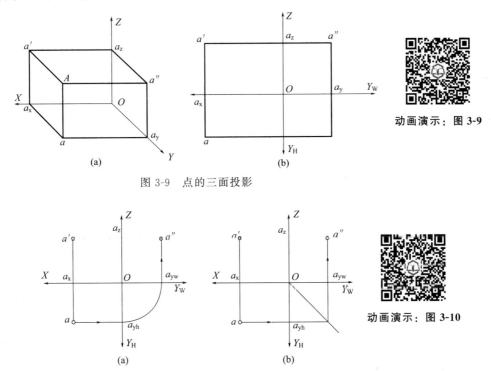

图 3-9　点的三面投影

动画演示：图 **3-9**

图 3-10　求点的第三投影

动画演示：图 **3-10**

② 点的水平投影和侧面投影的连线垂直于 Y 轴，这两个投影都反映空间点的 Y（宽）坐标，其中 $Aa'=aa_x=a''a_z=Oa_y=y$；即 A 点的侧面投影 a'' 到 OY 轴的距离等于 A 点的正面投影 a' 到 OX 轴的距离，等于 A 点到 H 面的距离。

③ 点的正面投影和侧面投影的连线垂直于 Z 轴，这两个投影都反映空间点的 Z（高）坐标，即 $Aa=a'a_x=a''a_y=Oa_z=z$。

由此可见，a 由 x、y 坐标值确定，a' 由 x、z 坐标值确定，a'' 由 y、z 坐标值确定。

由此，可得点的三面投影规律如下：①点的水平投影与正面投影的连线垂直于 OX 轴，即 $aa'\perp OX$，体现了三视图的"长对正"。②点的正面投影与侧面投影的连线垂直于 OZ 轴，即 $a'a''\perp OZ$，体现了三视图的"高平齐"。③点的水平投影到 OX 轴的距离等于该点的侧面投影到 OZ 轴的距离，即 $aa_x=a''a_z$，体现了三视图的"宽相等，且前后对应"。

每一个尺寸又由两个视图重复反映：主视图和左视图共同反映高度方向的尺寸，并对正；主视图和俯视图共同反映长度方向的尺寸，且平齐；左视图和俯视图共同反映宽度方向的尺寸，并相等。

总结起来，主、俯视图长对正；主、左视图高平齐；俯、左视图宽相等。简称为"长对正、高平齐、宽相等"，即"三等"规律，也即坐标值不变。所以空间点 $A(x,y,z)$ 在三投影面体系中有唯一的一组投影 (a,a',a'')。反之，已知点 A 的投影 (a,a',a'')，即可确定点 A 的空间坐标。

根据点的三面投影规律，可由点的三个坐标值画出三面投影，也可根据点的两个投影作出第三个投影。

如在图 3-9 中可以看出，$aa' \perp OX$ 轴，同理可得出 $a'a'' \perp OZ$ 轴。

作图时，为了表示 $aa_x = a''a_z$ 的关系，常用过原点 O 的 45°斜线或以 O 为圆心的圆弧把点的 H 面与 W 面投影关系联系起来，如图 3-10 所示。

由上述规律可知，已知点的两个投影便可求出其第三个投影。

（2）求点的三面投影

【例 3-1】 如图 3-11(a) 所示，已知点 A 的两面投影，求作第三面投影。

解： 如图 3-11(b) 所示，解题过程如下：①过 a' 作垂直于 OZ 轴的直线；②在右下角过 O 点作 45°辅助线；③过 a 作垂直于 OY_H 的直线，与 45°辅助线交于一点，过该交点作 OY_W 的垂线，该垂线与①中所作直线的交点即为 A 点的侧面投影 a''。

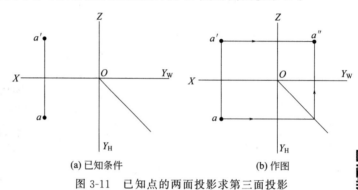

(a) 已知条件　　　　　(b) 作图

图 3-11　已知点的两面投影求第三面投影

【例 3-2】 已知点 $A(50,40,45)$，求作 A 点的三面投影图。

解： 如图 3-12 所示，解题过程如下：

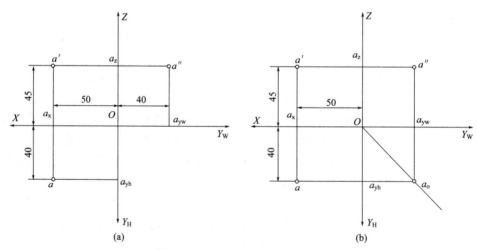

(a)　　　　　　　　　(b)

图 3-12　已知点的坐标求其投影

方法一：如图 3-12(a) 所示。

① 在投影轴 OX、OY_H 和 OY_W、OZ 上，分别从原点截取 50mm、40mm、40mm、45mm，得点 a_x、a_{yh} 和 a_{yw}、a_z。

② 过 a_x、a_{yh}、a_{yw}、a_z 点，分别作投影轴 OX、OY_H、OY_W、OZ 的垂线，这些垂线的交点就是 A 点的三面投影 a、a'、a''。

方法二：如图 3-12(b) 所示。

① 在 OX 轴上，自 O 点向左截取 $Oa_x=50\mathrm{mm}$，得点 a_x。

② 由点 a_x 作 OX 轴的垂线，向上截取 $a_xa'=45\mathrm{mm}$，得点 a'；向下截取 $a_xa=40\mathrm{mm}$，得点 a。

③ 在 OY_H 轴和 OY_W 轴之间作 45°辅助线，并过 a 点做 OY_H 轴的垂线与 45°线交于点 a_o，过 a_o 作 OY_W 轴的垂线与过点 a' 垂直于 OZ 轴的垂线相交于点 a''，即点 A 的侧面投影。

3.3.2　投影面上或投影轴上点的投影规律

上面介绍的点都是一般点，即三个坐标值均不为零，下面介绍特殊点。

（1）投影面上的点

当点的三个坐标中有一个坐标为零时，表示该点到投影面的距离为零，即该点在该投影面上，则点在该投影面上的投影与空间点重合，而另两个投影点均在投影轴上，如图 3-13（a）中的 A、B、C 点，投影如图 3-13（b）所示。

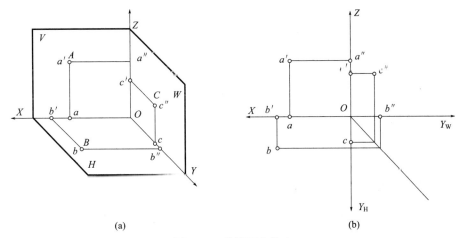

（a）　　　　　　　　　　　　　　　（b）

图 3-13　投影面上的点

（2）投影轴上的点

当点的三个坐标中有两个坐标为零时，则该点在不为零的投影轴上，则点的两个投影与空间点重合，另一个投影在投影轴的某一点处，如图 3-14（a）中的 A、B、C 点，投影如图 3-14（b）所示。

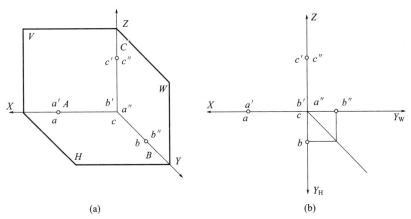

（a）　　　　　　　　　　　　　　　（b）

图 3-14　投影轴上的点

3.3.3 两点的相对位置

如图 3-15 所示，两个点的投影沿左右、前后、上下三个方向反映的坐标差，即这两个点对投影面 W、V、H 的距离差，能确定两点的相对位置；反之，若已知两点的相对位置以及其中一个点的投影，也能作出另一点的投影。

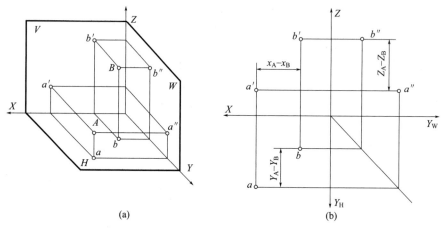

(a)　　　　　　　　　　　　(b)

图 3-15　两点的相对位置

由于投影图是 H 面绕 OX 轴向下旋转、W 面绕 OZ 轴向右旋转而形成的，因此必须注意：对水平投影而言，由 OX 轴向下表示向前；对侧面投影而言，由 OZ 轴向右也表示向前。

3.3.4 重影点及可见性的判断

当空间两点位于同一条投射线上时，它们在与该投射线垂直的投影面上的投影重合，这两点称为对该投影面的重影点。如表 3-1 所示，A、B 两点处于对 H 面的同一条投影线上，它们的 H 面投影 a、b 重合，A、B 就称为对 H 面的重影点；同理，C、D 两点处于对 V 面的同一条投影线上，两点的 V 面投影 c' 和 d' 重合，C、D 就称为对 V 面的重影点；E、F 两点处于对 W 面的同一条投影线上，两点的 W 面投影 e'' 和 f'' 重合，E、F 就称为对 W 面的重影点。

当空间两点在某一投影面上的投影重合时，其中必有一点遮挡另一点，这就存在着可见性的问题。如表 3-1 所示，A 点和 B 点在 H 面上的投影重合为 $a(b)$，A 点在上遮挡下面的 B 点，其水平投影 a 是可见的，而 B 点的水平投影 (b) 不可见；同理 C、D 点的投影重合为 $c'(d')$，E、F 点的投影重合为 $e''(f'')$。

表 3-1　重影点及其可见性

项目	H 面的重影点	V 面的重影点	W 面的重影点
直观图			

续表

项目	H 面的重影点	V 面的重影点	W 面的重影点
投影图			

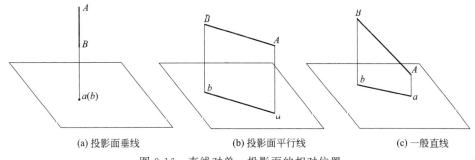

3.4　直线的投影

空间一条直线的投影可由直线上两点的投影来确定，因此直线的投影问题仍可归结为点的投影，如图 3-16 所示。

(a) 投影面垂线　　　(b) 投影面平行线　　　(c) 一般直线

图 3-16　直线对单一投影面的相对位置

3.4.1　一条直线在三个投影面中投影

如图 3-17(a) 所示，通过直线 AB 上各点向水平面作投影，各投影线在空间形成了一个平面，这个平面与投影面的交线 ab 就是直线 AB 的 H 面投影。

由于空间两个点可以确定一条直线，所以要绘制一条直线的三面投影图，只要将直线上两点的同面投影相连，即为直线的投影。如图 3-17(b) 所示，要作出直线 AB 的三面投影，只要分别作出 A、B 两点的同面投影，然后将同面投影相连即得直线 AB 的三面投影 ab、$a'b'$、$a''b''$。

根据直线在三投影面体系中的位置可分为投影面倾斜线、投影面平行线和投影面垂直线三类。前一类直线称为一般位置直线，后两类直线称为特殊位置直线。它们具有不同的投影特性：一是当直线垂直于投影面时，直线在该投影面积聚为一点，如图 3-16(a) 所示，体现了正投影的积聚性。二是当直线平行于投影面时，该投影面上的投影反映空间线段的实长，如图 3-16(b) 所示，体现了正投影的真实性。三是当直线倾斜于投影面时，该投影面上的投影是比空间线段短的线段（且 $ab = AB\cos\alpha$，$a'b' = AB\cos\beta$，$a''b'' = AB\cos\gamma$；由于 $0° < \alpha < 90°$，$0° < \beta < 90°$，$0° < \gamma < 90°$，因此直线的三个投影均小于实长），如图 3-16(c) 所示，体现了正投影的类似性。

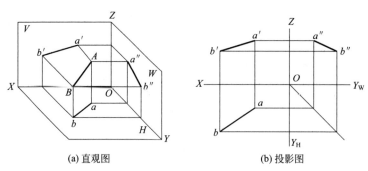

图 3-17　直线的三面投影

【例 3-3】　如图 3-18(a) 所示，已知直线 AB 的水平投影 $a'b'$ 和 A 点的正面投影 a'；并知 AB 对 V 面的倾角 $\beta=30°$，B 点距离 V 面远于 A 点，求 AB 的水平面投影 ab。

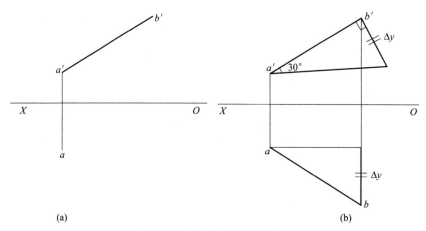

图 3-18　利用直角三角形法求 ab

解：在构成直角三角形中已知正面投影 $a'b'$ 及倾角 $\beta=30°$，可直接作出直角三角形；再利用 B 点距离 V 面远于 A 点，y_b 大于 y_a，从而求出 b。

作图步骤如下：在图纸的空白地方，如图 3-18(b) 所示，以 $a'b'$ 为一直角边，过 a' 点作夹角为 $30°$ 的斜线；此斜线与过 b' 点的垂线交于一点，构成图中的直角三角形，获得另一直角边 Δy；利用水平投影坐标差 Δy 即可确定 b。

3.4.2　直线上点的性质与投影

点的从属性：直线上点的投影，必然在直线的同面投影上，如图 3-19 中的 K 点。

点的定比性：直线上的点，分线段之比等于其投影之比。如图 3-19 所示，直线 AB 上有一点 K，点 K 分 AB 为 AK 和 KB，则有 $AK:KB=ak:kb=a'k':k'b'=a''k'':k''b''$。

【例 3-4】　如图 3-20(a) 所示，已知直线 AB 上有一点 C，C 点分直线为 $AC:CB=3:2$，试作点 C 的投影。

解：根据直线上点的定比性，作图步骤如图 3-20(b) 所示。

① 由点 a 作任意直线，在其上量取 5 个单位长度得点 B_0，在 aB_0 上取 C_0，并使 $aC_0:C_0B_0=3:2$。

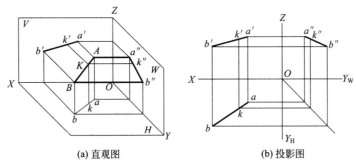

(a) 直观图　　　　　　　(b) 投影图

图 3-19　直线上点的投影

② 连接 B_0 和 b，过 C_0 作 $B_0 b$ 的平行线交 ab 于 c。

③ 由 c 作 OX 轴垂线与 $a'b'$ 交于 c'。

直线和它在投影面上的投影所夹锐角为直线对该投影面的夹角。规定：α、β、γ 分别表示直线对 H、V、W 面的夹角，如图 3-21 所示。

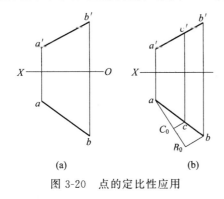

(a)　　　　　　(b)

图 3-20　点的定比性应用

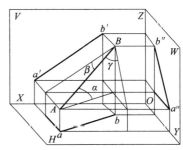

图 3-21　直线的倾角

3.4.3　投影面平行线的投影

平行于一个投影面而与另外两个投影面倾斜的直线称为投影面平行线。其中，和 V 面平行的直线称为正平线，和 H 面平行的直线称为水平线，和 W 面平行的直线称为侧平线。

根据投影面平行线的空间位置（表 3-2），可概括出投影面平行线的投影特性：投影面平行线在其所平行的投影面上的投影反映实长，并反映与另两投影面的夹角；在其他两投影面上的投影同时平行于所平行投影面的两条投影轴，且长度均小于线段实长。

表 3-2　投影面平行线的投影特性

名称	直观图	投影图	投影特性
正平线			①V 面投影反映线段实长，和 H 面、W 面的夹角为 α、γ ②H 面、W 面投影分别平行于 V 面的两投影轴 OX、OZ

续表

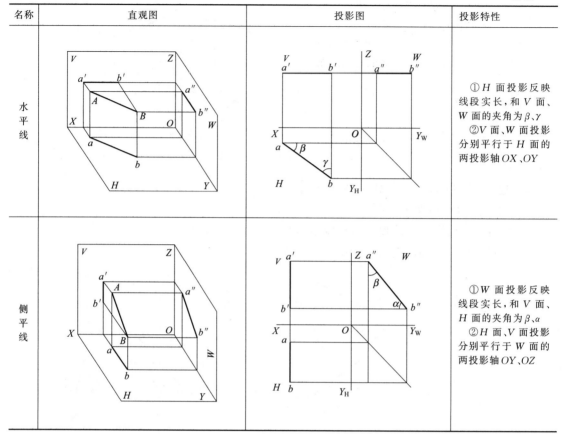

名称	直观图	投影图	投影特性
水平线			①H 面投影反映线段实长，和 V 面、W 面的夹角为 β、γ ②V 面、W 面投影分别平行于 H 面的两投影轴 OX、OY
侧平线			①W 面投影反映线段实长，和 V 面、H 面的夹角为 β、α ②H 面、V 面投影分别平行于 W 面的两投影轴 OY、OZ

3.4.4 投影面垂直线的投影

垂直于某一个投影面，与其他两投影面均平行的直线，称为投影面垂直线。垂直于 V 面的直线称为正垂线；垂直于 H 面的直线称为铅垂线；垂直于 W 面的直线称为侧垂线。

根据投影面垂直线的空间位置，可以得出其投影特性，如表 3-3 所示。

表 3-3　投影面垂直线的投影特性

名称	直观图	投影图	投影特性
铅垂线			①H 面投影积聚成一点 ②V 面、W 面投影分别垂直于 H 面的两投影轴 OX、OY，且反映线段实长

续表

名称	直观图	投影图	投影特性
正垂线			①V 面投影积聚成一点 ②H 面、W 面投影分别垂直于 V 面的两投影轴 OX、OZ，且反映线段实长
侧垂线			①W 面投影积聚成一点 ②V 面、H 面投影分别垂直于 W 面的两投影轴 OZ、OY，且反映线段实长

　　根据表 3-3 可概括出投影面垂直线的投影特性：投影面垂直线在与其垂直的投影面上的投影积聚为一点，在其他两个投影面上的投影垂直于其所垂直投影面的两个投影轴，且均反映线段的实长。

3.4.5　两直线的相对位置与投影

　　两空间直线间的相对位置关系主要有平行、相交、交叉等三种情况。图 3-22 是三种相对位置的两直线在水平面上的投影情况。

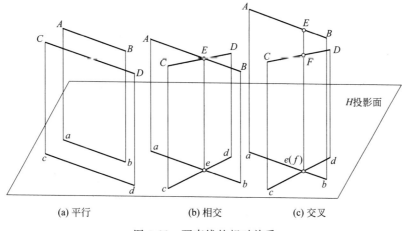

(a) 平行　　　　　(b) 相交　　　　　(c) 交叉

图 3-22　两直线的相对关系

（1）两直线平行

若空间两直线平行，则它们的同面投影必然平行，如图 3-22（a）和图 3-23 所示。反之，若两直线的同面投影互相平行，则此两直线在空间也一定互相平行。若两条一般位置直线在某一投影面上为平行线，则该两直线一定平行；若两条直线为特殊直线（如投影面的平行线、垂直线），则需要观察两直线在该投影面上的投影才能确定它们在空间是否平行，仅用另外两个同面投影互相平行不能直接确定该两直线是否平行，如图 3-24 中通过侧面投影可以看出 AB、CD 两直线在空间不平行。

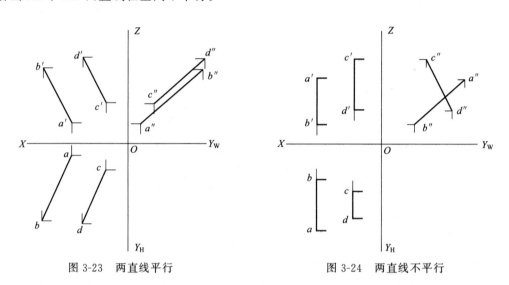

图 3-23　两直线平行　　　　　　　图 3-24　两直线不平行

（2）两直线相交

若空间两直线相交，则它们的同面投影也必然相交，并且交点的投影满足点的投影规律，即投影点的连线垂直于坐标轴，如图 3-22（b）和图 3-25 所示。

（3）两直线交叉

空间两条既不平行也不相交的直线，称为交叉直线，其投影不满足平行和相交两直线的投影特点，如图 3-22（c）和图 3-26 所示。

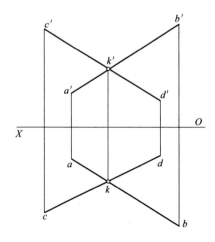

图 3-25　两直线相交

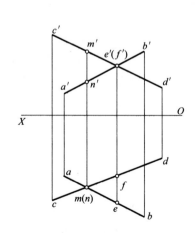

图 3-26　两直线交叉

若空间两直线交叉，则它们的同面投影可能有一个或两个平行，但不会三个同面投影都平行；它们的同面投影可能有一个、两个或三个相交，但交点不符合点的投影规律。

交叉两直线同面投影的交点是两直线对该投影面的重影点的投影，对重影点须判别可见性。重影点的可见性可根据重影点的其他投影按照坐标值大的点挡住坐标值小的点原则来判断。如图 3-26 所示，AB 与 CD 的 V 面投影 $a'b'$、$c'd'$ 的交点为 AB 上的 E 点和 CD 上的 F 点在 V 面上的重影；从 H 面投影看，E 点比 F 点 y 坐标值大，所以 e' 为可见，f' 为不可见。同理，AB 与 CD 的 H 面投影 ab、cd 的交点为 AB 上的 M 点与 CD 上的 N 点在 H 面上的重影，从 V 面投影看，M 点比 N 点 z 坐标值大，所以 m 点可见，n 点不可见。

（4）两直线垂直

两直线垂直表示一个平面内两条直线夹角为 $90°$。当两直线中有一条直线平行于某一投影面时，其夹角在该投影面上的投影仍然反映直角实形。这一投影特性称为直角投影定理。定理的证明：设直线 $AB \perp BC$，且 $AB /\!/ H$ 面，BC 倾斜于 H 面。由于 $AB \perp BC$，$AB \perp Bb$，所以 $AB \perp$ 平面 $BCcb$；又因为 $AB /\!/ ab$，故 $ab \perp$ 平面 $BCcb$，因而 $ab \perp bc$，如图 3-27 所示。

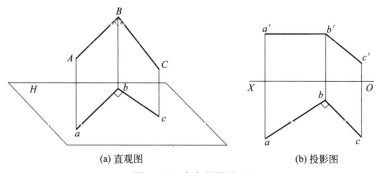

(a) 直观图　　　　　　　　　　(b) 投影图

图 3-27　直角投影定理

【例 3-5】　如图 3-28 所示，求点 C 到正平线 AB 的距离。

解：一点到一直线的距离，即为由该点到该直线所引垂线的长度，因此该题应分两步进行：一是过已知点 C 向正平线 AB 引垂线，二是求垂线的实长。作图过程如下：过 c' 作 $c'd' \perp a'b'$；由 d' 求出 d，连接 c、d，则直线 $CD \perp AB$；用直角三角形法求 CD 的实长。

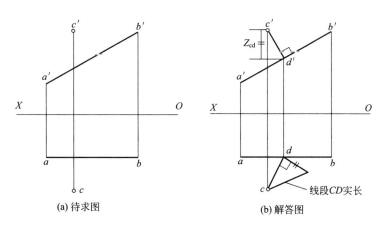

(a) 待求图　　　　　　　　　　(b) 解答图

图 3-28　求一点到正平线的距离

3.5 平面的投影

3.5.1 平面的表示法

(1) 用点、线表示

平面可以用点、线进行表示，常用方法如下：①不在同一直线上的三点表示一个平面，如图 3-29（a）所示；②一直线和直线外一点，如图 3-29（b）所示；③两相交直线，如图 3-29（c）所示；④两平行直线，如图 3-29（d）所示；⑤平面图形（如三角形、圆等），如图 3-29（e）所示。

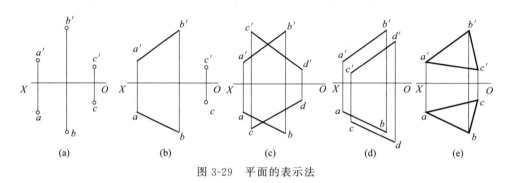

图 3-29　平面的表示法

(2) 用迹线表示

平面与投影面的交线称为平面的迹线。用迹线表示的平面称为迹线平面，如图 3-30 所示。平面与 V 面、H 面、W 面的交线分别称为正面迹线（V 面迹线）、水平面迹线（H 面迹线）、侧面迹线（W 面迹线），其符号分别用 P_V、P_H、P_W 表示。

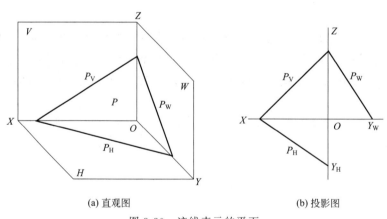

(a) 直观图　　　　　　　　　　(b) 投影图

图 3-30　迹线表示的平面

3.5.2 各种位置平面的投影特性

根据平面与投影面相对位置的不同，平面可分为投影面平行面、投影面垂直面和一般位置平面。投影面平行面和投影面垂直面统称为特殊位置平面。将平面与投影面的夹角称为平面的倾角，用 $\alpha(0°<\alpha<90°)$、$\beta(0°<\beta<90°)$、$\gamma(0°<\gamma<90°)$ 分别表示平面与 H、V、W 投影面的倾角。

(1) 投影面平行面

在三投影面体系中，平行于 H 面的平面，称为水平面（必然垂直于 V、W 面）；平行于 V 面的平面，称为正平面（必然垂直于 H、W 面）；平行于 W 面的平面，称为侧平面（必然垂直于 H、V 面）。

根据表 3-4 可概括出投影面平行面的投影特性：投影面平行面在它所平行的投影面上的投影反映实形；在其他两个投影面上的投影，都积聚成直线，并且同时平行于其所平行的投影面边缘的两投影轴。

表 3-4　投影面平行面的投影特性

名称	直观图	投影图	投影特性
正平面			①V 面投影反映实形 ②H 面、W 面投影积聚成一直线段，且分别平行于 V 面边缘的两投影轴 OX、OZ
水平面			①H 面投影反映实形 ②V 面、W 面投影积聚成一直线段，且分别平行于 H 面边缘的两投影轴 OX、OY
侧平面			①W 面投影反映实形 ②H 面、V 面投影积聚成一直线段，且分别平行于 W 面边缘的两投影轴 OY、OZ

（2）投影面垂直面

在三投影面体系中，垂直于一个投影面并且必须倾斜于另外两个投影面的平面，称为投影面垂直面。垂直于 H 面并且倾斜于 V、W 面的平面，称为铅垂面；垂直于 V 面并且倾斜于 H、W 面的平面，称为正垂面；垂直于 W 面并且倾斜于 H、V 面的平面，称为侧垂面。

各种投影面垂直面的直观图、投影图及投影特性见表 3-5。

表 3-5　投影面垂直面的投影特性

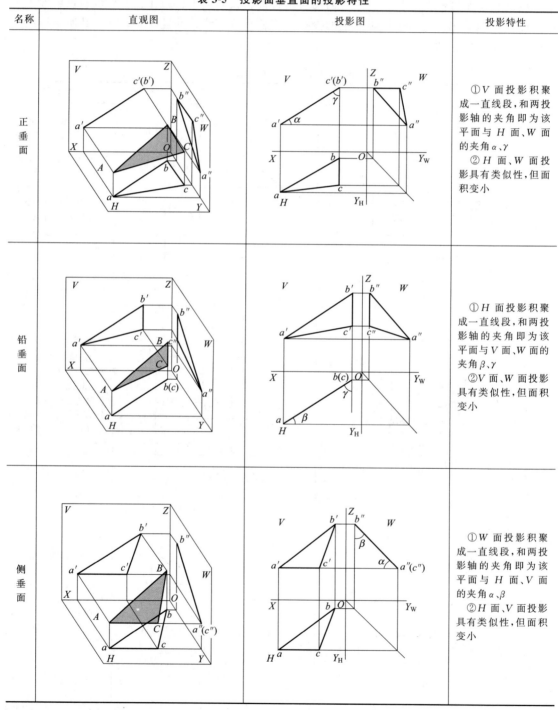

名称	直观图	投影图	投影特性
正垂面			①V 面投影积聚成一直线段，和两投影轴的夹角即为该平面与 H 面、W 面的夹角 α、γ ②H 面、W 面投影具有类似性，但面积变小
铅垂面			①H 面投影积聚成一直线段，和两投影轴的夹角即为该平面与 V 面、W 面的夹角 β、γ ②V 面、W 面投影具有类似性，但面积变小
侧垂面			①W 面投影积聚成一直线段，和两投影轴的夹角即为该平面与 H 面、V 面的夹角 α、β ②H 面、V 面投影具有类似性，但面积变小

根据表 3-5 可概括出投影面垂直面的投影特性：在所垂直的投影面上的投影积聚为一倾斜于投影轴的直线，该直线与投影轴的夹角分别反映了平面与另两个投影面倾角的真实大小；其余两个投影均为小于实形的类似形。

（3）一般位置平面

与三个投影面均倾斜的平面称为一般位置平面。一般位置平面的三个投影均不反映实形，但三个投影都和空间形体有类似性，如图 3-31 所示。

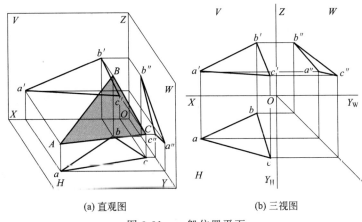

(a) 直观图　　　　(b) 三视图

图 3-31　一般位置平面

3.5.3　平面内的直线和点

（1）平面上的直线

直线在平面上的判断条件是：直线至少通过平面上的两点，如图 3-32（a）所示，D、E 两点投影均在平面 ABC 上；或通过平面上一点且平行于平面上的某一直线，如图 3-32（b）所示，E 点投影在平面 ABC 上，DE 又和 AB 平行。

（2）平面上的点

点在平面上的几何条件是：点在平面上的一条直线上。因此，要在平面上取点必须先在平面上取一直线，然后再在此直线上取点，如图 3-32（c）所示。

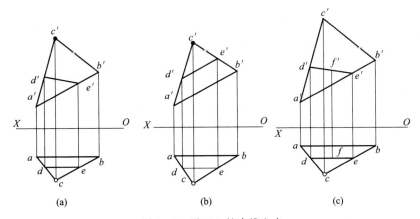

(a)　　　　　(b)　　　　　(c)

图 3-32　平面上的直线和点

【例 3-6】 如图 3-33 所示，已知平面 ABC 及 F 点的两面投影，试判断 F 点是否在平面 ABC 上。

解：判断点是否属于平面的依据是：它是否属于平面上的一条直线。因此，过 F 点的一个投影 f' 作属于平面 ABC 的辅助直线 $D(d',d)$、$E(e',e)$，再检验 F 点的另一投影是否在 DE 直线的投影上。作图过程如图 3-33 所示。由作图可知，F 点不在该平面上。

【例 3-7】 如图 3-34(a) 所示，在△ABC 确定的平面内取一点 F，已知 F 点的正面投影，求该点的水平投影。

解：根据点在平面内的条件，过点 F 在△ABC 内作一直线 12 交 AB 于 2，点 F 在直线 12 上，其水平投影在 12 的水平投影上。作图过程见图 3-34(b)。

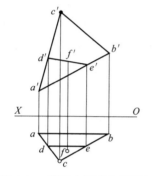

图 3-33 判断点是否在平面上

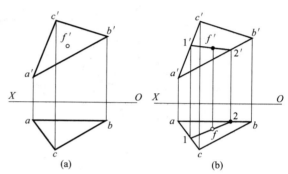

(a)　　　　(b)

图 3-34 求平面上 K 点的投影

3.6 直线与平面及平面与平面的位置关系

直线与平面、平面与平面的相对位置，均有平行、相交两种情况（其中，相交包括垂直）。

3.6.1 直线与平面的相对位置

直线与平面以及两平面之间的相对位置，除了直线位于平面上或两平面位于同一平面上的特例外，只可能相交或平行。垂直是相交的特例。

（1）直线与平面平行

直线与平面相平行的几何条件是：直线平行于平面内的某一直线。利用这个几何条件可以进行直线与平面平行的检验和作图。如图 3-35 中，某平面内直线 AB、CD 是平面外一直线，AB//CD，因而直线 CD 与该平面平行。

（2）直线与平面垂直

直线与平面垂直的几何条件是：直线只要垂直于该平面上的任意两条相交直线，则直线与平面必相互垂直。如图 3-36 所示，直线 AB 垂直于平面 α 上的相交两直线 CD 和 EF，所以 AB 垂直于平面 α。同时，如果直线和平面垂直，那么直线和平面内任意一条直线都垂直。

【例 3-8】 如图 3-37(a) 所示，已知空间一点 M 和平面 $ABCD$ 的两面投影，求作过 M 点与平面 $ABCD$ 相垂直的垂线 MN 的投影（MN 可为任意长度）。

解：①过 a' 作 $a'1'$//OX 轴，与 $b'c'$ 交得 $1'$；过 $1'$ 作 OX 轴的垂线，与 bc 交得 1；连接

$a1$ 并延长，过 m 作 $a1$ 的垂线。②过 a 作 $a2$∥OX 轴，交 bc 得 2；过 2 作 OX 轴垂线，交 $b'c'$ 得 $2'$。③连 $a'2'$ 并延长，过 m' 作 $a'2'$ 的垂线 $m'n'$。④过 n' 作 OX 轴的垂线，得 n 点，将 $m'n'$ 和 mn 画成粗实线，$m'n'$、mn 即为所求垂线 MN 的投影。作图过程如图 3-37(b) 所示。

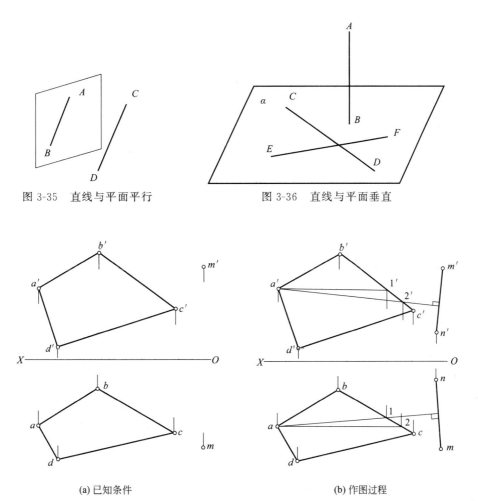

图 3-35　直线与平面平行　　　　　图 3-36　直线与平面垂直

(a) 已知条件　　　　　　　　(b) 作图过程

图 3-37　一般位置的直线与平面垂直

（3）直线与平面相交

直线与平面的交点是直线和平面的共有点。如图 3-38(b) 所示，已知直线 AB 和铅垂的平面 $STUV$ 的两面投影，求作交点 K，并表明 $a'b'$ 的可见性（在未判定前用细双点画线表示）。从图 3-38(a) 的立体图可以想象出：k' 将是 $a'b'$ 可见段与不可见段的分界点。

由于平面 $STUV \perp H$ 面，所以它的水平投影 $stuv$ 积聚成一直线。因为交点 K 是 AB 与平面 $STUV$ 的共有点，所以就可如图 3-38(b)，直接在 ab 与 $stuv$ 的交点处定出 k，再由 k 在 $a'b'$ 上作出 k'。

在图 3-38(c) 中，对照 AB 和平面 $STUV$ 的两面投影可知：直线 AB 在交点 K 右下方的线段位于平面 $STUV$ 之前，因而 $a'b'$ 在平面 $s't'u'v'$ 内 k' 右下方的一段是可见的，应画成粗实线；那么 k' 左上方一段与矩形正面投影重合的线段就画成虚线。

由此可知，直线与垂直投影面的平面相交，平面有积聚性的投影与直线的同面投影的交

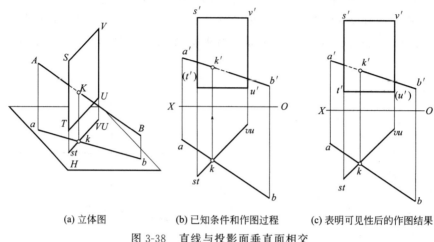

(a) 立体图   (b) 已知条件和作图过程   (c) 表明可见性后的作图结果

图 3-38   直线与投影面垂直面相交

点，就是交点的一个投影，从而可以作出交点的其他投影；并可在投影图中直接判断直线投影的可见性。

3.6.2   平面与平面的相对位置

（1）平面与平面平行

两平面相平行的几何条件是：如果一平面上的一对相交直线，分别与另一平面上的一对

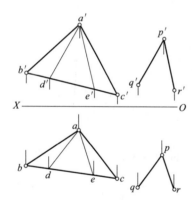

图 3-39   平面与平面平行

相交直线互相平行，则两平面互相平行。利用这个几何条件可以进行平面与平面平行的检验和作图。如图 3-39 所示，$pq /\!/ ad$，$pr /\!/ ae$，$p'q' /\!/ a'd'$，$p'r' /\!/ a'e'$，故 $PQ /\!/ AD$，$PR /\!/ AE$；又因为 AD 与 AE 为位于 $\triangle ABC$ 上的相交两直线，所以由直线 PQ 和 PR 相交而形成的平面 PQR 与 $\triangle ABC$ 互相平行。

在特殊情况下，当两平面都是同一投影面的垂直面时，则两平面的平行关系可直接在两平行平面有积聚性的投影中反映出来，即两平面有积聚性的同面投影互相平行。如图 3-40 所示，设 H 面的垂直面 P 和 Q 互相平行，则它们的 H 面投影 $P_H /\!/ Q_H$；反之亦成立。

（2）平面与平面相交

两平面相交，其交线是两平面的共有线。两平面垂直相交是相交的特殊情况。平面与平面相交的问题，主要是求交线及判别可见性的问题。一般通过求出交线的两端点连接得交线。交线求出后，在判别投影可见性时必须注意：可见性是相对的，有遮挡，就有被遮挡；可见性只存在于两平面图形投影重叠部分，对两平面图形投影不重叠部分不需要判别，都是可见的。

1）两特殊位置平面相交

垂直于同一个投影面的两个平面的交线，必为该投影面的垂直线，两平面积聚投影的交点就是该垂直线的积聚投影。如图 3-41（a）所示，平面 P 与平面 Q 都垂直于投影面 H，则

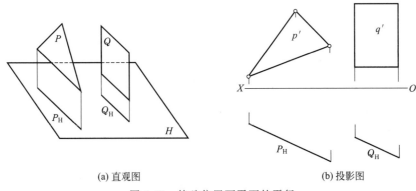

(a) 直观图　　　　　　　　　　　　　(b) 投影图

图 3-40　特殊位置两平面的平行

两平面 P 和 Q 的交线 MN 必垂直于投影面 H，而且平面 P 和平面 Q 在 H 面投影上的交点必为 MN 的积聚投影 mn。

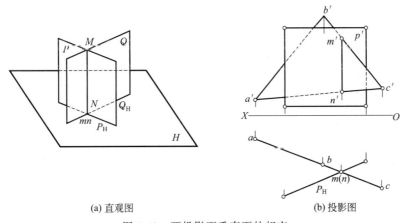

(a) 直观图　　　　　　　　　　　　　(b) 投影图

图 3-41　两投影面垂直面的相交

【例 3-9】　求作图 3-41（b）所示两投影面垂直面 P 和 $\triangle ABC$ 的交线 MN，并表明可见性。

解：① 在 abc 与 P_H 的交点处标出 $m(n)$，即为交线 MN 的 H 面投影。

② 过 mn 作 OX 轴的垂线，分别与 $b'c'$、$a'c'$ 相交，得交点 m'、n'，连接 $m'n'$，即为所求交线 MN 的 V 面投影。

③ 判别可见性：在 $m(n)$ 的左方，P_H 位于 $abm(n)$ 之前，故在 V 面投影中，p' 在 $m'n'$ 左侧为可见，右侧与 $\triangle ABC$ 重叠的部分为不可见。作图结果如图 3-41（b）所示。

2）两个平面中有一个平面处于特殊位置时的相交

两平面相交，只要其中有一个平面对投影面处于特殊位置，就可直接用投影的积聚性求作交线。在两平面都没有积聚性的同面投影重合处，可由投影图直接看出投影的可见性，而交线的投影就是可见和不可见的分界线。

【例 3-10】　如图 3-42（a）所示，求作一般位置的平面 $\triangle ABC$ 与正垂面 $\triangle DEF$ 的交线 MN，并表明可见性。

解：①在 $b'c'$、$a'c'$ 与有积聚性的同面投影 $d'e'f'$ 的交点处，分别标出 m'、n'；由 m'、n' 分别作 OX 轴的垂线，与 bc 交得 m，与 ac 交得 n。

② 连接 mn，即为所求交线 MN 的 H 面投影；MN 的 V 面投影积聚在 $d'e'f'$ 上。

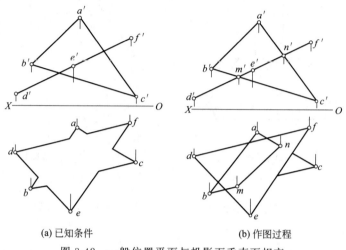

(a) 已知条件　　　　　　　　　(b) 作图过程

图 3-42　一般位置平面与投影面垂直面相交

③ 判别可见性：在 V 面投影中可直接看出，$a'b'm'n'$ 位于 $d'e'f'$ 的上方，故其水平投影可见；$c'm'n'$ 位于 $d'e'f'$ 的下方，故在 H 面投影中与 def 的重合部分不可见。

3）两个一般位置平面相交

求两个一般位置平面的交线，实质上是分别求某一平面内的两条边线或某条边线与另一平面的两个交点，连接这两个交点即得两平面的交线。由于两平面的投影都没有积聚性，可以通过线面交点法求交点或交线。

在解题前，可先观察出投影图上没有重叠的平面图形边线，它们不可能与另一平面有实际的交点，故不必求取这种边线对另一平面的交点，如图 3-43（a）中的边线 AC、DG、EF。这种方法称为线面交点观察法。

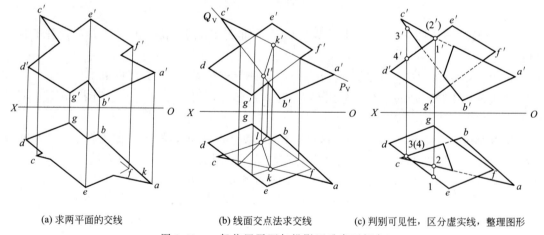

(a) 求两平面的交线　　　　(b) 线面交点法求交线　　　(c) 判别可见性，区分虚实线，整理图形

图 3-43　一般位置平面与投影面垂直面相交

实际上两平面相交时，每一平面上的每一边对另一平面都会有交点，因此从理论上说，作图时可选择任一边对另一平面求交点，求得两个交点后连接即可求得交线的方向，然后取其在两面投影重叠部分内的一段即可得交线。作图步骤略。

练习题

（1）空间一点的投影规律是什么？什么是重影点？

（2）什么是直角投影定理？

（3）两平面的相对位置关系有几种？如何判断？

（4）补全图 3-44 中各点的两面投影。已知点 A 在 V 面之前 40mm，点 B 在 H 面之上 15mm，点 C 在 V 面上，点 D 在 H 面上。

（5）按照图 3-45(a) 作出各点的三面投影，并表明可见性。

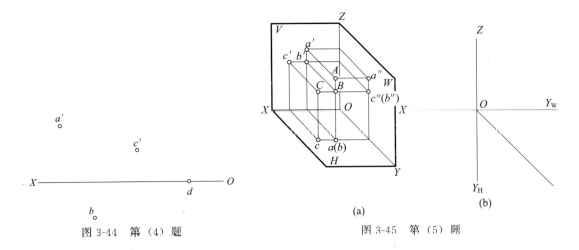

图 3-44　第（4）题　　　　　　　　图 3-45　第（5）题

（6）如图 3-46 所示，判断并填写两直线的相对位置。

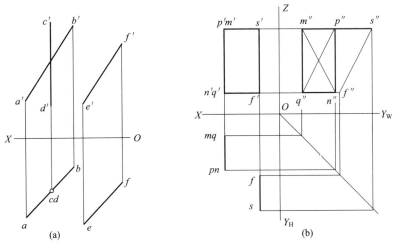

图 3-46　第（6）题

AB、CD 是 _____ 线；　　　　PQ、MN 是 _____ 线；

AB、EF 是 _____ 线；　　　　PQ、ST 是 _____ 线；

CD、EF 是 _____ 线；　　　　MN、ST 是 _____ 线；

（7）如图 3-47 所示，作三角形 *ABC* 与圆平面的交线，并标明可见性。

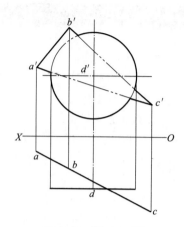

图 3-47　第（7）题

第4章

立体的投影

上一章学会了面的投影图绘制，本章就可以深入学习多个面围成的立体的投影图绘制方法，包括不同基本体三视图的画法和表面取点的方法以及平面基本体截交线、曲面基本体相贯线的画法。

4.1 平面基本体的三视图

常见的平面基本体有棱柱和棱锥。画它们在 H、V、W 三个基本投影面上的投影可归结为画出围成这些立体的点、线、平面的投影。

4.1.1 平面基本体的三视图

图 4-1(a) 所示为一长方体，为了画图和读图方便，令其前后两平面平行于 V 面为正平面，因此其上下两平面为水平面，左右两平面为侧平面。将长方体分别向 H、V、W 面投影，得如图 4-1(b) 所示的三面投影图。可以看出，只要保持六个表面与投影面的平行关系不变，长方体与三个投影面的距离虽然发生变化，但其投影图的形状不变；且由于三个投影面的大小是假定的，因此在实际画图时，可以将三根投影轴省略，得如图 4-1(c) 所示的投影图。实际画图时，假定画图者站在无穷远处，视线互相平行且垂直于投影面，从前向后看所得投影图即正面投影，又称主视图；从上向下看所得投影图即水平投影，又称俯视图；从

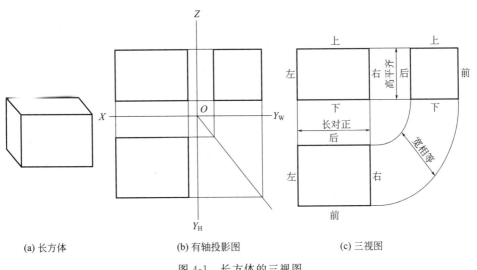

(a) 长方体   (b) 有轴投影图   (c) 三视图

图 4-1 长方体的三视图

左向右看所得投影图即侧面投影，又称左视图。这就是人们通常所说的三视图。各视图的名称是根据观察者相对于物体的位置确定的。观察者在前称为主视图，观察者在上称为俯视图，观察者在左称为左视图。

根据三视图的生成过程，其投影规律有三条。

① 三视图的位置：三视图应按图 4-1(c) 布置，俯视图位于主视图的下方，左视图位于主视图的右方。

② 三视图与物体各方位的对应关系：如图 4-1(c) 所示，主视图表示物体的上下左右，俯视图表示物体的左右前后，左视图表示物体的上下前后。其中特别注意前后方位的规律：以主视图为准，俯视图和左视图距离主视图远的一边为前，近的一边为后。

③ 三视图间的尺寸关系：主视图和俯视图的长度相等，简称长对正；主视图和左视图的高度相等，简称高平齐；俯视图和左视图宽度相等，简称宽相等。

4.1.2 棱柱

棱柱由上下两个底面和若干侧面（又称棱面）围成，各侧面的交线称为棱线，各棱线互相平行。根据侧面或棱线的数值，棱柱可分为三棱柱、四棱柱、五棱柱、六棱柱等。图 4-2 (d) 为一六棱柱，它由上下两个底面和六个侧面围成。其中上下两底面为水平面，前后两侧面为正平面，左前右前及左后右后四个侧面均为铅垂面。

(1) 棱柱三视图的作图方法和步骤

① 确定三视图的位置，画出定位线，如图 4-2(a) 所示。如果物体对称，用点画线画出对称中心线；如果不对称，则用细实线画出定位线。

② 画出上下两底面的三视图。如图 4-2(b) 所示，由于两底面为水平面，其俯视图为真形，画出正六边形；其主、左两视图分别积聚为直线，按长对正、高平齐和宽相等的关系画出。

③ 根据投影规律画出各侧面和棱线的三视图，判断可见性并加粗。如图 4-2(c) 所示，由于棱柱的前后、左右均对称，因此主视图和左视图的可见线和不可见线的投影重合，用粗实线画出可见投影即可。

动画演示：图 **4-2**

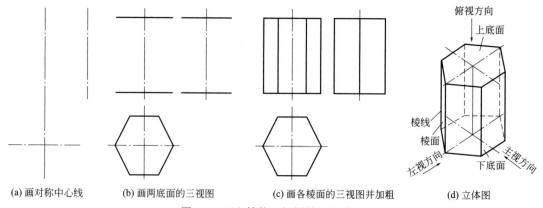

| (a) 画对称中心线 | (b) 画两底面的三视图 | (c) 画各棱面的三视图并加粗 | (d) 立体图 |

图 4-2　正六棱柱三视图的画图步骤

(2) 表面取点

图 4-3 是一三棱柱的三视图。由图可知，其上下两底面为水平面，其后面为正平面，前

边两侧面为铅垂面。已知三棱柱表面上三点 K、L、M 的正面投影 k'、l'、m'，求出它们的水平投影和侧面投影。

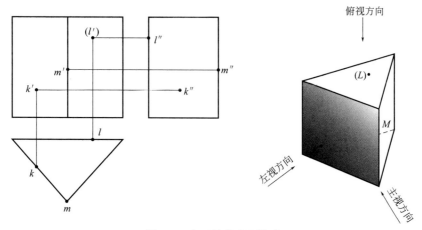

图 4-3 在三棱柱表面取点

由主视图可知，点 K 在左前棱面上，此棱面为铅垂面，其水平投影具有积聚性；利用积聚性可求出其水平投影 k，然后根据高平齐和宽相等的投影关系求出侧面投影 k''。由于 l' 不可见，因此点 L 在后面的棱面上，由于后棱面为正平面，其侧面投影和水平投影均积聚为一条直线，故 l'' 和 l 必在这两条直线上。由于 m' 可见且位于棱柱前面的棱线上，故 m 和 m'' 必位于该棱线的水平投影和侧面投影上。

(3) 截交线的求法

如图 4-4 所示，立体（图中为三棱柱）被一截平面截断，在立体的表面产生一多边形切口，这一切口称为截交线。在画三视图时需画出截交线的三视图。显然，截交线是立体表面和截平面的共有线，即截交线既位于截平面上，又位于立体的表面上。求截交线多边形的方法是求出多边形各顶点的投影，然后按顺序将各点连接为多边形。因此求截交线问题归结为

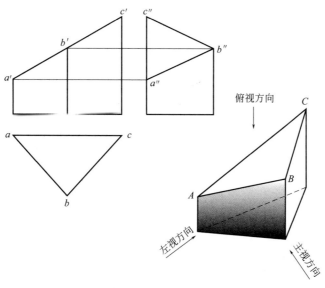

图 4-4 三棱柱截交线

在立体表面取点的问题。图 4-4 中三顶点 A、B、C 分别位于三条棱线上，利用点在直线上点的投影必在直线的同面投影上这一从属性原理可很容易求出 abc、$a''b''c''$。

4.1.3 棱锥

(1) 棱锥三视图的画法

棱锥由一个底面和若干侧面围成，各侧面的交线称为棱线，各棱线交于一点，这个点称为棱锥的顶点。根据棱线或侧面的数值，棱锥有三棱锥、四棱锥、五棱锥、六棱锥等。图 4-5 为三棱锥，其底面是水平面，后侧面是侧垂面，前边两个侧面是一般位置平面。画棱锥的三视图一般分三步：第一步画底面的三视图；第二步画顶点的三视图；第三步将底面三角形的三个顶点与棱锥顶点的同面投影用直线连接起来并加粗。

动画演示：图 4-5

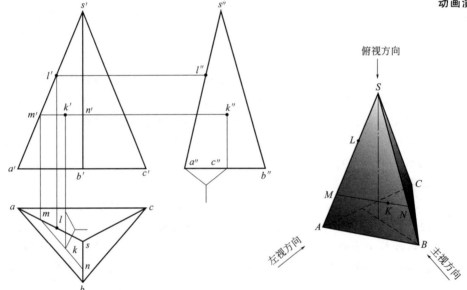

图 4-5　棱锥的三视图及其表面取点

(2) 棱锥表面取点

如图 4-5 所示，已知棱锥表面上 K、L 两点的正面投影 k'、l'，求出它们的水平投影。由图可知，点 K 在左前棱面上，该平面是一般位置平面，各投影均无积聚性，因此表面取点需要过点 K 作一条辅助线 MN。MN 可以是一般位置直线，可以过锥顶，也可以是面内水平线，图中使用的是面内水平线。作图步骤如下：

① 过 k' 作 $m'n'$ 与底面平行，m'、n' 分别在直线 $s'a'$ 和 $s'b'$ 上。

② 求辅助线 MN 的水平投影 mn。先利用长对正的投影关系求出水平投影 m 点，根据从属性 m 在 sa 上；因为 MN 是水平线，与 AB 平行，故作 mn 平行于 ab 即得辅助线的水平投影。

③ 求点 K 的水平投影和侧面投影。点 K 在 MN 上，其水平投影 k 在 mn 上；然后再由 k 和 k' 根据高平齐和宽相等的关系求出 k''。由 l' 在 $s'a'$ 上可知，点 L 在直线 SA 上，根据从属性其水平投影 l 和侧面投影 l'' 分别在 sa 和 $s''a''$ 上，作投影连线很容易求出其三面投影。

图 4-6 为一三棱台的三视图，它是由一水平面截三棱锥得到的。作图时注意上下两底面

的各边互相平行。

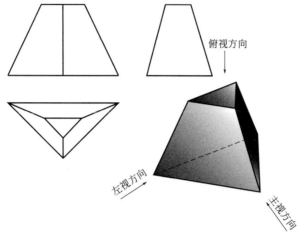

图 4-6 三棱台的三视图

（3）三棱锥截交线的画法

图 4-7 所示为一三棱锥的截断体，它是由一水平面和一正垂面切割得到的。在主视图中，两截平面具有积聚性。作图时，先求出水平面和侧棱 *SA* 的交点 *D* 的水平投影 *d*，过 *d* 作 *de* 平行于 *ab*，交 *sb* 于 *e*，过 *e* 作 *ef* 平行于 *bc*，过 *d* 作 *dk* 平行于 *ac*，则折线 *kdef* 是水平面截三棱锥所得截交线的水平投影。其中 *K*、*F* 两点是水平面截交线与正垂面截交线的结合点，在求水平投影时根据长对正的投影规律由正面投影得到。水平面截交线的侧面投影具有积聚性，为一条水平直线。正垂面切割得到的截交线为 *GK*、*GF* 两条，由于结合点 *K*、*F* 的三面投影已经求出，因此只需求出点 *G* 的三面投影。又由于 *G* 在棱线 *SC* 上，根据从属性由正面投影 *g″* 可求出水平投影 *g* 和侧面投影 *g″*。分别连接 *gk*、*gf*、*g″k″*、*g″f″* 即得截交线的投影。在作图中注意水平截平面和正垂截平面的交线 *KF* 是一条正垂线，其正面投影 *k′f′* 积聚为一点；其水平投影 *kf* 与侧面投影 *k″f″* 的长度应相等，即保持宽相等的关系。

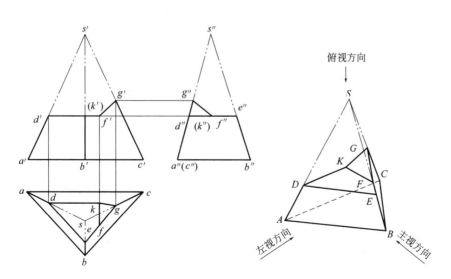

图 4-7 三棱锥截断的画法

4.2 回转体的三视图

回转体包括圆柱、圆锥、圆球、圆环（含圆弧回转体）。这些立体上的曲面都是母线（包括直线、圆或圆弧）绕轴线旋转形成的，称为回转面。回转体是由平面和回转面或完全由回转面围成的立体。

4.2.1 圆柱

(1) 圆柱的三视图

如图 4-8 中的立体图所示，圆柱由上下两个底面和圆柱面围成；圆柱面是由与轴线平行的直母线绕轴线旋转一周得到的，母线在旋转过程中的每一个具体位置称为素线。因为圆柱的轴线垂直于水平投影面，所以其俯视图是一个圆，主视图和左视图是两个全等的矩形。

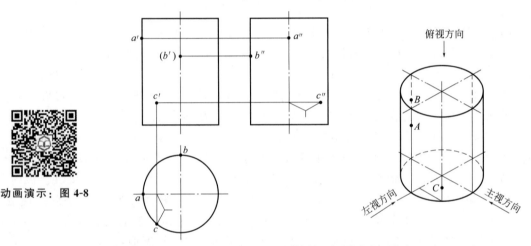

动画演示：**图 4-8**

图 4-8 圆柱的三视图及表面取点

俯视图的圆具有积聚性，圆柱面上所有点、线的水平投影均落在该圆上。这个圆所包围的区域是上下两底面的水平投影，它反映上下两底面的真形。主视图矩形的上下两条直线是上下两底面具有积聚性的正面投影。左右两条轮廓线是圆柱面上最左、最右两条直素线的正面投影，这两条直素线称为圆柱面上对 V 面的转向素线，也叫转向轮廓线。这两条转向素线是铅垂线，其水平投影积聚为两点，位于圆的最左和最右点；其侧面投影与左视图的轴线重合，由于它们不是立体表面的棱线，在左视图中不画出。左视图矩形的上下两条直线是上下两个底面具有积聚性的侧面投影。左右两条轮廓线是圆柱面上最后、最前两条直素线的侧面投影，右边的一条在圆柱的最前面，左边一条在圆柱的最后面，这两条直素线称为圆柱面上对 W 面的转向素线或转向轮廓线。它们的水平投影在圆的最后和最前点，它们的正面投影与主视图的轴线重合，在主视图中也不用粗实线画出。

注意：在画圆柱和后面将要讲到的其他回转体的三视图时，一定要画出圆的对称中心线和轴线的投影，即图 4-8 中的点画线。初学制图的人常常对此不以为意，这是错误的。

(2) 在圆柱面上取点

在圆柱面上取点分两种情况：

① 位于转向素线上的点：图 4-8 所示主视图中的 A、B 两点，A 点在最左面的转向素线上，B 点在最后面的转向素线上。当已知正面投影 a'、b'（不可见）时，则其水平投影 a、b 位于圆上，根据长对正可很容易地求出；侧面投影 a" 在左视图的轴线上，而 b" 位于左视图中最后的转向素线上。总而言之，主视图转向素线上的点，其侧面投影在左视图的轴线上；左视图转向素线上的点，其正面投影在主视图的轴线上。

② 不在转向素线上的点：图 4-8 中已知点 C 的正面投影 c'，根据其位置可知，它不在转向素线上，是一般情况。由于圆柱面的水平投影有积聚性，c' 是可见投影，因此 C 点的水平投影 c 必落在前半个圆上，按长对正即可求出。侧面投影 c" 与正面投影 c' 及水平投影 c 保持高平齐和宽相等的关系，作图方法见图 4-8。

4.2.2　圆锥

（1）圆锥的三视图

如图 4-9 的立体图所示，圆锥由一个底面和圆锥面围成。圆锥面是由与轴线相交的直母线绕轴线旋转一周形成的。当圆锥的轴线垂直于水平投影面时，其俯视图是一个圆，主视图和左视图是全等的等腰三角形。

动画演示：**图 4-9**

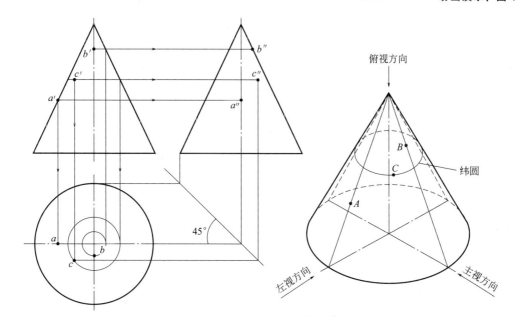

图 4-9　圆锥的三视图及表面取点

俯视图圆及其所包围的区域是圆锥面和底面的水平投影，因为底面是水平面，故其水平投影反映实形，圆锥面的水平投影没有积聚性。在主视图和左视图的等腰三角形中，底边是圆锥底面具有积聚性的正面投影和侧面投影。主视图的左右两腰是圆锥面对 V 面的最左和最右两转向素线的正面投影，其水平投影是圆的左右两条水平半径，其侧面投影位于左视图的轴线上，因不是棱线不予画出。由此可见，圆锥面上对 V 面的转向素线是两条正平线。左视图的左右两腰是圆锥面对 W 面的最后和最前两条转向素线的侧面投影，其水平投影是圆的上下两条竖直半径，其正面投影位于主视图的轴线上。可见，圆锥面上对 W 面的转向素线是两条侧平线。

（2） 圆锥表面上取点

① 在转向素线上的点。图 4-9 中，已知圆锥表面上点 A 的正面投影 a′，由其位置可知点 A 在左边的转向素线上；根据从属性可知，其水平投影 a 在俯视图圆的对称中心线上，其侧面投影 a″在左视图的轴线上，按长对正和高平齐即可求出。点 B 在最前面的转向素线上。当已知正面投影 b′时，可按高平齐先求出侧面投影 b″，然后再根据两投影按宽相等求水平投影。由空间位置和三视图可知，在主视图转向素线上的点，其侧面投影必在左视图的轴线上；在左视图转向素线上的点，其正面投影必在主视图的轴线上。

② 不在转向素线上的点。如图 4-9 中的 C 点，根据其正面投影 c′可知它不在转向素线上。欲求其水平投影 c 和侧面投影 c″，因圆锥面无积聚性可利用，所以我们介绍一种新的方法——纬圆法。作图原理是：见图 4-9 中的立体图，过 C 点作一个与轴线垂直的圆，我们称为纬圆，该圆必是一个水平圆，点 C 在这个纬圆上，其投影必在纬圆的同面投影上。在三视图上作图的方法是：当已知正面投影 c′时，过 c′作一条垂直于轴线的水平线，该水平线与转向素线相交，在该水平线上轴线到交点的线段就是纬圆的正面投影，其长度 R 就是纬圆的半径。以俯视图圆的中心为圆心，以 R 为半径画圆，即得纬圆的水平投影。由 c′按长对正作竖直线与纬圆的水平投影相交于 c，就是点 C 的水平投影，再由 c、c′按高平齐和宽相等的投影关系求出侧面投影 c″。这种利用纬圆作为辅助线在圆锥表面取点的方法称为纬圆法。纬圆法在无积聚性的回转面上取点时是最常用的一种有效方法，必须熟练掌握。

图 4-10 为一个轴线垂直于水平投影面的圆锥被一水平面截断形成的圆台，其俯视图为两个同心圆，主视图和左视图是全等的等腰梯形，读者可自行分析三视图间的投影规律。其表面取点的方法与圆锥完全相同。

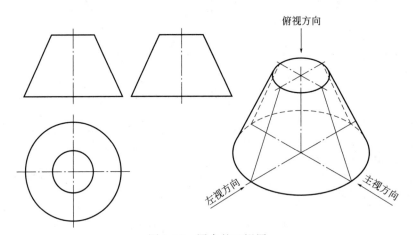

图 4-10 圆台的三视图

4.2.3 圆球

（1） 圆球的三视图

半圆绕其直径旋转一周形成圆球面，由圆球面围成的立体称为圆球，如图 4-11 的立体图所示，球的三个视图是直径等于圆球直径的圆，但三个圆并不是球面上同一圆的三个投影。主视图 a′是圆周上最大正平圆的投影，其水平投影 a 为俯视图圆的水平直径，其侧面投影 a″是左视图圆的竖直直径。俯视图圆 b 是圆球面上最大水平圆的投影，其正面投影 b′

和侧面投影 b'' 均位于对称中心线上。左视图圆 c'' 是圆球面上最大侧平圆的投影，其正面投影 c' 和水平投影 c 均位于对称中心线上。

（2）圆球表面取点

如图 4-11 所示，已知点 M、N 的正面投影 m'、n'，求其水平投影 m、n 和侧面投影 m''、n''。由 m' 可知点 M 在主视图的轮廓线上，因此其水平投影 m 和侧面投影 m'' 必在对称中心线上，根据长对正和高平齐的投影规律很容易求出。点 N 为一般点，因球面没有积聚性，需利用纬圆法来求。过 n' 作水平线求出纬圆的半径 R，然后以俯视图圆的中心作圆心，以 R 为半径作圆，就是纬圆的水平投影；根据长对正由 n' 求出 n，即得水平投影，再由 n 和 n' 求出 n'' 即完成作图。

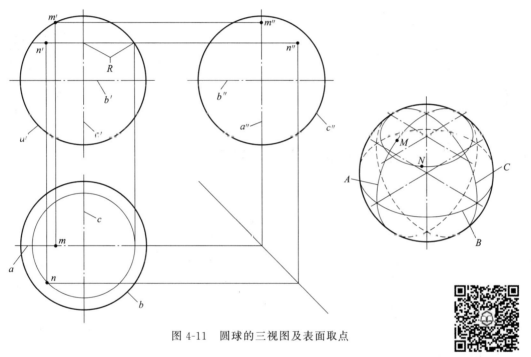

图 4-11 圆球的三视图及表面取点

动画演示：图 **4-11**

4.2.4 圆环

与轴线在同一平面内的母线圆绕轴线（轴线不通过圆心）旋转一周形成的回转面称为圆环面，简称环面。环面分为内环面和外环面，靠近轴线的半圆形成的环面叫内环面，远离轴线的半圆形成的环面叫外环面。由圆环面围成的立体称为圆环。如图 4-12 所示，圆环的俯视图是两个同心圆，它们是圆环对 H 面的内外轮廓线；外轮廓线是母线圆上距离轴线最远的点旋转形成的最大纬圆，内轮廓线是母线圆上距离轴线最近的点旋转形成的最小纬圆。在画图时还需用点画线画出母线圆心旋转所形成的圆。主视图上的两个小圆是圆环对 V 面的转向素线，上下两直线是环面上最高和最低的两纬圆的投影，是对 V 面的轮廓线。左视图与主视图情况类似，请自行分析。圆环的表面取点使用纬圆法。图 4-12 中已知 A、B 两点的正面投影 a'、b'，a' 在主视图的轮廓线上，其水平投影 a 在对称中心线上，可由长对正求得；其侧面投影 a'' 在轴线上，可由高平齐求得。由 b' 可知 B 点在一般位置，其水平投影 b 可用过 B 点的纬圆求得。由于该点在下半个环面上，因此 b 不可见。侧面投影 b'' 由高平齐和宽相等的规律求得。

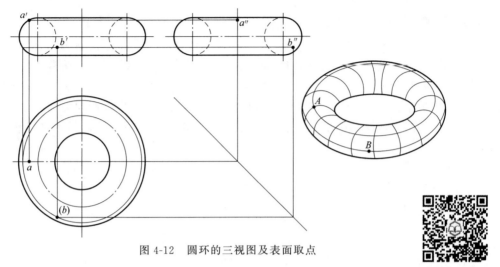

图 4-12　圆环的三视图及表面取点

动画演示：**图 4-12**

4.3　平面与回转体表面的交线——截交线

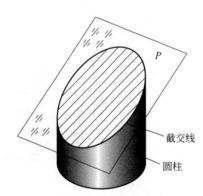

图 4-13　截交线的性质

截交线的性质：图 4-13 所示为平面 P 和一个圆柱相交，在圆柱的表面产生一条截交线。由于截交线是平面和圆柱面相交而成的，因此截交线的性质是：① 截交线是截平面与圆柱面的共有线。②在一般情况下，截交线是封闭的多边形、曲线或由直线和曲线组成的平面图形。截交线的形状由立体的形状和截平面的位置决定。

画截交线的投影时，应首先根据截平面与回转体的切割位置关系，判断截交线的形状。如果截平面处于特殊位置，则利用投影的积聚性求得截交线上的一系列点，然后光滑连线。

作图步骤一般是：

① 求截交线上的特殊点，如最高、最低、最左、最右、最前、最后诸点以及转向素线上的点等。②求中间点。③判断可见性后将求得的点按顺序连成光滑曲线即完成作图。

下面分别介绍特殊位置平面截回转体表面所得截交线的求法。

4.3.1　平面与圆柱相交

根据截平面与圆柱面的相对位置不同，圆柱表面的截交线有三种形式。在表 4-1 中，当截平面垂直于圆柱轴线时，截交线是一个圆；当截平面平行于圆柱轴线时，截交线是一个矩形，其中上下两边是截平面与圆柱两底面的交线，左右两边是截平面与圆柱面的交线；当截平面倾斜于圆柱轴线时，截交线是一个椭圆。

表 4-1　圆柱截交线的三种形式

截平面位置	垂直于轴线	倾斜于轴线	平行于轴线
截交线形状	圆	椭圆	两直素线
轴测图	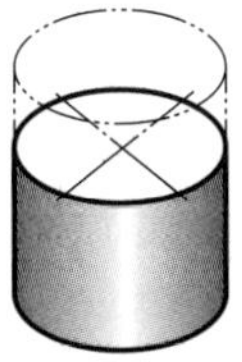	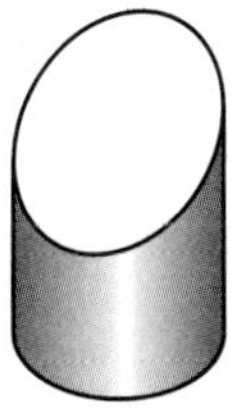	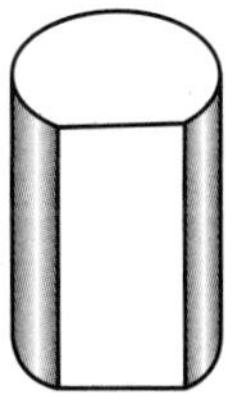
三视图	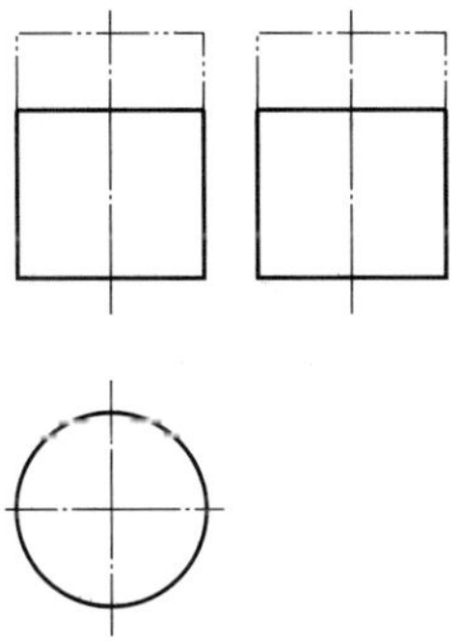	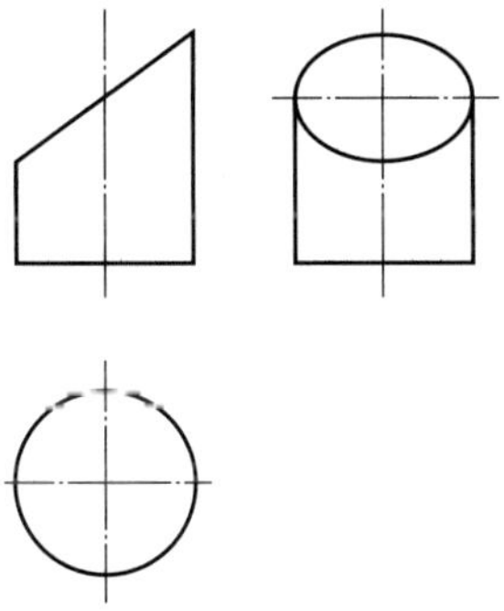	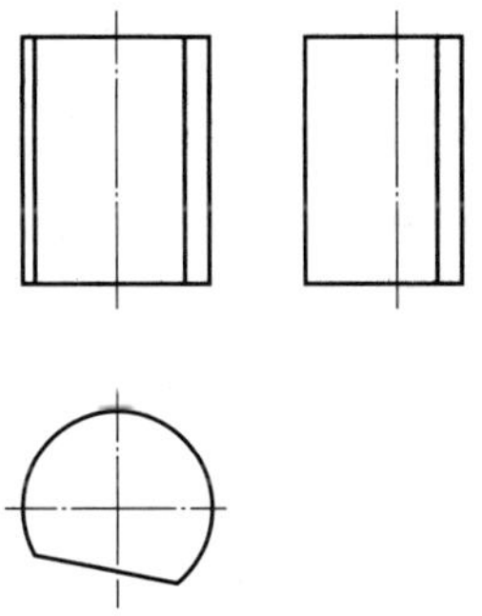

【例 4-1】　如图 4-14(a) 所示，已知被切割圆柱的主视图和俯视图，求左视图。

分析：由图 4-14(a) 可以看出，截平面是正垂面，正面投影有积聚性，根据共有性，截交线的正面投影与截平面的正面投影重合。同理圆柱面的水平投影具有积聚性，截交线的水平投影与圆柱面的水平投影重合。因而截交线的水平投影和正面投影为已知。需要求的只有侧面投影，可根据截交线的两面投影求出侧面投影。

作图步骤：①如图 4-14(a) 所示，根据圆柱的水平投影和正面投影求出其未切割前的侧面投影。如图 4-14(b) 所示，求截交线上特殊点 A、B、C、D 的侧面投影 a''、b''、c''、d''。其中 A 为最左点兼最低点，B 为最右点兼最高点，C、D 分别为最前点和最后点，它们的侧面投影位于转向素线或轴线上。②如图 4-14(c) 所示，求截交线上中间点 E、F、G、H 的侧面投影 e''、f''、g''、h''。中间点的数量可根据需要确定。③如图 4-14(d) 所示，按顺序将所求各点的侧面投影连成光滑曲线，擦去多余作图线并加粗即完成作图。

【例 4-2】　如图 4-15 所示，已知切口圆柱的主、俯两视图，求左视图。

分析：由主视图和俯视图可知，圆柱的上部左右两侧各被一个水平面和一个侧平面切割，水平面垂直于圆柱的轴线，截得的截交线为圆弧；侧平面平行于圆柱轴线，截得的截交线为直线，如 AB。两截平面的正面投影具有积聚性，截交线的正面投影为已知；圆柱的水平投影和侧平截平面的水平投影具有积聚性，截交线的水平投影为已知。因此只需根据两投影求出截交线的侧面投影即可。圆柱的下面被两个侧平面和一个水平面在中间切出一个槽，两侧平面切出的截交线为直线，它们的正面投影和水平投影均具有积聚性，为已知，只需求出侧面投影。水平面切出的截交线为圆弧，其正面投影和侧面投影均具有积聚性，为已知，水平投影反映真形。截交线的空间位置如立体图所示。

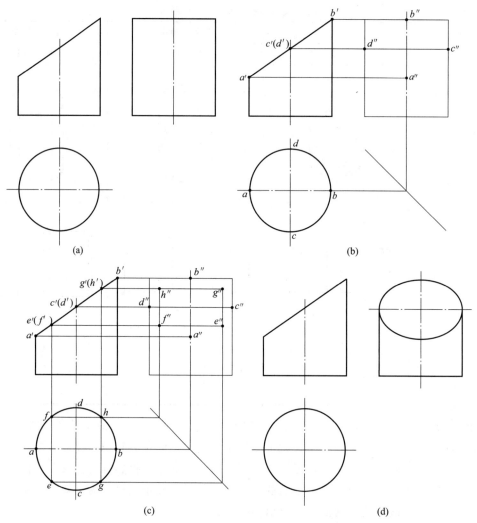

(a)

(b)

(c)

(d)

图 4-14　截平面倾斜于圆柱时截交线的画图步骤

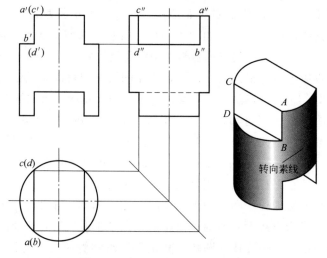

图 4-15　切口圆柱的三视图画法

　　作图步骤：①作圆柱未切割前的左视图。②作上部的截交线。先作侧平面切得的截交线的侧面投影，其正面投影为 $a'b'$，其水平投影为点 $a(b)$，按高平齐、宽相等作出其侧面投影 $a''b''$。要特别注意宽相等的关系。CD 的侧面投影求法与 AB 相同。水平面切圆柱所得截交线的侧面投影积聚为一条直线，根据高平齐和宽相等的关系求出，实际上是连接 b''、d''。圆柱下部截交线的求法与上部相同，但由于切出的槽位于中间，圆柱左视图的转向素线被切掉，另外水平切平面的不可见部分应画成虚线。③检查无错误后加粗。

【例 4-3】　如图 4-16 所示，已知被切割圆柱的主视图和左视图，求俯视图。

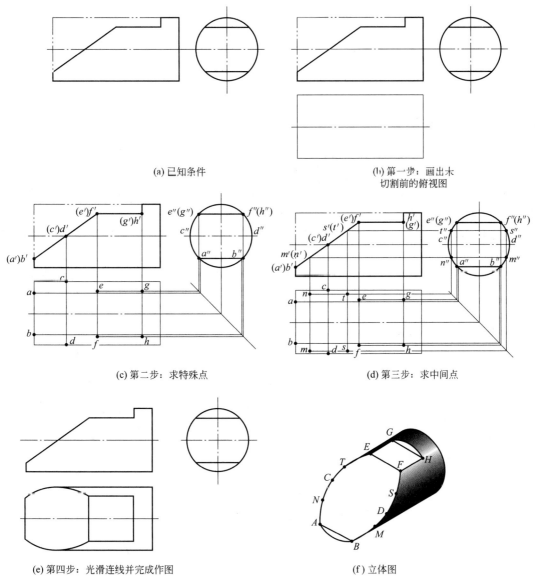

图 4-16　被切割圆柱三视图的作图步骤

　　分析：由主视图可以看出，圆柱被三个平面切割，左侧截平面为一正垂面，倾斜于圆柱轴线，截交线是椭圆弧；中间截平面是一个水平面，平行于圆柱轴线，截交线是直线；右侧截平面是一个侧平面，垂直于圆柱轴线，截交线是一段圆弧。截交线为圆弧或直线时的作图方法同例 4-2，下面介绍截交线为椭圆时的作图方法和步骤。

作图步骤：①画出未切割前的俯视图。②求截交线上的特殊点。其中最前、最后点为 $D(d,d',d'')$、$C(c,c',c'')$，这两个点位于圆柱的前后两条转向素线上；最左点为 $A(a,a',a'')$ 和 $B(b,b',b'')$，其水平投影 a、b 由正面投影 a'、b' 和侧面投影 a''、b'' 利用长对正、宽相等的关系求得；最右点为 $E(e,e',e'')$、$F(f,f',f'')$ 两点，也根据长对正和宽相等的投影关系求出。这两点同时又是两段截交线的连接点。我们把这种连接点称为结合点。结合点也是截交线上的特殊点，必须准确作出。③求截交线上的中间点。如图 4-16 中的 $M(m,m',m'')$ 和 $N(n,n',n'')$，这两点前后对称，只需求出一点，再相对于轴线作对称点即可。欲求点 M 的水平投影 m，可根据具体情况先利用积聚性在主视图上确定其正面投影 m'，再利用积聚性求出其侧面投影 m''，然后根据 m'、m'' 即可求出水平投影 m。图中作出了四个中间点 M、N、S、T。④将所求各点按顺序连接成一条光滑曲线。求出另外两条截交线后加粗，即完成作图。

4.3.2 平面与圆锥相交

根据截平面与圆锥的相对位置不同，可以得到五种截交线。在表 4-2 中，当截平面通过锥顶时，截交线为一个等腰三角形，二腰为截平面与圆锥面的交线，下底为截平面与底面的交线；当截平面垂直于轴线时，截交线为圆；当截平面倾斜于轴线且截断圆锥的全部素线时，截交线为椭圆；当截平面平行于轴线时，截交线为双曲线；当截平面平行于一条素线时，截交线为一条抛物线。其中第一、二两种情况为特殊情况，作图简单。第一种情况锥顶的三面投影为已知，只需利用积聚性求出底圆上两点的三面投影，再把同面投影连成直线即完成作图。截交线为椭圆、双曲线和抛物线的三种情况在作图时需利用截平面的积聚性和纬圆法求出一定数量的点，然后按顺序光滑连线。

表 4-2 圆锥截交线的形式

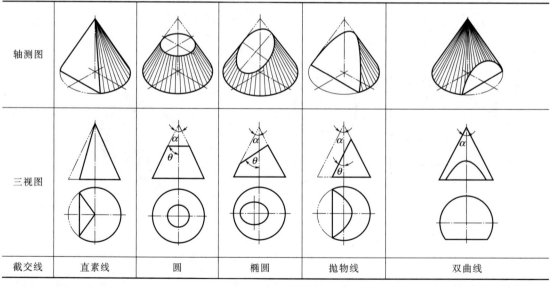

截交线	直素线	圆	椭圆	抛物线	双曲线

截交线的求法：当截交线为椭圆、双曲线和抛物线时，需利用截交线的共有性求出一系列的点，然后光滑连线。求共有点的方法有两种，一是利用截平面的积聚性确定截交线上点的一个投影，然后利用纬圆法求出另一个投影，再根据两投影求出第三个投影。如图 4-17

（a）所示，点 M 既在截平面上，又在圆锥的某一个纬圆上，因而必在截交线上。二是确定截交线上点的一个投影，然后利用素线法求出另一个投影，再由两投影求第三个投影。如图 4-17（b）所示，点 M 在截平面上，又在锥面的一条轮廓素线上，因而必在截交线上。因此我们必须掌握第一种方法而对第二种方法不作要求。

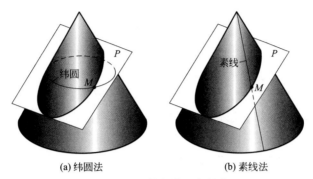

(a) 纬圆法　　　　　　　(b) 素线法

图 4-17　圆锥截交线上点的求法

【**例 4-4**】　如图 4-18 所示，已知被截后圆锥的主、左视图，求俯视图。

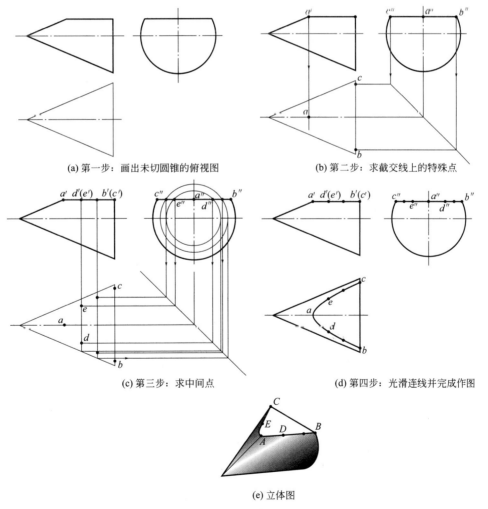

(a) 第一步：画出未切圆锥的俯视图　　　　(b) 第二步：求截交线上的特殊点

(c) 第三步：求中间点　　　　　　(d) 第四步：光滑连线并完成作图

(e) 立体图

图 4-18　求圆锥的截交线

分析：由图 4-18 可知，截平面为水平面，平行于圆锥的轴线，截交线是一条双曲线，截交线上的点用纬圆法求。由于截平面是水平面，其正面投影和侧面投影均积聚为一条直线，只需求出截交线的投影即可。

作图步骤：①作圆锥未切割前的俯视图。②求截交线上的特殊点。因截平面为水平面，没有最高点和最低点，只需求出最左点和最右点。因截平面的主视图有积聚性，最左点的正面投影为 a'，在圆锥主视图转向素线上，其水平投影 a 必在俯视图的轴线上。最右点有两个，在圆锥的底圆上，其正面投影为 b'、c'，根据高平齐可直接得到侧面投影 b''、c''，根据正面和侧面两投影利用长对正、宽相等的关系求出水平投影 b、c。③求截交线上的中间点。在截交线正面投影的适当位置确定中间点的正面投影 d'、e'，过 d'、e' 作轴线的垂线，得纬圆的半径；作出纬圆的侧面投影，该圆与截平面的侧面投影相交，交点 d''、e'' 就是中间点的侧面投影，再根据 d'、e' 和 d''、e'' 按长对正、宽相等的投影关系求出水平投影 d、e。④按顺序将各点连接成光滑曲线，整理加粗。

4.3.3 平面与球相交

平面截球所得的截交线是圆。如图 4-19 所示，当截平面是水平面时，截交线的投影中有两个积聚为直线，如 P' 和 P''，它们的长度等于截交线圆（纬圆）的直径。该圆在所平行的投影面上的投影反映实形，仍为圆，如图中的水平投影 P。此圆的圆心位于俯视图对称中心线的交点，其半径等于正面投影或侧面投影长度的一半。当截平面倾斜于投影面时，截交线的实形仍为圆，但在所倾斜的投影面上的投影是椭圆。

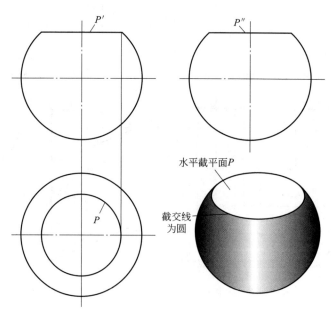

图 4-19　球的截交线为圆

【**例 4-5**】　如图 4-20(a) 所示，已知带切口球的主视图，求其俯视图和左视图。

分析：由图 4-20(a) 可知，球的切口由一个水平截平面和一个侧平截平面切割而成，水平截平面截得的截交线为一个水平圆，其正面和侧面投影积聚为一条直线，其水平投影反映实形，为一段圆弧；侧平截平面截得的截交线为一个侧平圆，其水平投影和正面投影积聚为一条直线，其侧面投影反映实形，为一段圆弧。作图方法如图 4-20(b) 所示。

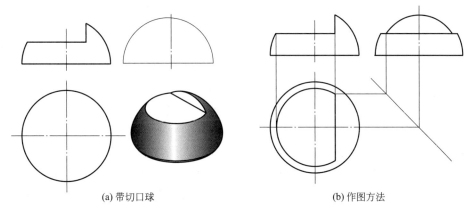

(a) 带切口球　　　　　　　　　　　　　(b) 作图方法

图 4-20　球的截交线

【例 4-6】　如图 4-21(a) 所示，求被正垂面和水平面切割后球的俯视图和左视图。

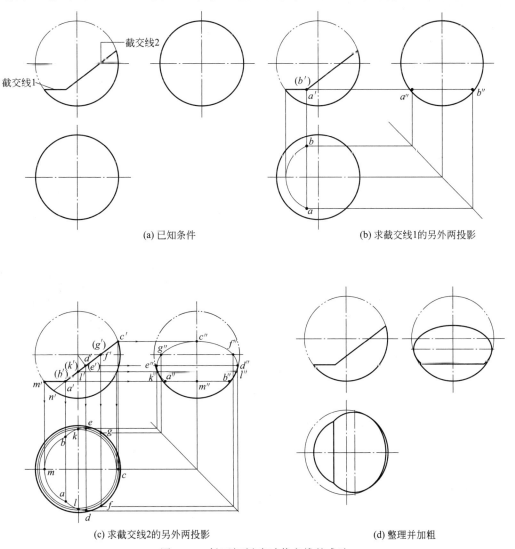

(a) 已知条件　　　　　　　　　　　　　(b) 求截交线1的另外两投影

(c) 求截交线2的另外两投影　　　　　　　(d) 整理并加粗

图 4-21　斜面切割球时截交线的求法

分析：水平面切割球面所得截交线为一段圆弧，其正面和侧面投影积聚为一段直线，其水平投影反映圆弧的实形。正垂面切割球面所得截交线圆的正面投影积聚为一条直线，其水平投影和侧面投影均为椭圆弧，可利用纬圆法求出若干个点，然后光滑连线。

作图步骤：①如图 4-21(b) 所示，作截交线 1（圆弧）的三面投影。②如图 4-21(c) 所示，求截交线 2 的三面投影。由于截交线的投影是椭圆，因此需先求特殊点。特殊点如下：最低点（最左）点 A、B，它们又是结合点，用纬圆法求；最高（最右）点 C，由于它位于主视图的轮廓线上，其水平投影 c 和侧面投影 c'' 必在对称中心线上；最前点 D、最后点 E 的求法是，延长 $b'c'$ 与球的轮廓线交于点 n'，求出 $c'n'$ 的中点即为 $d'(e')$，过 $d'(e')$ 求出纬圆的半径（作水平线与正面投影的轮廓线相交），作出纬圆的水平投影与过 $d'(e')$ 的连线交于 d、e，即为最前点和最后点的水平投影；俯视图和左视图轮廓线上的虚实分界点 F、G 和 L、K，利用转向素线上点的投影特性求出三面投影即可。③求得适量的中间点后按顺序光滑连线。④整理并加粗，如图 4-21(d) 所示，即完成作图。

4.3.4 简单组合体的截交线

两个或两个以上的基本体组合在一起，称为组合体。组合体的组合形式有多种，我们将在下一章介绍，这里只介绍图 4-22 所示简单叠加或相切的组合体被一个或一个以上的平面截断时截交线的求法。

【**例 4-7**】 画出图 4-22 所示组合体的三视图。

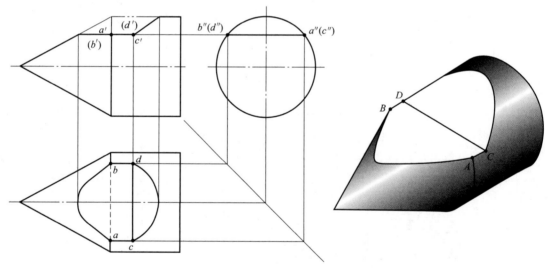

图 4-22 组合体的截交线

由图 4-22 可以看出，组合体由同轴的一个圆柱和一个圆锥组合而成，它被一个水平截平面和一个正垂面在上面截掉一部分。画图步骤如下：①先画出组合体未切割前的三视图。②分析截交线的形状。本例截交线由三部分组合而成：水平面切圆锥得到的截交线是一条双曲线，切圆柱得到的截交线是两条直素线，正垂面斜切圆柱得到的截交线为一段椭圆弧。按前面所述方法分别求出各段截交线。③判断可见性后画出各个平面的交线，并整理加粗。

4.4 两回转体表面的交线——相贯线

4.4.1 相贯线的基本概念和基本性质

如图 4-23(a) 所示，两立体表面相交产生的交线称为相贯线。

相贯线的基本性质如下：

① 相贯线是两个立体表面的共有线，是相交两立体表面共有点的集合。

② 相贯线在一般情况下是一条封闭的空间曲线（特殊情况下可能是不封闭的，也可能是直线或平面曲线）。

③ 相贯线投影的可见性判断：如果一段相贯线同时位于两立体可见的表面上，则相贯线的投影是可见的，否则不可见。

动画演示：**图 4-23**

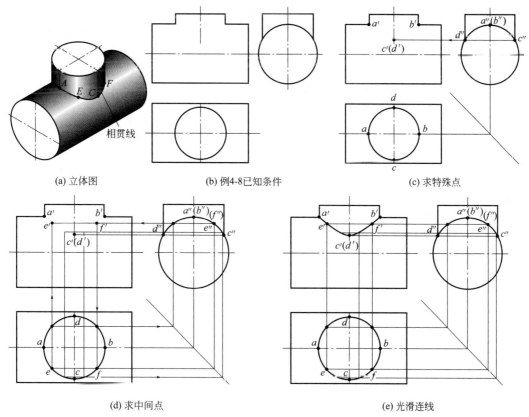

图 4-23　利用积聚性在表面取点求相贯线

相贯线的作图方法类似于截交线，在一般情况下，也是先求出若干个共有点，然后按顺序将各点的同面投影光滑连线。求相贯线的方法有多种，本书只介绍最常用的两种方法：利用积聚性在表面取点及辅助平面法。

不论用哪一种方法求相贯线，作图步骤一般都有四步：一是求相贯线上的特殊点；二是求相贯线上的中间点；三是判断投影的可见性，将各点的同面投影按顺序连接成光滑曲线；四是整理并加粗。

4.4.2 利用积聚性在表面取点求相贯线

【例 4-8】 如图 4-23 （b）所示，已知相交两圆柱的三视图，补画相贯线的投影。

分析：由图 4-23(b) 可知，相交两圆柱的轴线垂直于投影面且互相垂直相交，其中大圆柱的侧面投影积聚为一个圆，相贯线在大圆柱上，其侧面投影必在此圆上；小圆柱的水平投影积聚为一个圆，相贯线在小圆柱上，其水平投影必在此圆上。相贯线是两圆柱表面的共有线，所以其水平投影是俯视图中的整个圆，其侧面投影是大圆柱与小圆柱共有的部分，即弧 $c''(b'')a''d''$。这就是说，相贯线的水平投影和侧面投影为已知，只需根据这两个投影求出正面投影即可。另外由于两圆柱轴线垂直相交，因此前后对称，相贯线的前面一半和后面一半重合，故不必判断可见性，只画出前面一半即可。

作图步骤：①求相贯线上特殊点的正面投影。特殊点有最左点、最右点、最前点、最后点、最高点和最低点。由水平投影可以看出，最左点和最右点分别是圆的最左点 a 和最右点 b；根据表面取点法可知，其侧面投影重合为一点 $a''(b'')$，按长对正和高平齐求出正面投影为 a'、b'。它们恰好位于两圆柱转向素线的交点处，可以看出这两点又是最高点。由水平投影可得，最前点和最后点位于圆的最前点 c 和最后点 d，其侧面投影为小圆柱左视图转向素线与圆的交点 c''、d''，根据长对正和高平齐求出正面投影 $c'(d')$，它们重合为一点。可以看出，这两点又是最低点。②求相贯线上的中间点。如图 4-23(d) 所示，在水平投影圆上的适当位置取一点 e，即中间点 E 的水平投影，根据宽相等在相贯线的侧面投影圆弧上求出 E 的侧面投影 e''，然后根据长对正和高平齐求出正面投影 e'。由图可以看出，点 $F(f, f', f'')$ 也是中间点，它与点 E 左右对称，两点的侧面投影 $e''(f'')$ 是互相重合的，正面投影 e'、f' 以及水平投影 e、f 均左右对称。因此求一个中间点的同时可求出与之对称的另一个中间点。中间点的数量可根据具体情况而定。③将所求的一系列点连接成光滑曲线。由于相贯线前后对称，可见部分与不可见部分重合，因此画出可见部分即可。④整理并加粗。

两圆柱正交的几种情况：

① 当水平圆柱的直径小于竖直圆柱的直径时，相贯线的弯曲趋势如图 4-24 所示。

② 当两圆柱直径相等且轴线相交时，相贯线变为两条平面曲线——椭圆；在两轴线所平行的投影面上两椭圆的投影变为两条直线，如图 4-25 所示。这是相贯线的一种特殊情况，常用于管路中的等径三通管及其他机件中。

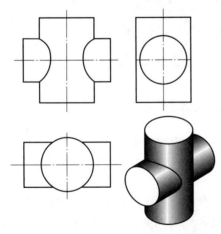

图 4-24 竖直圆柱直径较大时的相贯线

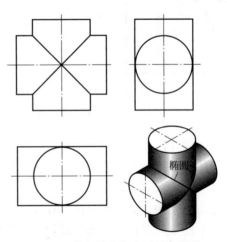

图 4-25 等径圆柱相交时的相贯线

③ 一圆柱的外表面和另一圆柱的内表面相交（也称虚实相交）产生的相贯线如图 4-26 所示。在圆柱上制作一个穿通的圆柱孔，产生了上下两条相贯线，相贯线的求法与前面所述的方法完全相同。

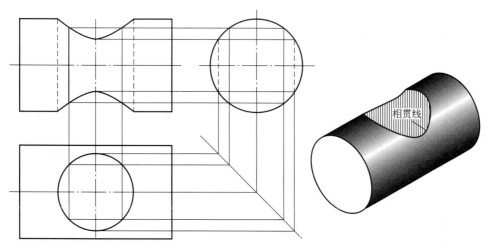

图 4-26　内外圆柱表面相交时的相贯线

④ 两个内圆柱面（也称虚虚相贯）相交时也产生相贯线，如图 4-27 所示。两圆柱孔相交所得的相贯线为上下两条，求法与前述相同。

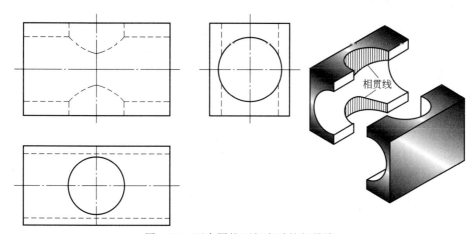

图 4-27　两内圆柱面相交时的相贯线

综上所述，在利用积聚性求相贯线时，需先分析找出有积聚性的表面，从而找到相贯线的一个或两个投影，然后利用表面取点法求出其他投影。

【例 4-9】　画出图 4-28 所示半圆柱与圆柱的相贯线。

分析：半圆柱的轴线垂直于侧面，其侧面投影积聚为半圆弧，相贯线的侧面投影在此圆弧与直立圆柱的公共部分。整圆柱的轴线垂直于水平面，其水平投影积聚为一个圆，相贯线的水平投影与此圆重合。但由于两圆柱的轴线不相交，因此相贯线前后两部分的正面投影不重合，需要判断可见性；同时位于两圆柱可见表面的部分是可见的，而位于整圆柱后半部表面的部分不可见，应画成虚线。相贯线上点的求法与例 4-8 相同。应注意：①在主视图中，两圆柱转向素线的交点不是相贯线上的点。②在作图时，需求出主视图上四个虚实分界点

$1'$、$2'$、$3'$、$4'$，转向素线应画到这些点。

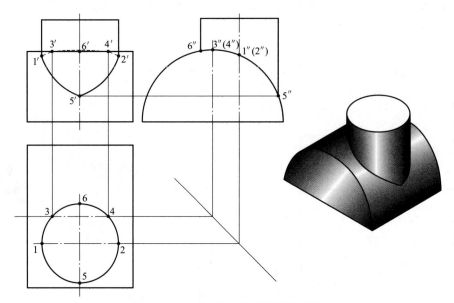

图 4-28　轴线交叉垂直的两圆柱相交

4.4.3　利用辅助平面法求相贯线

作回转体的相贯线时，可以用与两个回转体都相交（或相切，有切线）的辅助平面切割这两个回转体，则两组交线（或切线）的交点是辅助平面和两回转体表面的三面共点，即为相贯线上的点。这种求作相贯线的方法称为辅助平面法。为了能方便地作出相贯线上的点，宜选用特殊位置平面作为辅助平面，并使辅助平面与两回转体交线的投影为最简单，如交线为直线、平行于投影面的圆或能使交线的投影成为圆的椭圆。

【例 4-10】　如图 4-29 所示，已知圆柱与圆锥轴线正交，求作其相贯线。

① 分析。相贯线的空间形状：圆柱与圆锥轴线正交，并为全贯，因此相贯线为闭合的空间曲线且前后对称。相贯线的投影：圆柱轴线垂直于侧面，圆柱的侧面投影积聚为圆，相贯线的侧面投影与圆重合，圆锥的三个投影都无积聚性，所以需求相贯线的正面投影及水平投影。

② 求特殊点。由相贯线的 W 面投影可直接找出相贯线上的最高点 a''、最低点 b''，同时 A、B 点也是圆柱正面投影转向轮廓线上的点和圆锥最左轮廓线上的点。A、B 两点的正面投影 a'、b' 也可直接求出，然后求出水平投影 a、b。

由相贯线的 W 面投影可直接确定相贯线上最前点 C、最后点 D 的 W 面投影 c''、d''，同时 C、D 点也是圆柱水平投影转向轮廓线上的点。过圆柱轴线作辅助水平面 P，它与圆柱交于两水平投影转向轮廓线，与圆锥交于一水平纬圆，两者的交点即为 C、D 两点。c、d 为其水平投影，根据 c、d 及 c''、d'' 求出 c'、d'。

③ 求一般点。在点 A 和点 C、D 之间适当位置作辅助水平面 R，平面 R 与圆锥面交于一水平纬圆，与圆柱面交于两条素线，这两条截交线的交点为 E、F 两点，即为相贯线上的点。为作图方便，再作一辅助平面 Q 为平面 R 的对称面，平面 Q 与圆锥面交于另一水平纬圆，与圆柱面交于两条素线（与平面 R 和圆柱面相交的两条素线完全相同，所以不用另外

作图），这两条截交线的交点为 G、H 两点，即为相贯线上的一般点。可做出 E、F、G、H 的三面投影。

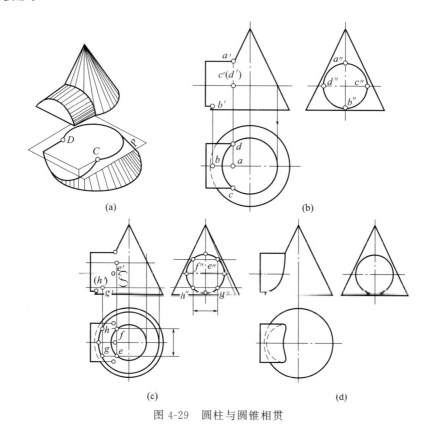

图 4-29　圆柱与圆锥相贯

④ 判别可见性，光滑连接。圆柱面与圆锥面具有公共对称面，相贯线正面投影前后对称，故前后曲线重合，用实线画出。圆锥面的水平投影可见，圆柱面上半部的水平投影可见，按可见性原则可知，属于圆柱面上半部的相贯线可见，线段 GH 水平投影左边画成虚线。进一步补全相贯体的投影。

4.4.4　相贯线的特殊情况

当两等直径圆柱相交时，相贯线为椭圆；若轴线为平行线或垂直线，相贯线的某些投影为直线，如图 4-30 所示。

4.4.5　综合举例

在实际应用的机器零件结构中，截交线或相贯线是经常遇到的，下面举两个综合运用交线的例子。

【例 4-11】　如图 4-31(a) 所示，补画出三视图中所缺的相贯线。

这类问题一般分三步解决：第一步进行空间分析，即根据三视图想象出相交的分别是什么基本体。图 4-31 中的基本体分别是圆柱 1 和圆柱 2，在圆柱 1 挖了一个圆柱孔 1，在圆柱 2 挖了一个圆柱孔 2。第二步进行相贯线分析。由俯视图可知，圆柱 1 和圆柱 2 相切，且其轴线垂直相交，因此是特殊情况，交线的正面投影必为两直线，如图 4-31 (b) 中的相贯线

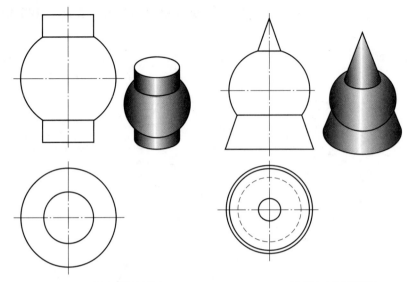

(a) 球心在圆柱轴线上　　　　　　(b) 球心在圆锥轴线上

图 4-30　球心在回转体轴线上相贯线为圆

1；孔 1 和圆柱 2 相交（虚实相交）为一般情况，利用积聚性求出；孔 1 和孔 2 相交（虚虚相交）也是一般情况，同样利用积聚性求出。第三步根据不同情况分别画出交线。

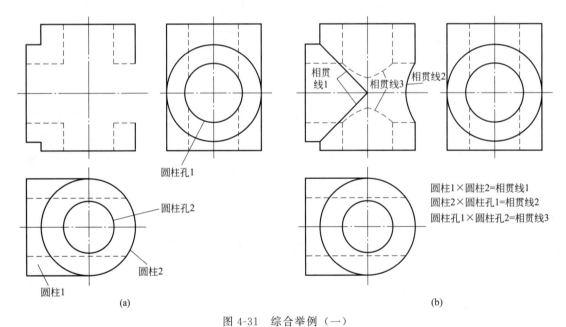

图 4-31　综合举例（一）

【例 4-12】　如图 4-32(a) 所示，补画出三视图中所缺的相贯线。

空间分析：这是一个多体相交的例子，由三视图可知，组成立体的基本体为圆柱 1、圆柱 2 和 U 形柱 3。交线分析：如图 4-32(c) 所示，圆柱 1 和圆柱 2 的相贯线为 1；U 形柱 3 和圆柱 1 的交线分两段，一段为截交线 2，另一段为半圆柱与圆柱 1 的相贯线 3；U 形柱 3 和圆柱 2 的交线为两段截交线 4 和 5，其中截交线 5 的正面投影具有积聚性。画图，如图 4-32(b) 所示，注意点 A 是三个表面的共有点，一定要准确求出。

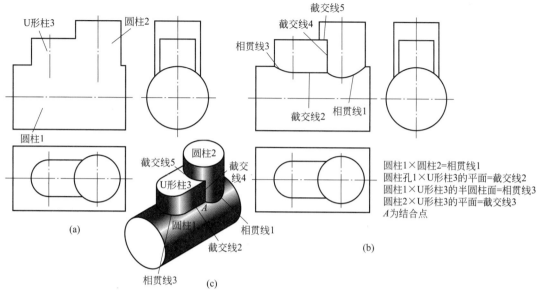

图 4-32　综合举例（二）

圆柱1×圆柱2=相贯线1
圆柱孔1×U形柱3的平面=截交线2
圆柱1×U形柱3的半圆柱面=相贯线3
圆柱2×U形柱3的平面=截交线3
A为结合点

练习题

（1）平面立体和曲面立体有何不同？

（2）棱锥、棱柱以及圆柱、圆锥和球体表面分别如何取点？

（3）三视图和三面投影的基本关系是什么？

（4）平面体和回转体、回转体和回转体相贯，相贯线有什么性质？

（5）如图 4-33 所示，作圆锥的侧面投影，并补全圆锥表面上点 A、B、C 的三面投影。

（6）如图 4-34 所示，作具有正垂的矩形穿孔的三棱柱的侧面投影。

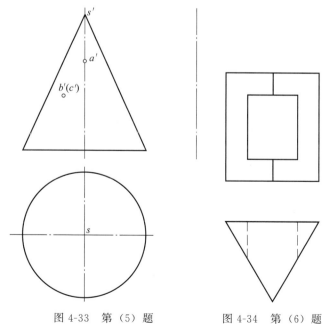

图 4-33　第（5）题　　　　图 4-34　第（6）题

（7）补全图 4-35 中的侧面投影。

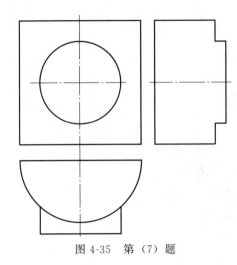

图 4-35 第（7）题

第5章

组合体的三视图及尺寸标注

上一章学会了基本立体图样的绘制，本章将对基本体组合形成组合体，并对组合体的形状进行表达，因为机械零件大部分都是组合体。

任何机器零件，都可以看作由若干简单基本体经过叠加、切割等方式形成，这种实体称为组合体。组合体不同于机器零件，不考虑材料、加工工艺和局部的细小工艺结构（如圆角和坑槽等），只考虑其主体几何形状和结构。本章将在基本立体投影的基础上，进一步研究组合体的画法、读图和尺寸标注的基本方法，为后续零件图、装配图的学习打下坚实的基础。

5.1 组合体的三视图

(1) 组合体三视图的形成及其特性

在绘制机械图样时，将物体置于多面投影体系中，向投影面作正投影所得的图形称为视图。在三投影面体系中可得到物体的三个视图，其 V 面投影称为主视图，H 面投影称为俯视图，W 面投影称为左视图，如图 5-1(a) 所示。

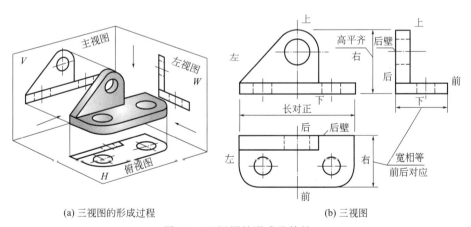

(a) 三视图的形成过程   (b) 三视图

图 5-1 三视图的形成及特性

(2) 三视图的特性

如图 5-1(b) 所示，在组合体三视图中，主视图反映机件的长和高，俯视图反映机件的长和宽，左视图反映机件的高和宽。由此可得组合体三视图的投影特性为：主、俯视图长对正；主、左视图高平齐；俯、左视图宽相等，且前后对应。

三视图的这种特性不仅适用于物体整体的投影，也适用于物体局部结构的投影。特别要注意的是物体的上、下、左、右、前、后六个部位与视图的关系，如俯视图的下方和左视图的右方都反映物体的前方，俯、左视图除了反映宽相等以外，还要前后位置对应；绘图时不但要注意量取的起点，还要注意量取的方向。

5.2 组合体的组合形式和分析方法

5.2.1 组合体的组合形式

通常，组合体的组合形式可分为叠加和切割两种。一般在组合体中，常常两种形式并存。如图 5-2(a) 所示的轴承座，由基本体叠加而成；图 5-2(b) 所示的卡座，可视为由四棱柱切割而成；图 5-2(c) 所示的垫板，既有基本体的叠加又有基本体的切割。

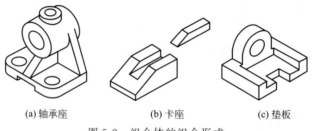

(a)轴承座   (b)卡座   (c)垫板

图 5-2 组合体的组合形式

组合体组合形式不同，连接关系不同，又具有不同的投影特性：

① 当两形体表面不共面［即不平齐，如图 5-3(a) 所示］时，在相应的视图中，两形体分界处应有线隔开，如图 5-4(a) 所示。

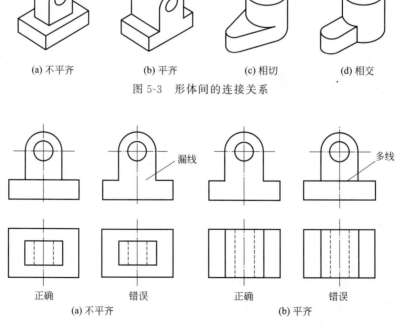

(a) 不平齐   (b) 平齐   (c) 相切   (d) 相交

图 5-3 形体间的连接关系

正确   错误   正确   错误

(a) 不平齐   (b) 平齐

图 5-4 两形体表面不平齐和平齐的视图

② 当两形体表面共面［即平齐，如图 5-3(b) 所示］时，在相应的视图中，不应画出两形体表面分界线，如图 5-4(b) 所示。

③ 当两形体表面相切［图 5-3(c)］时，相切处光滑连接，没有交线，所以在相切处不应画线，如图 5-5(a) 所示。

④ 当两形体表面相交［图 5-3(d)］时，相交处必须画出交线，如图 5-5(b) 所示。

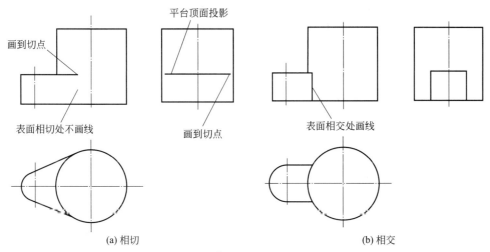

(a) 相切　　　　　　　　　　　　　　(b) 相交

图 5-5　两形体表面相切和相交的视图

5.2.2　组合体的分析方法

绘制和识读组合体的三视图常采用形体分析法及线面分析法。

(1) 形体分析法

在对组合体进行绘制、读图和标注尺寸的过程中，将复杂的组合体假想分为若干基本形体，确定它们的形状、相对位置及其组合方式，从而对整个物体形状构成完整的概念。这种思考和分析的方法称为形体分析法。在画图和读图的过程中，一般首先选用形体分析法。

(2) 线面分析法

对于比较复杂的实体，在运用形体分析法的基础上，对不易表达或不易读懂的局部，结合线、面的投影特性和投影规律来分析视图中图线和线框的含义。这种进行画图和读图的方法称为线面分析法，如分析实物的表面形状、表面交线、面与面之间的相对位置等。

5.3　组合体的画法

5.3.1　形体分析

如图 5-6 所示，轴承座可以假想地分解为五部分，上部注油用的凸台、与轴相配的轴承筒、支撑圆筒的支承板和肋板、安装用的底板。凸台和轴承是两个垂直相交的空心圆柱体，在其外表面和内表面上都有相贯线；支承板、肋板和底板分别是不同形状的平板，支承板的两侧面都与轴承的外圆柱面相切，肋板的两侧面都与轴承的外圆柱面相交，底板的顶面与支承板、肋板的底面共面。

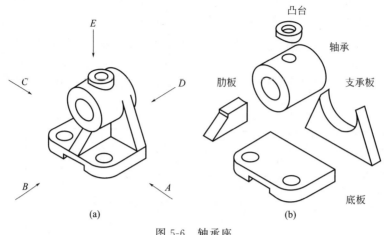

图 5-6　轴承座

5.3.2　视图的选择

在选择主视图时，通常将物体按自然稳定的位置放正，然后从不同的方向投影并加以比较，确定最能反映物体形状特征的方向作为主视图的投影方向。如图 5-6 所示，将轴承座按自然位置安放后，比较由箭头 *A*、*B*、*C*、*D* 四个投影方向得到的视图来确定主视图。

若主视图选 *D* 向视图，则虚线较多，没有 *B* 向清楚；*C* 向与 *A* 向视图虽然虚实线的情况相同，但是若以 *C* 向视图作为主视图，则左视图上会出现较多虚线，没有 *A* 向好；*A* 向和 *B* 向视图相比，*B* 向视图能更好地反映轴承座各部分的轮廓形状特征，因此确定 *B* 向视图为主视图，如图 5-7 所示。

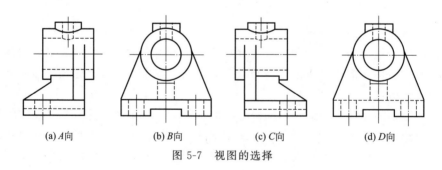

(a) *A*向　　　　(b) *B*向　　　　(c) *C*向　　　　(d) *D*向

图 5-7　视图的选择

5.3.3　选比例、定图幅、布置视图与画底稿

根据实物大小和复杂程度，选择作图比例和图幅。按照图纸图幅及绘图比例，合理布置视图的位置，确定各视图的对称中心线、轴线或其他定位线的位置，若不合适及时调整。

将用形体分析法假想拆分得到的各个形体逐个画出其三视图。按照先主后次、先叠加后切割、先大后小的顺序绘制。画每一个形体时，都应先画主视图，后画俯、左视图；先画可见部分，后画不可见部分；先画圆弧，后画直线；三个视图配合同时进行，以提高绘图速度，减少差错。绘图过程如图 5-8(a)～(e) 所示。

完成后要仔细检查修正错误，修剪多余的图线，按规定加深线型，如图 5-8(f) 所示。

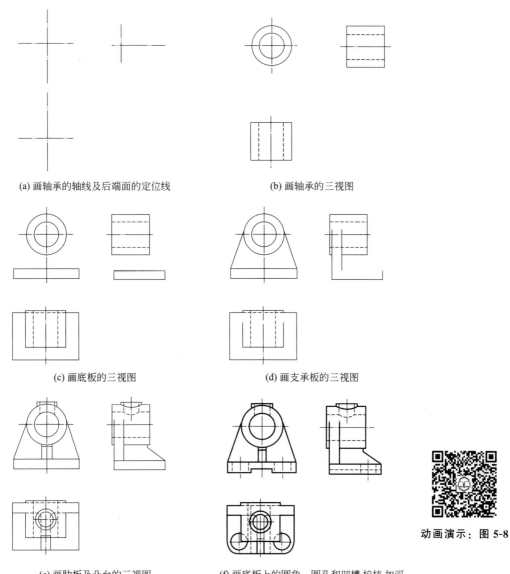

(a) 画轴承的轴线及后端面的定位线　　　　(b) 画轴承的三视图

(c) 画底板的三视图　　　　　(d) 画支承板的三视图

(e) 画肋板及凸台的三视图　　　　(f) 画底板上的圆角、圆孔和凹槽,校核,加深

动画演示：图 5-8

图 5-8　轴承座三视图的绘制过程

5.4　组合体的尺寸标注

三视图能表达物体的形状特点，其真实尺寸大小及各形体之间的相对准确位置则需要通过尺寸标注来明确。组合体的尺寸标注仍按照《机械制图　尺寸注法》（GB/T 4458.4—2003）和《技术制图简化表示法　第 2 部分：尺寸注法》（GB/T 16675.2—2012）进行，要求标注正确、完整、清晰、合理。

正确：所注尺寸数值准确，格式符合国家标准的有关规定。

完整：尺寸标注必须齐全，标注定形尺寸、定位尺寸及总体尺寸，不遗漏也不重复。

清晰：尺寸的布置应有序、整齐、清楚，便于读图。

合理：尺寸的标注应保证设计要求，同时还要尽量考虑加工、装配测量等工艺上的要求。

在第 1 章已经介绍了国家标准有关尺寸注法的规定，本节主要介绍如何使尺寸标注完整、清晰。至于尺寸标注要合理的问题，将在后续章节进一步介绍。

5.4.1　基本体的尺寸标注

组合体常需要标注各组成单元基本体的定形尺寸及定位尺寸。因此，应熟练掌握基本体的尺寸注法。

图 5-9 为常见基本体的尺寸注法。一般情况下，基本体需标注其长、宽、高三个方向的尺寸；对于圆柱、圆锥通常标注其底圆直径及高，且尺寸一般集中注在非圆视图上。

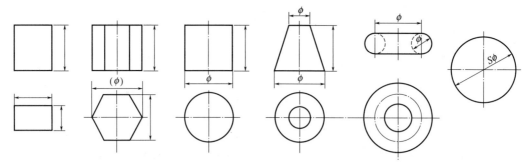

图 5-9　常见基本体的尺寸标注（一）

对于带缺口的基本体，标注时，只标注缺口位置的定位尺寸，而不标注截交线或相贯线的形状尺寸，如图 5-10 所示（图中"×"表示不标注的尺寸）。

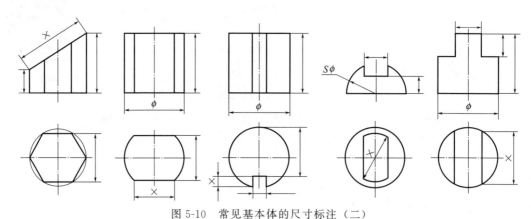

图 5-10　常见基本体的尺寸标注（二）

5.4.2　组合体的尺寸标注

5.4.2.1　尺寸基准与尺寸类型

在标注尺寸前要先确定组合体长、宽、高各方向的尺寸基准。尺寸基准即标注尺寸的起点，如对称形体的对称面、形体的较大平面、主要回转结构的轴线等。

组合体的尺寸分为定形尺寸、定位尺寸和总体尺寸三类。

定形尺寸：确定组合体各组成部分（基本形体）形状大小的尺寸。

定位尺寸：确定组合体各组成部分（基本形体）之间相对位置的尺寸。

总体尺寸：确定组合体外形总长、总宽和总高的尺寸。组合体一般应标注长、宽、高三个方向的总体尺寸，但对于外形轮廓具有回转结构的组合体，为了明确回转结构的轴线位置，一般可省略该方向的总体尺寸。

5.4.2.2 组合体尺寸标注的方法和步骤

以轴承座的尺寸标注为例，步骤如下。

（1）形体分析

按照形体分析法分析，确定各基本体的定形尺寸，如图 5-11 所示。

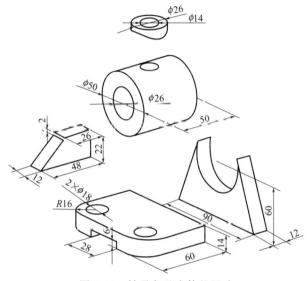

图 5-11 轴承各基本体的尺寸

（2）选择尺寸基准

选定尺寸基准，如选轴承座的左右对称面作为长度方向的尺寸基准，轴承的后端面作为宽度方向的尺寸基准，底板的下底面作为高度方向的尺寸基准，如图 5-12 所示。

（3）逐一标注各基本体的定形和定位尺寸

通常先标注组合体中最主要的基本体尺寸，如轴承，然后依次标注其余基本体的定形及定位尺寸。如图 5-13 所示，标注如下：

① 轴承 土视图中，圆筒定位尺寸 60mm，以高度方向基准标注；左视图中，圆筒内外圆柱面定形尺寸 ϕ26mm、ϕ50mm 以轴承的轴线作为径向基准标注，尺寸 50mm 以宽度方向基准标注。

② 凸台 主视图中，定形尺寸 ϕ14mm、ϕ26mm 以长度方向基准标注，定位尺寸 90mm 以高度方向基准标注；左视图中，定位尺寸 26mm 以宽度方向基准标注。

③ 底板 主视图中，板厚定形尺寸 14mm 以高度方向基准标注，底板凹槽定形尺寸 28mm 以长度方向基准标注，凹槽定形尺寸 6mm 以高度方向基准标注；左视图中，定位尺寸 7mm 以宽度方向基准标注；俯视图中，板宽的定形尺寸 60mm 和底板上圆柱孔、圆角的定位尺寸 44mm，以宽度方向基准标注，板长的定形尺寸 90mm 和底板上圆柱孔、圆角的定

位尺寸 58mm 以长度方向基准标注，圆柱孔定形尺寸 $2 \times \phi 18$mm、圆角定形尺寸 $R16$mm，以圆柱孔的轴线为基准标注。

④ **支承板** 左视图中，支承板厚度的定形尺寸 12mm，以支承板后侧边为基准进行标注，定位尺寸 7mm 已经标注，无须再次标注；支承板定形尺寸 90mm，已经在俯视图中标注，无须再次标注。

⑤ **肋板** 主视图中，肋板厚度尺寸 12mm 以长度方向基准标注，肋板高度尺寸 20mm 以高度方向基准标注；左视图中，定形尺寸 26mm 以支承板前侧边为基准进行标注。

(4) 标注总体尺寸

轴承座的总长和总高都是 90mm，图 5-13 中已标注出。总宽尺寸应为 67mm，但是这个尺寸不宜标注，否则与尺寸 7mm、60mm 构成了尺寸链封闭，若标注，总宽尺寸可加一个括号，作为参考尺寸标注。

(5) 校核

对已标注的尺寸，按正确、完整、清晰的要求进行检查，如有不妥，则作适当修改。

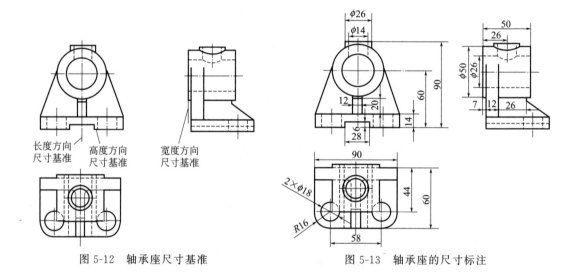

图 5-12　轴承座尺寸基准　　　　　　图 5-13　轴承座的尺寸标注

5.4.2.3　组合体尺寸标注的注意事项

上面的分析仅达到了尺寸标注要完整的要求，为了使图面清晰，便于看图，还应该将某些尺寸的安排进行适当的调整。

安排尺寸标注时应考虑以下几点：

① 尺寸应尽量标注在表示图形特征最明显的视图上。

② 同一形体的尺寸应尽量集中标注在一个视图上。

③ 尺寸应尽量标注在视图的外部，与两视图有关的尺寸，最好标注在两视图之间，以使图形清晰。为了避免尺寸标注零乱，同一方向连续的几个尺寸尽量放在一条线上，使尺寸标注显得较为整齐。

④ 同轴回转体的直径尺寸尽量标注在非圆的视图上。

⑤ 尺寸应尽量避免注在虚线上。

⑥ 尺寸线与尺寸线、尺寸线与尺寸界线尽量避免相交，小尺寸应标注在里边，大尺寸

应标注在外边。

⑦ 不允许形成封闭尺寸链。

在标注尺寸时，有时会出现不能兼顾以上各点的情况，必须在保证尺寸完整、清晰的前提下，根据具体情况统筹安排、合理布置。

5.5　组合体的读图

绘图和读图是学习本课程的两个主要环节。绘图是将空间实体按正投影方法表达为视图；读图则是根据投影关系，由视图想象出空间实体的形状和结构。若想正确、迅速地读懂组合体视图，必须掌握读图的基本要领和基本方法，培养分析能力及空间想象能力，不断实践，逐步提高读图水平。

5.5.1　读图的基本要领

（1）多个视图综合分析，抓特征视图构思物体

特征视图即对物体的形状特征反映最明显的视图。在没有标注的情况下，只看一个视图不能确定物体的形状。有时虽有两个视图，但没有特征视图，也不能确定物体的形状。如图 5-14（a）所示，只看主、俯两个视图，物体的形状仍然不能确定，必须根据图 5-14（b）～（d）给出的左视图，才能构思出物体的准确形状。此组视图虽然主、俯两视图不能确定物体的形状，但主、左两视图或左、俯两视图却可以确定物体的形状，所以其特征视图是左视图。

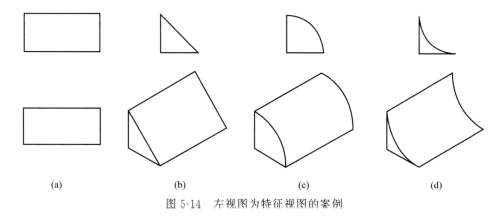

(a)　　　　　　(b)　　　　　　(c)　　　　　　(d)

图 5-14　左视图为特征视图的案例

又如图 5-15 所示，只根据主、左两视图也不能确定物体的形状，必须联系俯视图分析才能确定物体的形状。由于俯视图能明显地反映物体的形状特征为特征视图，因此根据主、俯视图或左、俯视图即可确定物体形状。

（2）要注意视图中反映形体间联系的图线

形体之间表面连接关系的变化，会使视图中的图线也产生相应的变化。如图 5-16（a）所示，三角形肋板与底板及侧板的连接线是实线，说明它们的前面不平齐，三角形肋在中间；而图 5-16（b）中的连接线是虚线，说明它们的前面是平齐的。结合俯视图，可以得知有两块三角形肋，且一前一后分布。

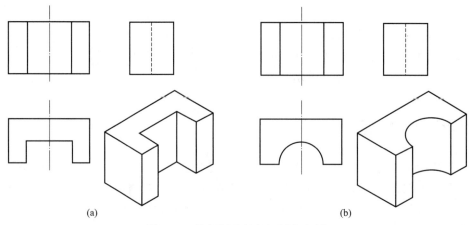

图 5-15 俯视图为特征视图的案例

动画演示：图 5-16

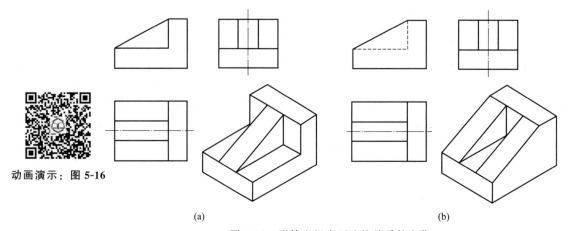

图 5-16 形体之间表面连接关系的变化

（3）要注意分析视图上线框、线条的含义

视图最基本的图素是线条，线条能组成许多封闭线框，为了能迅速正确地构思出物体的形状，还须注意分析视图中线框、线条的含义。如图 5-17 所示，一个圆形线框，可以构思出圆柱、圆锥、圆球等形体。

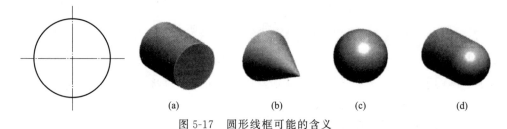

图 5-17 圆形线框可能的含义

又如图 5-18 所示，一个长方形线框，可以构思出三棱柱、圆角棱形块等形体。

① 线框的含义。由图 5-17 和图 5-18 可知，视图上的一个线框可以代表一个形体，也可以代表物体上的一个连续表面，这个表面可以是平面、曲面或曲面与它的切平面。看图时还需注意形体有"空、实"之别，表面有"凹、凸""平、曲"之分。

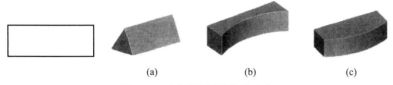

图 5-18　矩形线框可能的含义

② 线条的含义。由图 5-17 和图 5-18 可知，构成视图上线框的线条可以代表有积聚性的表面（平面、曲面或曲面和它的切平面）或线（棱线、交线、转向素线）。

③ 相邻两线框的含义。视图上相邻两线框代表两个不同的表面。如果是主视图上的相邻线框，则两线框代表的表面可能有前后差别，也可能相交。如图 5-19（a）所示，线框 A和 B 表示物体上有前后差别的两个互相平行的表面；图 5-19（b）中线框 A 和线框 B 表示物体上有前后差别但不互相平行的两个表面；图 5-19（c）中线框 A 和线框 B 则表示物体上两个相交的平面。线框 A 和线框 B 的公共边，在图 5-19（a）、（b）中表示物体一个表面的投影；在图 5-19（c）中代表两物体中两表面的交线。

图 5-19　相邻两线框的含义

5.5.2　读图的基本方法和步骤

读图的基本方法与绘图的基本方法是一样的，主要采用形体分析法和线面分析法。

形体分析法是看图的最基本方法。利用形体分析法，对视图上的线框进行分割，首先将一个视图按照轮廓线构成的封闭线框分割成几个平面图形，然后按照投影规律找出它们在其他视图上对应的图形，从而确定各基本体的形状以及各基本体之间的相对位置，最后综合想象出整体形状。

较难懂的实体，常在形体分析法的基础上，对局部较难懂的地方采用线面分析法。线面分析法主要分析的内容为：物体表面的形状、面与面的相对位置关系、物体表面的交线。

【例 5-1】　根据压板的三视图（图 5-20），想象出其立体形状。

分析：① 如图 5-21（a）所示，由主、俯两视图可看出，该压板的基本体为长方体，其上部中间被截切出一个凹形开槽；从主视图左部的双点画线可知，其

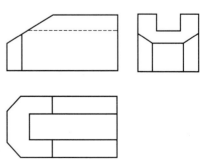

图 5-20　压板的三视图

被正垂面 P 切去左上角；而从俯视图上的双点画线可知，其又被铅垂面 Q 和 R 对称地切掉前后两个角。

② 如图 5-21(b) 所示，经正垂面 P 截切得到的截断面是正垂面，其正面投影积聚成一直线 a'，其水平投影 a 为与该截断面形状类似的凹槽图形；根据正垂面的投影特性，其侧面投影也是类似的凹槽图形 a''。

③ 如图 5-21(c) 所示，经 Q 和 R 两铅垂面截切得到的截断面为铅垂面，其水平投影积聚为直线 b，正面投影及侧面投影为相似的四边形 b'、b''。

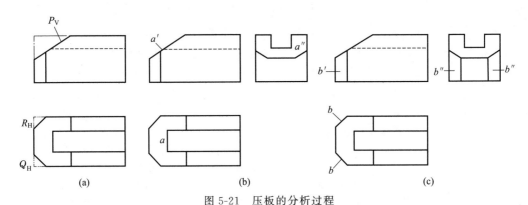

图 5-21　压板的分析过程

根据以上分析可以想象出该形体的整体形状，如图 5-22 所示。该立体的画法见本书第 6 章。

【例 5-2】　如图 5-23 所示，由架体的主俯视图，想象出它的整体形状，并补画左视图。

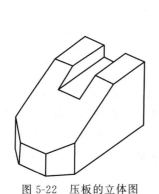

图 5-22　压板的立体图

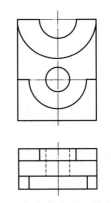

图 5-23　架体的主、俯视图

分析：若想看懂架体的视图，必须分析清楚视图中各面的相对位置关系。分析图 5-24 中的主视图，其中有 a'、b'、c'、d' 四个封闭的线框，分别代表四个面的投影。视图中相邻两线框可能代表两相交面的投影，也可能代表有前后位置关系面的投影。因此，要结合投影特性和面与面的相对位置关系逐步分析，确定 A、B、C、D 四个面的位置。

按照投影关系，对照主、俯视图，可知架体分前、中、后三层。由于线框 a' 中的圆弧对应的水平投影位于架体的前层，因此可判定其水平投影 a 是前层前侧的一条水平线；线框 b' 中上侧大圆弧对应的水平投影位于架体的中层，因此可判定其水平投影 b 是中层前侧的一条水平线；线框 c' 中上面的小圆弧对应的水平投影位于架体的后层，因此可判定其水

平投影 c 是后层前侧的一条水平线。线框 a'、b'、c'，线 a、b、c，如图 5-24 所示。主视图中 d' 线框是一个圆线框，对照俯视图，其投影为虚线，可见 D 面代表一个圆柱孔面。同理，也可以对俯视图上的封闭线框与主视图上的图线进行对应分析，这样就确定了主、俯视图上图形的对应关系以及线框前后位置关系。

通过分析，可知架体是一个 L 形前伸的实体，可视为由立方体切割而成。

从主视图中可以看出其对外形投影为长方形。前层上侧先切掉一小立方体，再切掉一半圆柱槽（与切掉的小立体等厚）；中间层上侧也切割掉一半圆柱槽，其直径与整改立方体的长相等，厚度与中间层等厚；后层上侧切割掉一个直径较小的半圆槽，且与后层等厚；此外，中间层和后层有一个圆柱形通孔。构思出的立体模型如图 5-25 所示，补画左视图的过程如图 5-26 所示。

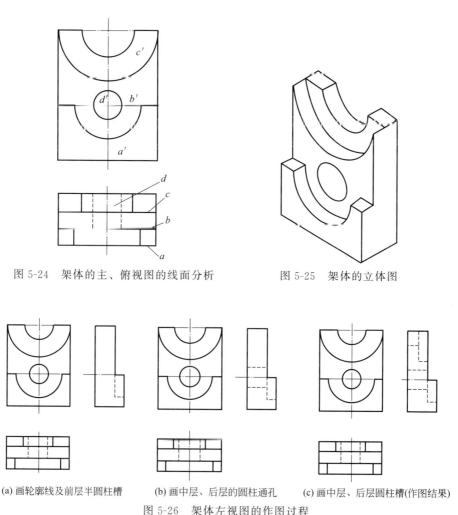

图 5-24　架体的主、俯视图的线面分析　　　　图 5-25　架体的立体图

(a) 画轮廓线及前层半圆柱槽　　(b) 画中层、后层的圆柱通孔　　(c) 画中层、后层圆柱槽(作图结果)

图 5-26　架体左视图的作图过程

5.6　AutoCAD 中的尺寸标注命令

AutoCAD 中，标注尺寸可通过用户界面上"标注"菜单栏的选项卡选择不同的标注命

令来完成；也可通过"尺寸标注样式"的设定来完成不同形式和内容的标注；或通过 Auto-CAD 用户界面上"常用"选项卡"注释"区尺寸标注工具栏上的命令按钮来完成。

5.6.1 尺寸标注样式的设定

在尺寸标注中，只要尺寸样式的设定合理，对于各种不同的实物尺寸标注就变得得心应手了。系统提供了 ISO-25 的尺寸标注样式，它与我国的标准稍微有些差别，需要时可以对其默认值做适当修改。

在命令行键入命令"D"来启动标注样式管理器。

如果我们采用 acadiao.dwt 作为样板图，系统默认的是 ISO-25 的尺寸标注样式（图 5-27）。在此样式中尺寸数字的高度为 2.5mm，箭头长度 2.5mm。在此样式的基础上通过以下步骤可以建立符合国际要求的尺寸样式。

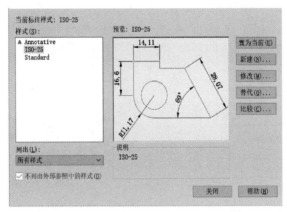

图 5-27 ISO-25 尺寸标注样式

（1）修改 ISO-25 的部分参数

① 单击"修改（M）..."，在"线"选项卡中，将"基线间距（A）"设置为 5，"起点偏移量（F）"设置为 0，如图 5-28 所示。

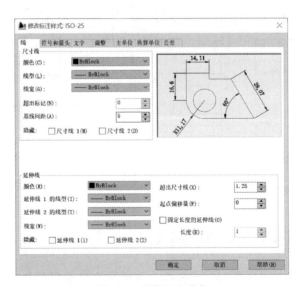

图 5-28 "线"选项卡

② 若要调整标注的字高和箭头长度，选择"调整"选项卡（图 5-29），在"使用全局比例（S）"右边的数值框中将 1 改成 1.4，这样就可以使尺寸数字的高度和尺寸箭头的长度扩大 1.4 倍，变为 3.5mm。如果不需要调整字高和箭头长度请跳过此操作。

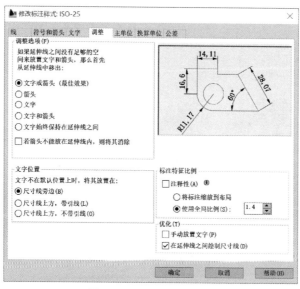

图 5-29 "调整"选项卡

③ 选择"主单位"选项卡，将"小数分隔符（C）"设置为"．"（句点），然后单击"确定"，如图 5-30 所示。其他选项卡中的参数不做修改。

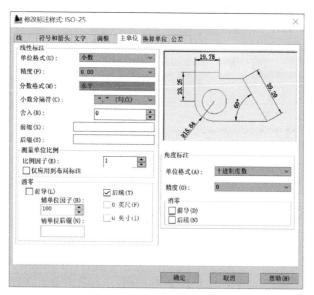

图 5-30 "主单位"选项卡

（2）在 ISO-25 中建立标注子样式

子样式可以在标注尺寸时使线性尺寸、角度尺寸、半径尺寸和直径尺寸等按各自不同的参数进行标注，从而满足国际的要求。

① 建立角度标注子样式 在标注样式管理器中，单击"新建（N）..."命令按钮，建

立尺寸标注样式。弹出"创建新标注样式"对话框，在"用于（U）"的列表框中选择"角度标注"，单击"继续"按钮进入设置窗口，如图 5-31 所示；选择"文字"选项卡，在"文字对齐（A）"中选择"水平"，如图 5-32 所示；再选择"调整"选项卡，在"调整选项（F）"下选择"文字"，然后单击"确定"按钮，如图 5-33 所示。

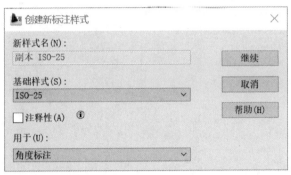

图 5-31 "创建新标注样式"对话框

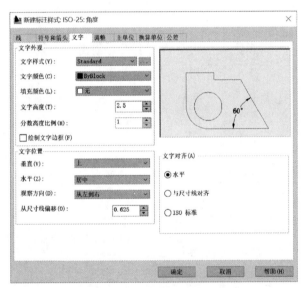

图 5-32 "文字"选项卡设置

② 建立半径标注子样式 单击"新建（N）..."命令按钮，弹出对话框，在"用于（U）"的列表框中选择"半径标注"，然后单击"继续"按钮进入设置窗口；选择"文字"选项卡，在"文字对齐（A）"中，选择"ISO 标准"；再选择"调整"选项卡，在"调整选项（F）"下选择"文字"，最后单击"确定"按钮。

③ 建立直径标注子样式 与上述方式基本相同，仅在"用于（U）"的列表框中选择"直径标注"。

这样就完成了尺寸样式的修改，基本能满足国际中尺寸标注的需要。

5.6.2 尺寸标注命令

AutoCAD 提供了全面的尺寸标注命令，如长度型、圆弧型和角度型等。一般通过 Au-

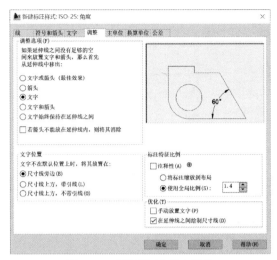

图 5-33　"调整"选项卡设置

toCAD 用户界面"标注面板"上的图标进行尺寸标注。在进行尺寸标注前，先将"对象捕捉"设置成端点、交点和圆心等功能有效。

(1) 线性（水平/垂直型）标注

功能：标注水平型和垂直型尺寸。

操作规则：先选择需要标注尺寸的两个点或选择一对象，然后指定尺寸放置位置。

命令:_dimlinear;

指定第一条延伸线原点或< 选择对象> :

指定第二条延伸线原点:

指定尺寸线位置或

[多行文字(M)/文字(T)/角度(A)/水平(H)/垂直(V)/旋转(R)]:

标注文字= 100(系统自动测量得到的尺寸数值)

说明：① 在指定标注起点时，若按回车键，则选择要标注的对象，系统会测量此对象的长度。

② 在需要指定尺寸线位置时，系统会根据光标移动的路径自动选择垂直型或水平型。若强制水平，请输入"H"；若强制垂直，请输入"V"。

③ 要改变系统默认的尺寸数值，可输入"M"或"T"。如需人工加入直径符号"ϕ"，可输入"M"，回车后弹出多行文字编辑框；移动光标至编辑框内，单击右键，会弹出快捷菜单，选择"符号"中的"直径"就可以了。除非要修改长度数值，否则不要删除"< >"，它是系统默认的测量值。

④ 若同一方向上有多个尺寸，需要把它们排列整齐，小尺寸在内大尺寸在外。尺寸线与对象、尺寸线与尺寸线之间的距离大小一致，一般取 7～10mm。

⑤ 竖直方向的数字朝左，也可水平注在尺寸线的中断处。但在一张图样中，尽可能采用同一种方法。

(2) 对齐型标注

功能：标注尺寸线平行于尺寸界线两起点连成的直线，即倾斜的尺寸。

操作规则：先选择需要标注尺寸的两个点或选择一对象，然后指定尺寸放置位置。

命令:_dimaligned;
指定第一条延伸线原点或<选择对象>:
指定第二条延伸线原点:
创建了无关联的标注。
指定尺寸线位置或
[多行文字(M)/文字(T)/角度(A)]:
标注文字= 100

(3) 直径标注

功能:标注圆的直径,其尺寸数字前自动加上"ϕ"。

操作规则:先选择圆周上任意一点,然后指定尺寸放置的位置。

命令:_dimdiameter
选择圆弧或圆:
指定尺寸线位置或
[多行文字(M)/文字(T)/角度(A)]:
标注文字= 200

说明:圆筒的直径尺寸标注时,应尽量注在非圆视图上。

(4) 半径标注

功能:标注圆弧的半径,其尺寸数字前自动加上"R"。

操作规则:先选择圆弧上的任意一点,然后指定尺寸放置的位置。

命令:_dimradius
选择圆弧或圆:
指定尺寸线位置或
[多行文字(M)/文字(T)/角度(A)]:
标注文字= 100

(5) 角度标注

功能:标注两条直线之间的夹角或者三点构成的角度,其尺寸数值后会自动加上"0"。

操作规则:先选择需要标注的对象或指定顶点、起始点和结束点三个点,然后指定尺寸放置位置。

命令:_dimangular
选择圆弧、圆、直线或<指定顶点>:
指定角的第二个端点:
指定标注弧线位置或
[多行文字(M)/文字(T)/角度(A)]:
标注文字= 120

说明:① 若选择直线,则通过指定的两条直线来标注其角度。

② 若选择圆弧,则以圆弧的圆心作为角度的顶点、以圆弧的两个端点作为角度的两个端点来标注弧的夹角。

③ 若选择圆,则以圆心作为角度的顶点、以圆周上指定的两点作为角度的两个端点来标注弧的夹角。

④ 角度尺寸数字的方向一律朝上。

⑤ 圆角的尺寸必须注在反映圆弧的视图上，不允许注在非圆的视图上。

5.6.3　尺寸编辑命令

（1）编辑标注

功能：编辑标注文字和尺寸界线。

命令操作过程为：

命令:_dimedit
输入标注编辑类型[默认(H)/新建(N)/旋转(R)/倾斜(O)]< 默认> :
选择对象:找到 1 个
选择对象:

说明：

① 默认（H）：使尺寸文字回归到默认位置。

② 新建（N）：重新输入尺寸文字。

③ 旋转（R）：旋转尺寸文字。

④ 倾斜（O）：调整尺寸界线的倾斜角度。

（2）编辑标注文字

功能：改变尺寸文字的位置。

其操作过程为：

命令:_dimtedit
选择标注:
指定标注文字的新位置或
[左(L)/右(R)/中心(C)/默认(H)/角度(A)]:

说明：

① 左（L）：将标注文字放在尺寸线的左侧。

② 右（R）：将标注文字放在尺寸线的右侧。

③ 中心（C）：将标注文字放在尺寸线的中间。

④ 默认（H）：将标注文字放在默认位置。

⑤ 角度（A）：修改标注文字的角度。

除了以上命令，也可以双击需要编辑的标注，在特性对话框中修改。一般情况下不要用分解尺寸放置命令将尺寸标注分解，因为一旦分解就失去了其标注的关联属性，要对尺寸标注进行放大或缩小就麻烦了。

5.7　AutoCAD 绘图实例

学习了 AutoCAD 中正交、栅格、对象捕捉、对象追踪等工具的使用，结合删除、复制、偏移、镜像、修剪、矩阵等修改工具，就可以灵活、精确地绘制各类三视图，如绘制图 5-34 所示的三视

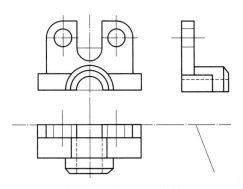

图 5-34　三视图的绘制

图和图 5-35 所示的三维视图。

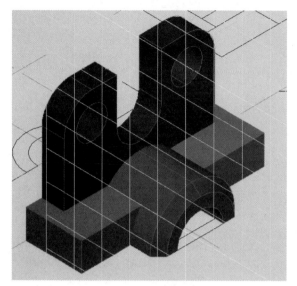

图 5-35　立体建模实例

视频：立体建模实例

　　学习了 AutoCAD 中组合体的尺寸标注，就可以对各类三视图进行尺寸标注，如在 Au-toCAD 中完成图 5-36 所示三视图的尺寸标注。

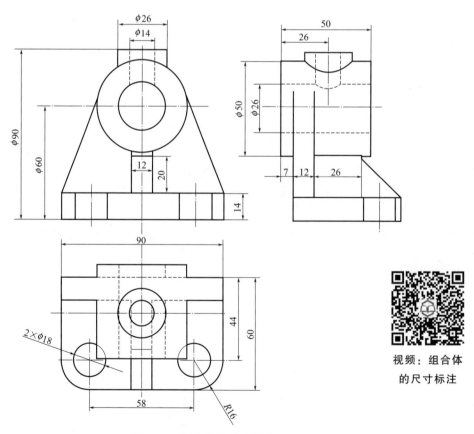

视频：组合体
的尺寸标注

图 5-36　组合体的尺寸标注

练习题

(1) 阐述什么是形体分析法？什么是线面分析法？

(2) 标注组合体尺寸时遵循的原则是什么？

(3) 画组合体时，主视图的选择原则是什么？

(4) 根据图 5-37 上所注尺寸，用 1∶1 比例画出组合体的三视图。

(5) 补画图 5-38 中所缺的线。

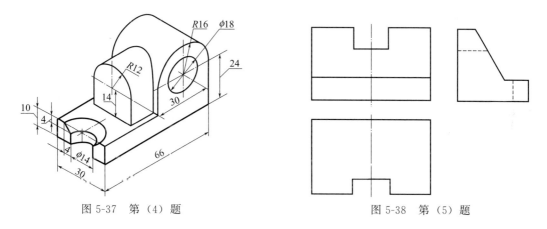

图 5-37　第（4）题　　　　　　　　　　　　图 5-38　第（5）题

(6) 在图 5-39 所示的组合体上作线面分析。

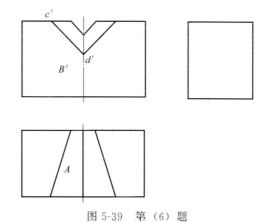

图 5-39　第（6）题

① 面 *A* 是_____面；② 面 *B* 是_____面；③ *CD* 是_____线。

第6章

轴测图

轴测图是具有立体感的单面投影图，表达的实物形象逼真，常用于绘制产品的外观图或效果图，也为三维建模打下一个良好的基础。

多面正投影图能准确反映物体的形状和大小，是工程上应用最广泛的图样。但多面正投影中，一个投影只反映物体长、宽、高三个方向中两个方向的尺寸，不能同时反映物体三个方向的尺寸，需要依据投影关系才能想象出物体空间结构，缺乏立体感。为了解决这个问题，工程上常用轴测图作为辅助图样，以表达机器零部件或产品的立体形状、机械设备的空间结构和管道系统的空间布置等。本章主要介绍轴测图的基本知识和正等轴测图的画法。

6.1 轴测图的基本概念

将物体和确定其空间位置的直角坐标系，沿着不平行于任一坐标面的方向 S，用平行投影法向单一投影面 P 进行投影，所得的具有立体感的图形称为轴测图，如图 6-1 所示。

6.1.1 轴测图的基本参数

① 轴测轴和轴间角　如图 6-1 所示，直角坐标轴 OX、OY、OZ 在轴测投影面上的投影 O_1X_1、O_1Y_1、O_1Z_1 称为轴测轴，两轴测轴之间的夹角（$\angle X_1O_1Y_1$、$\angle X_1O_1Z_1$、$\angle Y_1O_1Z_1$）称为轴间角。

② 轴向伸缩系数　如图 6-1 所示，轴测轴的单位长度与相应直角坐标轴的单位长度之比称为轴向伸缩系数。轴向伸缩系数用 p、q、r 表示，其中 $p=O_1A_1/OA$，$q=O_1B_1/OB$，$r=O_1C_1/OC$。

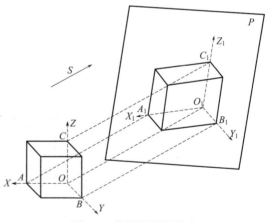

图 6-1　轴测投影的形成

6.1.2 轴测图的特性

轴测图是用平行投影法得到的，因此具有下列投影特性：

① 两平行直线的轴测投影仍平行，且投影长度与原来的线段长度成定比。

② 平行于原坐标轴的线段长度乘以相应的轴向伸缩系数，就是该线段的轴测投影长度。因此当确定了空间几何形体在直角坐标系中的位置后，就可按照选定的轴测伸缩系数和

轴间角作出它的轴测图。

6.1.3 轴测图的分类

轴测图可分为正轴测图和斜轴测图。当投射方向垂直于轴测投影面时，得到的轴测投影称为正轴测图；当投射方向倾斜于轴测投影面时，得到的轴测投影称为斜轴测图。

① 正轴测图 根据轴向伸缩系数是否相等，分为三种：

正等轴测图，轴向伸缩系数 $p=q=r$。

正二等轴测图，轴向伸缩系数 p、q、r 三者中，只有两个相等。

正三轴测图，轴向伸缩系数 p、q、r 三者各不相等。

② 斜轴测图 根据轴向伸缩系数是否相等，分为三种：

斜等轴测图，轴向伸缩系数 $p=q=r$。

斜二轴测图，轴向伸缩系数 p、q、r 三者中，只有两个相等。

斜三轴测图，轴向伸缩系数 p、q、r 三者各不相等。

工程中用得较多的是正等轴测图、正二等轴测图以及斜二轴测图三种。本章只介绍正等轴测图。

6.2 正等轴测图

6.2.1 正等轴测图的轴间角和轴向伸缩系数

正等轴测图的三个轴间角（$\angle X_1 O_1 Y_1$、$\angle X_1 O_1 Z_1$、$\angle Y_1 O_1 Z_1$）均为 $120°$。作图时，一般使 $O_1 Z_1$ 轴处于垂直位置，则 $O_1 X_1$ 和 $O_1 Y_1$ 轴与水平线成 $30°$，如图 6-2 所示。轴向伸缩系数 $p=q=r=0.82$。如图 6-3（a）所示长方体的长、宽、高分别为 a、b、h，按照上述轴间角和轴向伸缩系数作出的正等轴测图如图 6-3（b）所示。

为了作图方便，常采用简化伸缩系数 $p=q=r=1$，因此可以将视图上的尺寸直接度量到相应的 X_1、Y_1、Z_1 轴上，这样作出长方体的正等轴测图如图 6-3（c）所示；与图 6-3（b）相比，其形状不变，仅图形按一定比例放大，图上线段的放大倍数为 $1 : 0.82 \approx 1.22$ 倍。

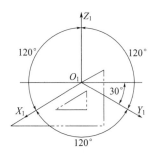

图 6-2 正等轴测图的轴间角

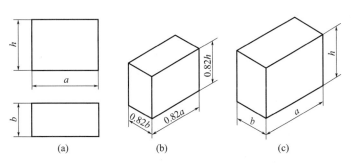

图 6-3 长方体的正等轴测图

6.2.2 平行于坐标平面的圆的正等轴测图

在正等轴测图中，平行于坐标平面的圆其轴测投影都是椭圆，如图 6-4 所示。图中，椭圆 1 的长轴垂直于 O_1Z_1 轴，椭圆 2 的长轴垂直于 O_1X_1 轴，椭圆 3 的长轴垂直于 O_1Y_1 轴。设与各坐标平面平行的圆直径为 d，则各椭圆的长轴 AB 约为 $1.22d$，各椭圆的短轴 CD 约为 $0.7d$。

椭圆的绘制方法有一般画法和近似画法两种。

（1）一般画法

对于处在一般位置平面或坐标面上的圆，可以用坐标法作出圆上一系列点的轴测投影，然后光滑地连接起来，即得圆的轴测图，如图 6-5 所示。

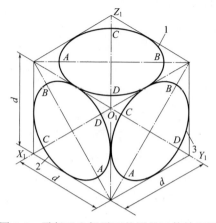

图 6-4 平行于坐标平面的圆的正等轴测图

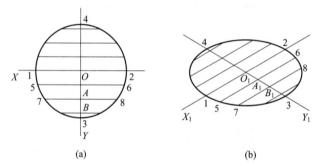

图 6-5 圆的正等轴测图一般画法

作图步骤如下：

① 过圆心建立直角坐标系，与圆交于 1、2、3、4 四点。下半圆内过点 A、B、…作 OX 的平行弦，分别交圆于 5、6、7、8、…点；上半圆作同样的平行弦。

② 按照正等轴测图的轴间角，建立 O_1X_1、O_1Y_1 坐标轴，以 O_1 为中心，按照直径 d 在轴上量取，作出 1、2、3、4 四个点。

③ 沿着 O_1Y_1 方向，找到 A_1、B_1、…点，使得 $OA = O_1A_1$、$AB = A_1B_1$、…。过 A_1、B_1、…点作一系列平行于 O_1X_1 轴的平行弦，然后按照坐标相应地作出这些平行弦的轴测投影，即求得椭圆上的 5、6、7、8、…点。

④ 光滑地连接各点，即为该圆的轴测投影（椭圆）。

（2）近似画法

为了简化作图，轴测图中椭圆通常采用近似画法。图 6-6 表示直径为 d 的圆在正等轴测图中 $X_1O_1Y_1$（水平）面上椭圆的画法。作图步骤如下：

① 按照正等轴测图的轴间角，建立 O_1X_1、O_1Y_1 坐标轴，以 O_1 为中心，按照直径 d 在轴上量取点 A_1、B_1、C_1、D_1，如图 6-6(a) 所示。

② 过点 A_1、B_1、C_1、D_1 分别作 O_1Y_1 轴与 O_1X_1 轴的平行线，所得菱形即为已知圆的外切正方形的轴测投影。该菱形的对角线即为长、短轴的位置，如图 6-6(b) 所示。

③ 分别以点 1、3 为圆心，以 $1B_1$ 或 $3A_1$ 为半径作两个大圆弧 B_1D_1 和 A_1C_1，连接

$1D_1$、$1B_1$，与长轴相交于两点 2、4，如图 6-6(c) 所示。

④ 以两点 2、4 为圆心，以 $2D_1$ 或 $4B_1$ 为半径作两个小圆弧与大圆弧相接，即完成该椭圆，如图 6-6(d) 所示。

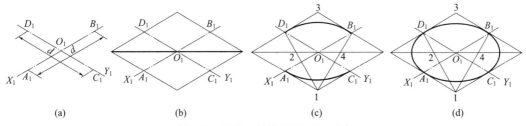

图 6-6 圆的正等轴测图近似画法

6.2.3 正等轴测图的绘制

一般情况下，依据物体的两视图或三视图可绘制正等轴测图。绘制正等轴测图的步骤如下：

① 根据视图，进行形体分析，确定坐标原点、坐标轴的位置。坐标轴的确定应便于轴测图的绘制以及尺寸度量。

② 画轴测图，按照坐标关系画出物体上点、线的轴测投影，作出物体的轴测图。

【例 6-1】 画出正六棱柱［图 6-7(a)］的正等轴测图。

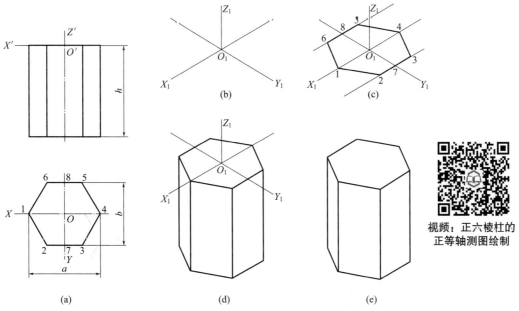

图 6-7 正六棱柱的正等轴测图

分析：由于作物体的轴测图时，习惯上是不画出其虚线的（图 6-3），因此作正六棱柱的轴测图时，为了减少不必要的作图线，先从顶面开始作图比较方便。

作图步骤如下：

① 建立 $X_1O_1Y_1Z_1$ 正等轴测轴坐标系，坐标原点 O_1 在顶面中心处，如图 6-7(b)

所示。

② 在 O_1X_1 轴、O_1Y_1 轴上，采用简化伸缩系数作图，利用坐标法分别求得顶面的六个顶点，连线得到顶面的六边形，如图 6-7(c) 所示。

③ 过顶面各顶点向下画平行于 O_1Z_1 的各条棱线，使得其长度等于六棱柱的高 h 并连线，如图 6-7(d) 所示。

④ 擦除多余的作图线并描深，即完成正六棱柱的正等轴测图，如图 6-7(e) 所示。

【例 6-2】 作支座（图 6-8）的正等轴测图。

分析：支座由带圆角的矩形底板和上方为半圆形的竖板组成，左右对称。先假定将竖板上的半圆形及圆孔均改为它们的外切正方形，然后再在方形部分的正等测菱形内，根据图 6-6 所述的方法，做出它的内切椭圆。

作图步骤如下：

① 画轴测轴，采用简化伸缩系数作图，首先作出底板和竖板的外切长立方体，注意保持其相对位置，如图 6-9(a) 所示。

② 画底板上两个圆孔柱，作出上表面两椭圆中心，画出椭圆，再画出孔的下部椭圆（可见部分），如图 6-9(b) 所示。

③ 画底板的圆角部分，由于只有 1/4 圆周，因此作图时可以简化。不必作出整个椭圆的外切菱形，在角上分别沿轴向取一段等于半径 R 的线段，得点 A_1、B_1、C_1、D_1；过以上各点分别作相应边的垂线，分别交于点 O_1、O_2；以 O_1、O_2 为圆心，以 O_1A_1 及 O_2C_1 为半径作弧，即为底板顶面上圆角的轴测图，

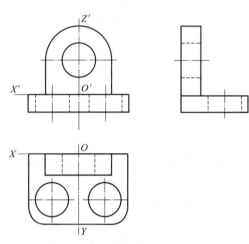

图 6-8 支座的三视图

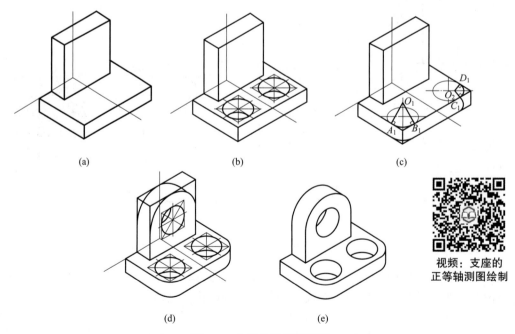

(a)   (b)   (c)

视频：支座的
正等轴测图绘制

(d)   (e)

图 6-9 支座的正等轴测图

如图 6-9(c) 所示［为了避免底板圆孔柱的干扰，此演示图在图 6-9(a) 的基础上绘制］。

　　④ 画立板圆孔，作出前表面椭圆中心，画出椭圆，再画出孔的后部椭圆（可见部分），如图 6-9(d) 所示。

　　⑤ 画立板上部半圆柱，如图 6-9(d) 所示。

　　⑥ 擦去多余的作图线并描深，即完成支座的正等轴测图，如图 6-9(e) 所示。

 练习题

　　(1)　轴测图是如何形成的？

　　(2)　正等轴测图、斜二轴测图的轴向伸缩系数和轴间角各是多少？

　　(3)　画出图 6-10 所示物体的斜二轴测图。

　　(4)　轴测图的投影特性是什么？

　　(5)　用简化伸缩系数画出图 6-11 所示物体的正等轴测图。

　　(6)　斜二轴测图的主要优点是什么？

　　(7)　如何采用四心扁圆法画平行于各坐标面的圆的正等轴测图？

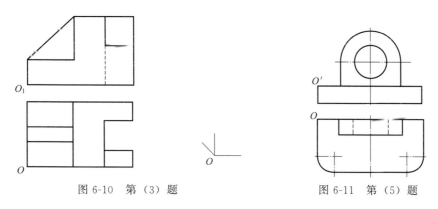

图 6-10　第（3）题　　　　　　　　图 6-11　第（5）题

第**7**章

机件的表达方法

机件的结构常是多样或复杂的，通常基本三视图无法完全表达清楚，为了使图形完整清晰地表达机件结构形状，国家制图标准在图样画法中规定了机件的各种表达方法。本章介绍常用的一些方法，以满足一般工程制图需要。

7.1 视图

视图主要用于表达机件的外部结构形状。机件的不可见部分用虚线表示，在表达清楚的前提下可以只画出机件的可见部分。

视图有四种：基本视图、向视图、局部视图、斜视图。

（1）基本视图

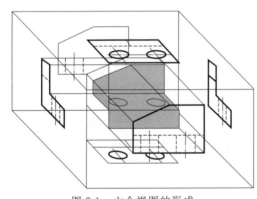

图 7-1 六个视图的形成

① 物体在基本投影面上的投影称为基本视图。根据国家标准的规定，用正六面体的六个面作为基本投影面。将机件置于正六面体中，按正投影法分别向六个基本投影面投影，得到的六个视图为基本视图，如图 7-1 所示。

② 六个基本投影面的展开方法是：V 面（正立面）保持不动，其他投影面按图 7-2 所示箭头方向展开到与 V 面（正立面）成同一平面。展开后各基本视图的配置关系如图 7-3 所示。按规定配置的六个基本视图，一律不标注图名。六个基本视图的名称及投射方向规定如下：

主视图——由前向后投射得到的视图；

俯视图——由上向下投射得到的视图；

左视图——由左向右投射得到的视图；

右视图——由右向左投射得到的视图；

仰视图——由下向上投射得到的视图；

后视图——由后向前投射得到的视图。

③ 六个基本视图之间，仍保持着与三视图相同的投影规律，即：

主、俯、仰、后视图长相等，其中主、俯、仰长对正；

主、左、右、后视图高平齐；

俯、左、右、仰视图宽相等。

④ 在实际使用时，正好选用六个基本视图的情况很少，但可以根据需要选用其中的几个视图。如果视图按图 7-3 配置则不用标注，否则必须标注。

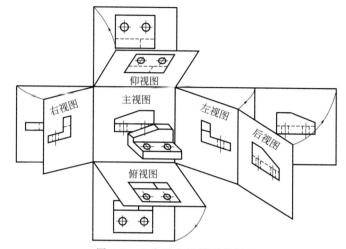

图 7-2　六个基本投影面的展开

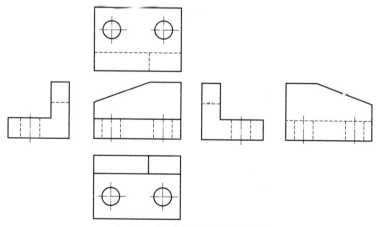

图 7-3　基本视图的配置关系

（2）向视图

向视图是可以自由配置的视图。当基本视图不能按规定的位置配置时，可采用向视图的表达方式。向视图必须进行标注，标注时采用下列表达方式：

在向视图的上方标注"*X*"（"*X*"为大写英文字母，如 *A*、*B*、*C* 等），在相应视图附近用箭头指明投射方向，并标注相同的字母"*X*"，如图 7-4 所示。

（3）局部视图

局部视图是将物体的某一部分向基本投影面投影所得的视图。局部视图常用于表达机件上局部结构的形状，使表达的局部重点突出、明确清晰，如图 7-5 所示。

局部视图在表达时需要注意以下几点：

用带字母的箭头指明要表达的部位和投射方向，并注明视图名称。局部视图的范围用波浪线表示。当表示的局部结构完整且外轮廓封闭时，波浪线可省略。局部视图可按基本视图的配置形式配置，也可按向视图的配置形式配置。

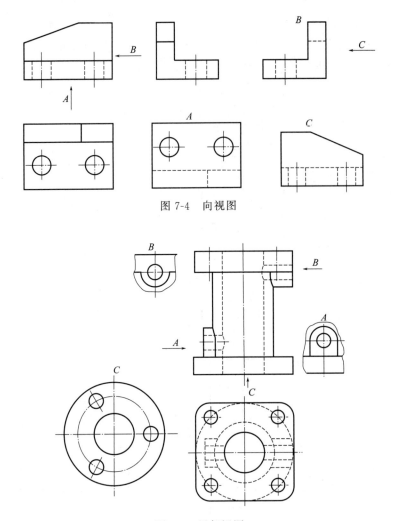

图 7-4　向视图

图 7-5　局部视图

(4) 斜视图

斜视图是物体向不平行于基本投影面的平面投射所得的视图。当物体的表面与投影面成倾斜位置时，其投影不反映实形。

通过斜视图可以表达机件倾斜部分的实形。如图 7-6 所示的机件，其右上方具有倾斜结构，在俯、左视图上均不能反映实形，既不方便画图和看图，又不利于标注尺寸。这时，可

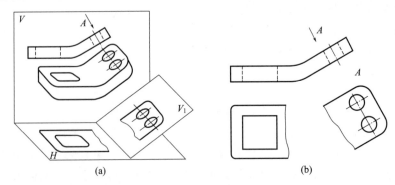

(a)　　　　　　　　　　　　　　　(b)

图 7-6　斜视图

选用一个平行于倾斜部分的投影面 V_1，按箭头所示投射方向在投影面 V_1 上作出该倾斜部分的投影，即为斜视图。

由于斜视图常用于表达机件上倾斜部分的实形，因此，机件的其余部分不必全部画出，而可用双折线（或波浪线）断开。

斜视图是局部倾斜结构的视图，一般按投影关系配置，并用箭头加注大写字母表示投影方向，在斜视图的上方注出相应字母（图 7-6 中的 "A"）。

必要时允许将斜视图旋转配置，此时，应标注旋转符号 ⌒（旋转符号的箭头方向也是图形的旋转方向），表示该视图名称的大写英文字母应靠近旋转符号的箭头端，如图 7-7 所示；也允许将旋转角度标注在字母之后。

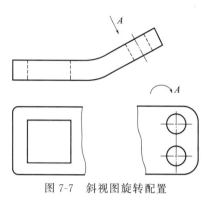

图 7-7　斜视图旋转配置

无论斜视图如何配置，投射方向箭头都应与所表达的部分垂直，而字母一律水平方向注写。

7.2　剖视图

在视图中，规定机件上不可见的结构用虚线表达。当机件的内部结构比较复杂时，视图中的虚线就太多，影响图形清晰，既不利于看图，也不利于标注尺寸。国家标准规定采用剖视的方法表达内部结构。

(1) 剖视图的概念

假想用一剖切面将机件剖开，移去剖切面和观察者之间的部分，将其余部分向投影面投射，并在剖面区域内画上剖面符号。这种方法做出的视图为剖视图（简称剖视），如图 7-8 所示。

图 7-8　压盖的后半部分向 V 面投影

(2) 剖视图的画法

① 确定剖切面的位置　一般用投影面平行面作为剖切平面，这样可使剖切后的内部结构反映实形。剖切面一般应通过机件孔、槽的轴线或机件的对称平面，以避免剖切出不完整的要素或不反映机件内部真形。

② 画出剖视图　用粗实线画出剖切面与机件的交线及剖切面后面的可见轮廓线，如图 7-9 所示。剖切是假想的，在某一视图画成剖视图后，其他视图仍应按机件完整时的情形画出。

在剖视图中已经表达清楚的结构，在其他视图中的虚线就可以省略不画，但必须保留那些不画就无法表达机件形状结构的虚线，如图 7-9 所示。

③ 画剖面符号　国家标准规定，在剖视图中，剖切面与机件实体接触部分（剖面区域）的投影要画出剖面符号。常用材料的剖面符号如图 7-10 所示。

金属材料的剖面符号是与水平线成 45° 的等距细实线（即剖面线），向左或向右倾斜；

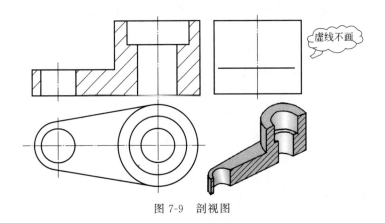

图 7-9　剖视图

同一机件在各个剖视图上剖面线的方向和间距应相同；当某一剖视图的主要轮廓线与水平方向成 45°时，该图形的剖面线画成与水平方向成 30°或 60°的细实线，其他视图的剖面线仍为 45°。

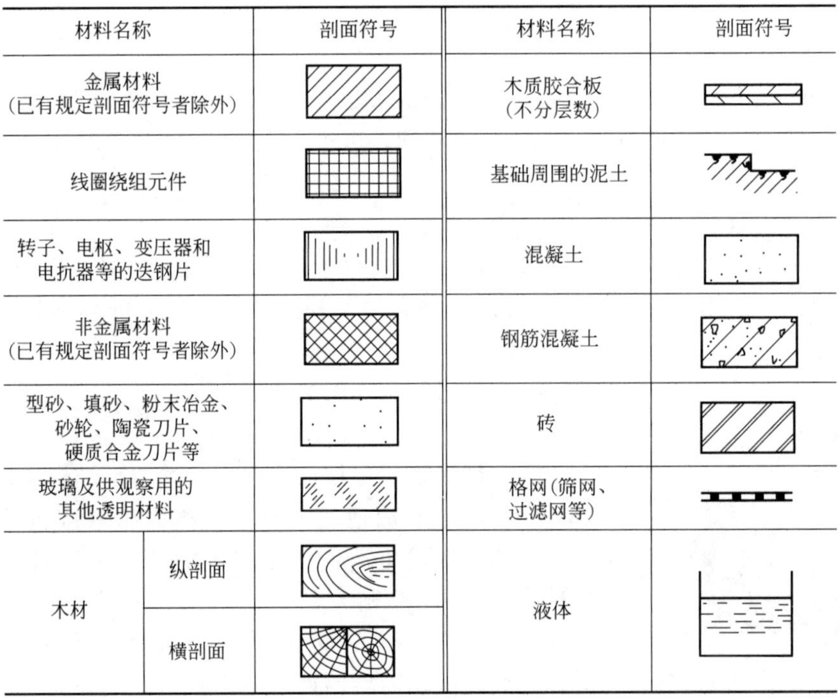

材料名称		剖面符号	材料名称	剖面符号
金属材料 （已有规定剖面符号者除外）			木质胶合板 （不分层数）	
线圈绕组元件			基础周围的泥土	
转子、电枢、变压器和 电抗器等的迭钢片			混凝土	
非金属材料 （已有规定剖面符号者除外）			钢筋混凝土	
型砂、填砂、粉末冶金、 砂轮、陶瓷刀片、 硬质合金刀片等			砖	
玻璃及供观察用的 其他透明材料			格网（筛网、 过滤网等）	
木材	纵剖面		液体	
	横剖面			

图 7-10　常用材料剖面符号

（3）剖视图的配置

一般尽量将剖视图配置在基本视图位置，如图 7-11 中 *A—A* 所示。当无法配置在基本视图位置时，可按投影关系配置在与剖切符号相对应的位置，必要时允许配置在其他适当位置，如图 7-11 中 *B—B* 所示。

（4）剖视图的标注

为了便于看出剖视图与其他视图的投影关系，在剖视图上通常要标注剖切符号、投射箭头和剖视图名称三项内容。

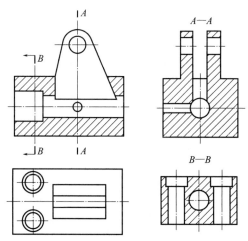

图 7-11　剖切面的配置

剖切符号：表示剖切面位置。用粗实线画出，长度为 5mm 左右，在剖切面的起、迄及转折处表示，并尽可能不与图形的轮廓线相交。

箭头：表示投影方向。画在剖切符号的两端。

剖视图名称：在剖视图的上方用大写字母标出剖视图的名称 X—X，并在剖切符号的两端和转折处注上相同字母。

在下列情况下，可以简化或省略标注：

① 当剖视图按照基本视图配置，中间无其他视图隔开时，可省略箭头，如图 7-11 中的 A—A。

② 当单一剖切平面通过机件的对称平面或基本对称平面，且剖视图按投影关系配置，中间无其他视图隔开时，可省略标注，如图 7-9、图 7-11 中的主视图。

③ 当采用单一剖切平面且位置明显时，局部剖视图的标注可以省略。

作剖视图的过程中需要注意以下几点：

① 剖切平面的选择（通过机件的对称面或轴线且平行或垂直于投影面）。

② 剖切是一种假想，其他视图仍应完整画出，并可取剖视。

③ 剖视图中剖切面后面的可见轮廓线投影必须全部画出。

④ 在剖视图上已经表达清楚的结构，在其他视图上此部分结构的投影为虚线时，其虚线省略不画。但没有表示清楚的结构，允许画少量虚线，如图 7-9 所示。

⑤ 不需在剖面区域中表示材料的类别时，剖面符号可采用通用剖面线表示。通用剖面线为细实线，最好与主要轮廓或剖面区域的对称线成 45°；同一物体的各个剖面区域，其剖面线画法应一致。

(5) 剖视图的种类

根据剖切面剖开机件的范围划分，可将剖视图分为：全剖视图、半剖视图、局部剖视图。

① 全剖视图　假想用剖切平面完全地剖开机件所得的剖视图称为全剖视图，如图 7-12 所示。

全剖视图适用于外形简单（或外形已在其他视图上表达清楚）、内形复杂而结构又不对称的机件。

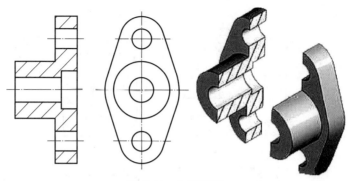

图 7-12　全剖视图

② 半剖视图　当机件具有对称平面时，在垂直于机件对称面的投影面上投影所得的图形以对称中心线（细点画线表示）为界，一半画成剖视图，另一半画成视图，这样组合的图形称为半剖视图，如图 7-13 所示。主视图若采用全剖，虽然内形表达清楚了，但前面的 U 形凸台被剖切掉而影响外形的表达。若采用半剖视图将对称线左边一半画成视图，右边一半画成剖视图，则兼顾了内外形的表达。同理，俯视图也采用了半剖视图，既表达了 U 形凸台上小孔与机件大孔的连通关系，又将上部方板的形状及孔的分布情况表达清楚了。由此可知，半剖视图适用于机件内、外形都需要表达，而形状又基本对称时。

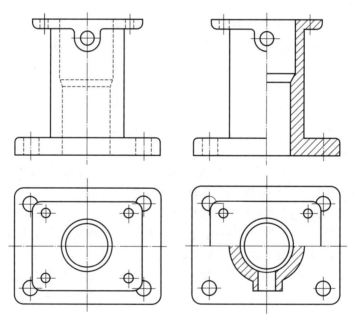

图 7-13　半剖视图

画半剖视图时需注意以下几点：

表达内形的另一半视图中虚线均可以省略，但对孔、槽等需用细点画线表示其中心位置，如图 7-13 所示；

剖视部分与不剖视部分的分界线为细点画线，不能是其他任何图线；

对称机件在对称面上有外形或内形轮廓线时，不宜作半剖视；

在标注尺寸时，孔或槽虽然在半剖视图中只有一半，但尺寸不应注半个孔槽的大小，此时尺寸线只画一个箭头，如图 7-14 所示。

当机件形状接近对称，且不对称部分已另有视图表达清楚时，也可画成半剖视图，如图 7-15 所示。

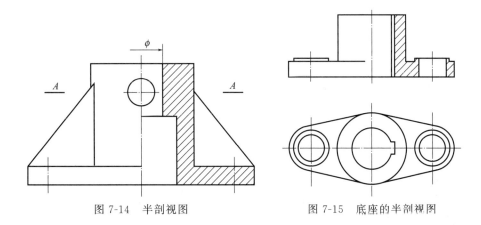

图 7-14　半剖视图　　　　　　　图 7-15　底座的半剖视图

③ 局部剖视图　用剖切平面局部地剖开机件所得的剖视图称为局部剖视图，如图 7-16 所示。

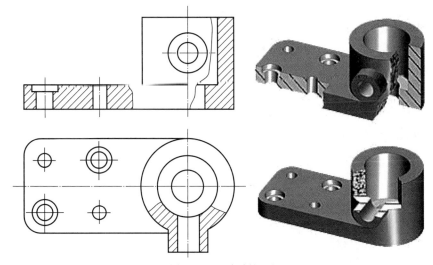

图 7-16　局部剖视图

画局部视图时需要注意以下几点。

① 在局部剖视图中，通常用波浪线或双折线作为剖开部分和未剖部分的分界线。波浪线不能与其他图线重合，若遇到可见的孔、槽等空洞结构，波浪线需断开不能穿空而过，也不允许画到外轮廓线之外，如图 7-17 所示。

② 当被剖切的机件为回转体时，允许将该结构的中心线作为局部剖视图与视图的分界线，如图 7-18 所示。

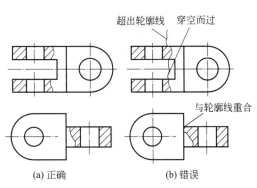

(a) 正确　　　　　　(b) 错误

图 7-17　拨叉局部剖视图

③ 当对称机件不适宜采用半剖视图时，可利用局部剖视图表达其内部结构，如图 7-19 所示。局部剖视图的表达方法相对比较灵活，但在一个视图中，不宜采用过多局部剖视图，避免图形过于零碎。

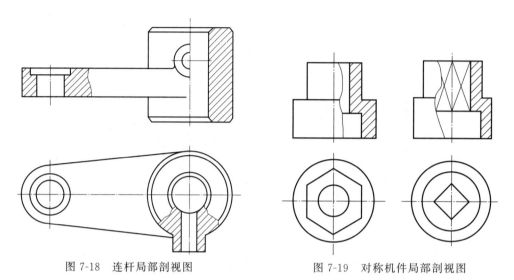

图 7-18　连杆局部剖视图　　　　　图 7-19　对称机件局部剖视图

（6）剖切面的分类

国家标准规定，根据机件结构的不同，可采用不同的剖切方法。剖切方法有如下几种：

① 单一剖切面　用一个剖切面（平面或柱面）剖开机件的方法称为单一剖切，一般用平行于基本投影面的单一剖切平面剖切。前面介绍的全剖、半剖、局部剖都是用单一剖切平面得到的剖视图。

必要时，单一剖切面也可以是不平行于基本投影面的斜剖切面，用于表达机件上倾斜的内部结构，如图 7-20 中的 $B—B$ 全剖视图（也称作斜剖视图）。

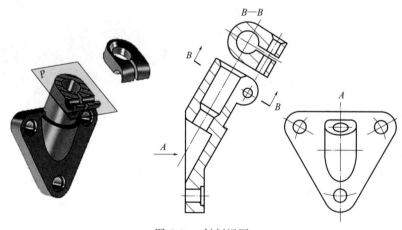

图 7-20　斜剖视图

斜剖视图一般配置在箭头所指的前方，以保证直接的投影关系，如图 7-20 所示。为便于看图，允许将图形旋转，在旋转后剖视图的名称旁边要加上旋转符号⌒，旋转符号的箭头所指方向应与图形实际旋转方向一致，如图 7-21 所示。

② 两相交的剖切平面　用两个相交的剖切平面（交线垂直于某一基本投影面）剖开机件的方法称为旋转剖。旋转剖用来表达具有明显轴线、分布在两相交平面上的内形，如图 7-22 所示。

剖开的倾斜结构及其有关部分应旋转到与选定的投影面平行（图 7-22 中旋转到与 W 面平行）后再投影画出，以反映被剖切结构的真实形状，但在剖切平面后的其他结构仍按原来位置投影画出。

当剖切平面剖到机件上的结构会出现不完整要素时，这部分结构按不剖处理，如图 7-23 所示。

③ 几个平行的剖切平面剖切　用几个平行的剖切平面剖开机件的方法称为阶梯剖视，

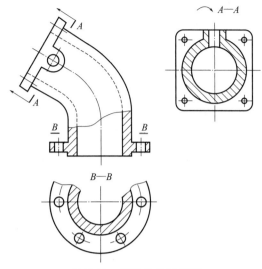

图 7 21　管路的斜剖视图

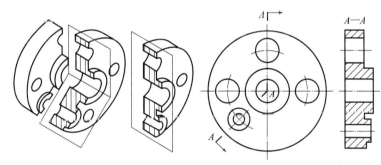

图 7-22　圆盘的旋转剖视图

用来表达机件在几个平面不同层次的内形。如图 7-24 所示，机件上具有几种不同的内部结构要素（如孔、槽等），用一个平面不能全都切到，用旋转剖又没有公共轴线，而它们的中心线排列在相互平行的平面上，可采用几个平行的剖切平面剖切机件，将平面剖切到的及其后面的可见结构合并成一个剖视图，即阶梯剖视图。这样，机件上不同层次的结构在一个剖视图就清晰地表达出来了。

用阶梯剖视画图时需注意几点：

剖切平面的转折处，不应与机件的轮廓线重合；在剖视图上，不应画出两个剖切平面转折处的投影，如图 7-25 所示。

用几个平行的剖切平面剖切机件时，不应在剖视图中画出各剖切平面的分界线，如图 7-25 所示。用阶梯剖的方法画剖视图时，在图形内不应出现不完整要素，如半个孔、不完整的槽、肋

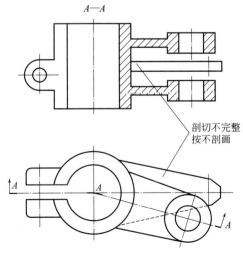

图 7-23　开口套的旋转剖视图

板等。仅当两个要素在图形上具有公共对称中心线或轴线时，可以各画一半，合并成一个剖视图，此时应以对称中心线或轴线为分界线，如图7-26所示。阶梯剖视图必须标注，当剖视图按投影关系配置，而中间又无其他图形隔开时，可省略箭头，如图7-25所示。

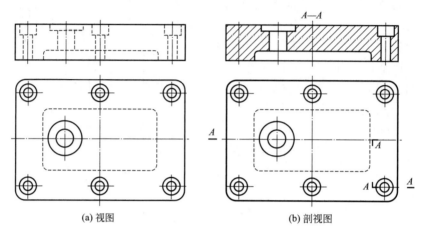

(a) 视图　　　　　　　(b) 剖视图

图 7-24　机座的阶梯剖视图

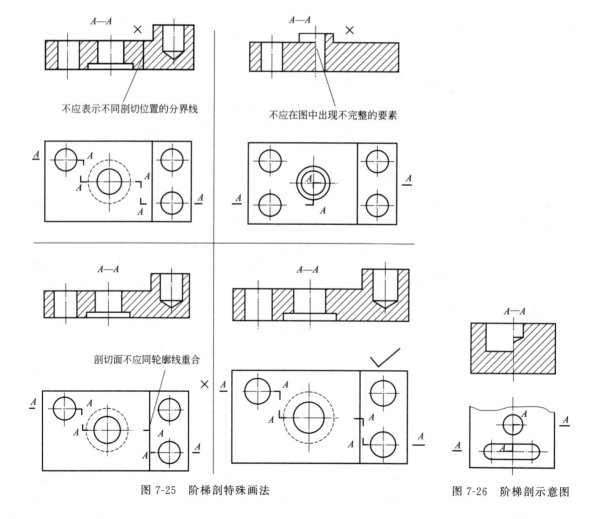

图 7-25　阶梯剖特殊画法　　　　　　图 7-26　阶梯剖示意图

7.3　断面图

（1）断面图的概念

假想用剖切平面将机件的某处切断，仅画出该剖切面与物体接触部分的图形，此图形称为断面图，简称断面。断面用来表达机件上某一局部结构的断面形状。如图 7-27 所示，几个断面分别表达轴上的键槽和通孔的深度。

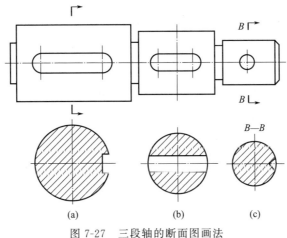

图 7-27　三段轴的断面图画法

断面和剖视的区别是：断面图只画出断面的形状，而剖视图不仅画出断面的形状，还画出剖切平面后面的可见结构，如图 7-28 所示。

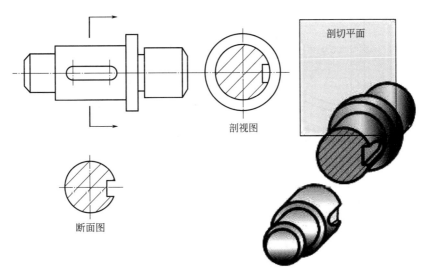

图 7-28　断面和剖视的区别

（2）断面图的画法及标注

根据断面图放置的位置不同，分为移出断面图和重合断面图两种。

① 移出断面图的画法及标注　画在视图之外的断面图，称为移出断面图。

　　移出断面的轮廓线用粗实线绘制，断面区域内应画剖面符号，配置在剖切线的延长线上或其他适当的位置，如图 7-29 所示。

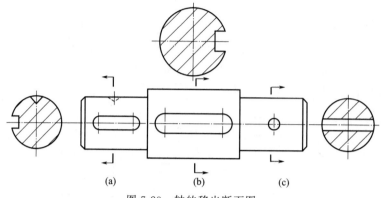

图 7-29　轴的移出断面图

　　当剖切平面通过由回转面形成的孔或凹坑等结构的轴线时，这些结构应按剖视图画出，如图 7-29(a)、(c) 所示；当剖切平面通过非圆孔，导致出现两个分离的断面时，这些结构应按剖视图画出，如图 7-30 所示。

　　剖切平面一般应垂直于被剖切部分的主要轮廓线。当遇到如图 7-31 所示的肋板结构时，可用两个相交的剖切平面，分别垂直于左、右肋板进行剖切。这时所画的断面图中间一般应断开。

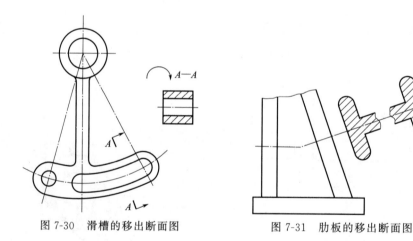

图 7-30　滑槽的移出断面图　　　　　　　图 7-31　肋板的移出断面图

　　当断面图画在剖切线的延长线上时，如果对称则不必标注；若不对称则须用剖切符号表示剖切位置和投射方向，如图 7-27 所示。

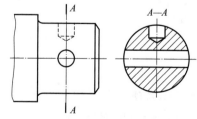

图 7-32　特殊断面图的画法

　　当断面图按投影关系配置时，均不必标注箭头，如图 7-32 所示。

　　当断面图配置在其他位置时，若对称则不必标注箭头；若不对称，应画出剖切符号（包括箭头），并用大写字母标注断面图名称，如图 7-27(c) 所示。

　　配置在视图中断处的对称断面图，不必标注，如图 7-33 所示。

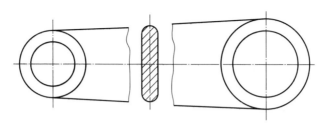

图 7-33　特殊断面图的画法

② 重合断面图的画法及标注　画在视图内的断面图称为重合断面图。

重合断面图的轮廓线用细实线绘制，当视图中轮廓线与重合断面图的图线重合时，视图中的轮廓线仍应画出，不可间断。

对称的重合断面不需要标注，如图 7-34（b）所示；不对称的重合断面在不致引起误解时也可省略标注，如图 7-34(a) 中的标注可省略。

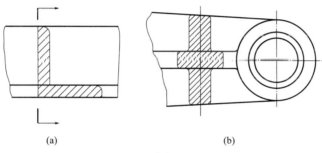

（a）　　　　　　　　　　　　　　（b）

图 7-34　重合断面图的画法

7.4　其他表达方法

（1）局部放大图

当机件的部分结构过小，表达不够清晰或不便于标注尺寸时，用大于原图的比例画出的图形，称为局部放大图，如图 7-35 所示。

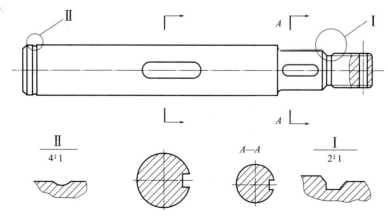

图 7-35　局部放大图（一）

① 局部放大图画法　局部放大图可画成视图、剖视图、断面图，它与被放大的形式无关。

局部放大图应尽量配置在被放大部分的附近。局部放大图的投影方向应与被放大部分的投影方向一致；与整体联系的部分用波浪线画出，如图 7-35 所示。

同一机件上不同部位的局部放大图，当图形相同或对称时只需画出一个，必要时可用几个图形表达同一被放大部分的结构，如图 7-36 所示。

② 局部放大图的标注　绘制局部放大图时，应用细实线（圆或长圆形）圈出被放大的部位。

当机件上有几个被放大部位时，必须用罗马数字和指引线依次标明被放大的部位，并在局部放大图的上方标注出相应的罗马数字和采用的比例（罗马数字和比例之间的横线用细实线画出），如图 7-35 所示。

当机件上仅有一个需要放大的部位时，不必编号，只需在被放大部位画圈，并在局部放大图的上方注明采用的比例即可。

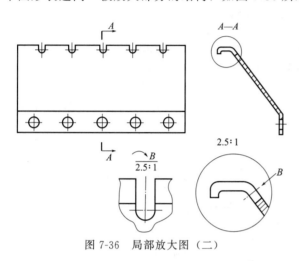

图 7-36　局部放大图（二）

（2）简化画法和规定画法

制图时，在不影响对零件表达完整和清晰的前提下，尽量使制图简便。国家标准规定了一些简化画法及其他规定画法，下面是几种常用的简化画法。

① 对于机件的肋板，如按纵向剖切，肋板不画剖面符号，而用粗实线将它与其邻接部分分开，如图 7-37 所示。

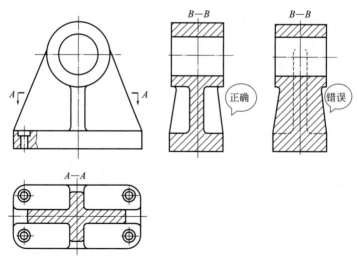

图 7-37　肋板的纵向剖切图

② 若干直径相同且成规律分布的肋板及孔，可以仅画出一个或几个，其余只需用细点画线表示其中心位置即可，如图 7-38 所示。

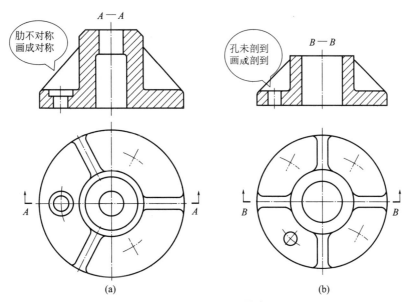

图 7-38　孔的简化画法

③ 轴、杆类较长的机件，当沿长度方向形状相同或按一定规律变化时，允许断开画出；标注尺寸时，仍注实长，如图 7-39 所示。

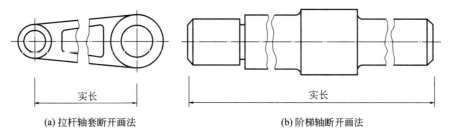

图 7-39　长轴的简化画法

④ 在不致引起误解时，对称图形视图可只画一半或四分之一，但须画出对称符号，即在中心线的两端画出两条与其垂直的平行细实线，如图 7-40 所示。

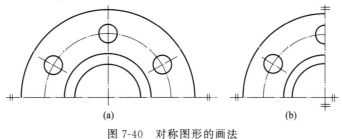

图 7-40　对称图形的画法

⑤ 当回转体机件上的平面在图形中不能充分表达时，可用相交的两条细实线表示，如图 7-41 所示。

⑥ 若干直径相同，且成规律分布的孔，可以仅画一个或几个，其余只需用点画线表示其中心位置，在零件图中注明孔的总数，如图 7-42 所示。

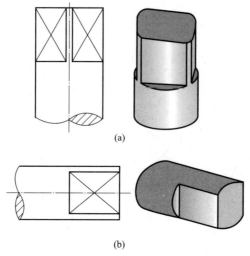

(a)

(b)

图 7-41　平面的特殊画法

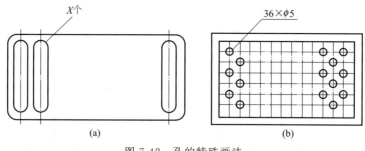

(a)　　　　　　　　　　　　　　　(b)

图 7-42　孔的特殊画法

7.5　第三角画法简介

国家标准《技术制图 图样画法 视图》（GB/T 17451—1998）规定：技术图样应采用正投影法绘制，并优先采用第一角画法。我国和英国、法国、德国、俄罗斯等多数国家都采用第一角画法，而美国、日本、加拿大、澳大利亚等国家采用第三角画法。为适应国际技术交流的需要，我们应了解第三角画法。

(1) 第三角画法概念

如图 7-43 所示，三个互相垂直的投影面 V、H、W，把空间分成八个分角（Ⅰ、Ⅱ、Ⅲ、…）。

我国采用第一分角投影法，即把机件放在第一分角进行投影。此时机件处于观察者和投影面之间，即保持人（视线）-物体-投影面（视图）的相对位置关系，然后按正投影法获得视图。前面章节讲的均属第一角投影法第一角画法。

第三角画法，是将物体放在第三分角内，使投影面处于观察者和物体之间，即始终保持人（视线）-投影面（视图）-物体的相对位置关系。假定投影面是透明的，观察者是透过透明的投影面看物体，然后也按正投影法获得视图，如图 7-44 所示。

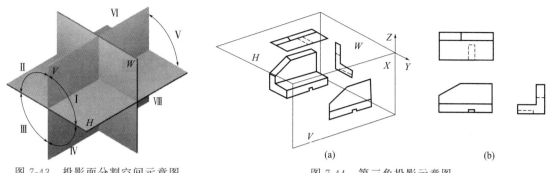

图 7-43　投影面分割空间示意图

图 7-44　第三角投影示意图

（2）第三角画法的三视图

① 三视图的形成

前视图：从前向后观察物体，在正平面（*V* 面）上得到的视图。

顶视图：从上向下观察物体，在水平面（*H* 面）上得到的视图。

右视图：从右向左观察物体，在侧平面（*W* 面）上得到的视图。

② 三视图的展开　将投影面展开时，保持 *V* 面不动，将 *H*、*W* 面分别向上、向前旋转 90°，使三个投影面展开在同一平面内，即可得到图 7-45 中三视图的配置位置。

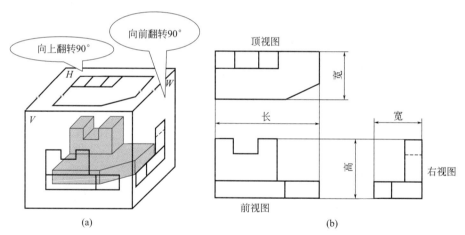

图 7-45　第三角投影示意图

和第一角画法一样，第三角画法中的主、俯、右视图也保持着"长对正、高平齐、宽相等"的投影关系。但由于第三角画法的投影面处于物体与观察者之间，因而在俯、右视图中靠近主视图的一侧表示物体的前面，远离主视图的一侧表示物体的后面。这一点与第一角画法中的方位关系相反。

（3）第三角画法的六个基本视图

和第一角画法一样，第三角画法也有六个基本视图。将物体向正六面体的六个面进行投射，然后按图 7-45 所示的方法展开，即可得到六个基本视图。它们相应的配置关系如图 7-46 所示。

由上述介绍可知，第三角画法和第一角画法一样，均采用正投影法绘图，采用两种画法得到的六个基本视图名称也相同；只是物体所处的分角不同，投射过程中，观察者、物体和

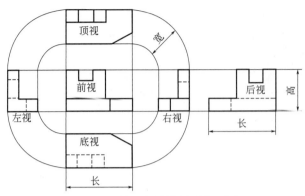

图 7-46　第三角投影展开布置图

投影面之间顺序不同，因此展开到同一图面后，各视图的配置就不同，但两者的表达功能是相同的。将第三角画法和第一角画法的基本视图配置对比可看出：

第三角画法的俯、仰视图与第一角画法的俯、仰视图对换；

第三角画法的左、右视图与第一角画法的左、右视图对换；

第三角画法的主、后视图与第一角画法的主、后视图一致。

（4）第一角画法和第三角画法的标记

为了便于区别，第一角画法和第三角画法用不同的识别符号表示，如图 7-47 所示。在图样中，采用第一角画法不必标注识别符号；采用第三角画法时，必须在标题栏附近画出识别符号。

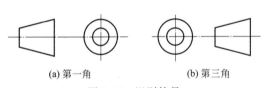

(a) 第一角　　　　(b) 第三角

图 7-47　识别符号

如图 7-48 所示为物体的第三角画法和第一角画法对比。只有弄清楚该物体是采用第三角画法还是第一角画法，才能确切知道物体圆盘上的小孔是否在前方。

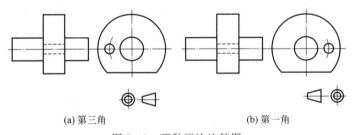

(a) 第三角　　　　　　　　　(b) 第一角

图 7-48　两种画法比较图

练习题

（1）剖视图分为哪几种？适用范围分别是什么？在画法上各有什么特点？

（2）斜剖视、旋转剖、阶梯剖的适用场合分别是什么？画图和标注时应注意什么？

（3）试述剖视图标注方法。在什么条件下可省略标注（全部或部分省略）？

（4）断面图与剖视图有什么区别？断面图有哪几种？在画法上有什么特点？

（5）断面图在什么条件下可省略标注（全部或部分省略）？

（6）剖视图中画肋板时应注意哪些问题？

（7）第三角画法与第一角画法有哪些相同点和不同点？

（8）在图 7-49 中指定位置作出向视图。

（9）补全图 7-50 中漏画的线。

（10）在图 7-51 中指定位置把主视图画成全剖视图。

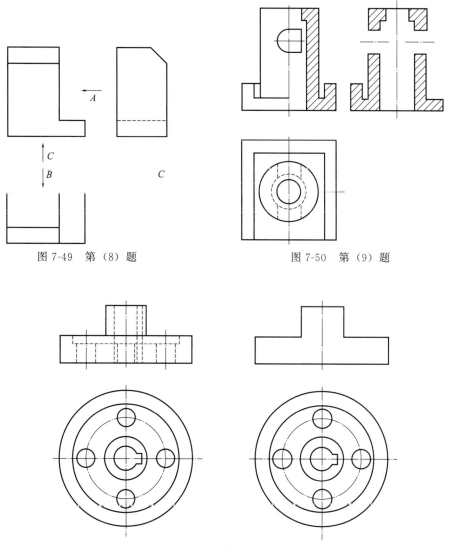

图 7-49　第（8）题

图 7-50　第（9）题

图 7-51　第（10）题

第**8**章

标准件和常用件

机械一般由三类零件组成。一是标准件，如螺栓、螺母、螺钉、键、销、轴承等，它们的结构和尺寸均已标准化，这类零件对各种机械是通用的，一般市场购买即可，国家零部件标准化程度越高说明工业体系越发达。二是非标准件，这类零件的结构、形状及尺寸都是根据机械的需求在设计过程中确定的，是非标准化、非系列化的零件，因此需要准确画出它们的零件图。三是常用件，如齿轮、弹簧等，它们的部分结构已标准化，这类零件的零件图仍需要画出。本章将主要介绍标准件和常用件的基本知识、规定画法、标注和标记的方法。

8.1 螺纹及螺纹紧固件连接

螺纹是零件上常用的一种结构，如各种螺钉、螺母、丝杠等都具有螺纹结构。螺纹的主要作用是连接零件或传递动力，国标对常用的几种螺纹已标准化。

8.1.1 螺纹的基本知识

（1）螺纹的形成

螺纹是根据螺旋线形成的原理加工出来的。如图 8-1 所示，当一动点 M 沿圆柱面的母线 AB 作等速线运动，同时该母线又围绕圆柱轴线作等角速回转运动时，则动点 M 运动的轨迹即为圆柱螺旋线。

车削螺纹，是常见的一种螺纹形成的加工方法。如图 8-2 所示，将工件装夹在与车床主轴相连的卡盘上，使它随主轴作等速旋转，同时使车刀沿主轴轴线

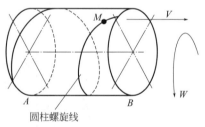

图 8-1 圆柱螺旋线的形成

方向作等速移动，当车刀切入工件达一定深度时，就在工件表面上车制出螺纹。在圆柱体外表面上的螺纹叫外螺纹，在圆柱孔内表面上的螺纹叫内螺纹。

(a) 加工外螺纹　　　　　　　　(b) 加工内螺纹

图 8-2 在车床上加工螺纹

（2）螺纹的基本要素

螺纹的基本要素主要是牙型、直径、螺距、线数和旋向等。

① 螺纹牙型　螺纹牙型是指螺纹件轴向剖面的轮廓形状。常见的有三角形、梯形、锯齿形、矩形等，如图 8-3 所示。

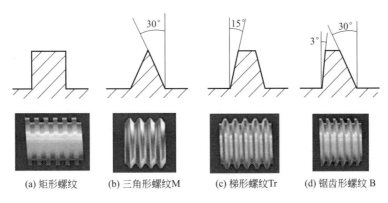

（a）矩形螺纹　　（b）三角形螺纹M　　（c）梯形螺纹Tr　　（d）锯齿形螺纹 B

图 8-3　常见螺纹牙型

② 螺纹直径　螺纹的直径有三个：大径（d、D）、小径（d_1、D_1）和中径（d_2、D_2）。

螺纹的大径：是指与外螺纹牙顶或内螺纹牙底相重合的假想圆柱面的直径（图 8-4），即螺纹的最大直径。螺纹的大径通常又称为规格尺寸或公称直径（管螺纹除外）。

螺纹的小径：是指与外螺纹牙底或内螺纹牙顶相重合的假想圆柱面的直径，即螺纹的最小直径。

螺纹的中径：是指螺纹的牙齿厚度与牙槽宽度相等处的假想圆柱面的直径，它近似或等于螺纹的大径和小径的平均值。

③ 线数 n　螺纹有单线和多线之分。沿一条螺旋线形成的螺纹，称为单线螺纹；沿两条或两条以上在轴向等距分布的螺旋线形成的螺纹，称为多线螺纹，如图 8-5 所示。

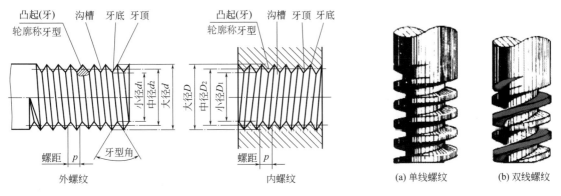

图 8-4　螺纹各部分的名称

图 8-5　螺纹的线数

④ 导程和螺距

导程：在车制螺纹时，工件旋转一周刀具沿轴线方向移动的距离叫导程 P_h，即同一条螺旋线上相邻两牙在中径线上对应两点之间的轴向距离。

螺距：螺纹件上相邻两牙在中线上对应两点之间的轴向距离 p。单线螺纹的螺距等于导程［图 8-6（a）］。如果是双线螺纹，由图 8-6（b）可知，一个导程包括两个螺距，则螺距＝导程/2；若是三线螺纹，螺距＝导程/3。因此，螺距和导程之间的关系可以用下式表示：螺距＝导程/线数。

⑤ 螺纹旋向 螺纹旋向是指螺纹旋进的方向。螺纹有右旋与左旋之分（图 8-7）。按顺时针方向旋进的螺纹称为右旋螺纹，按逆时针方向旋进的螺纹称为左旋螺纹。

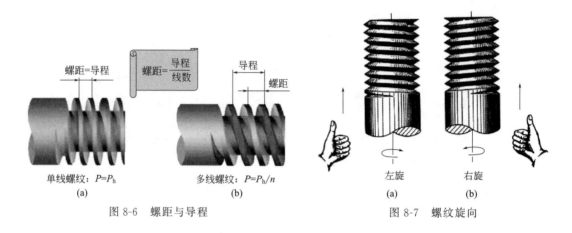

图 8-6 螺距与导程

图 8-7 螺纹旋向

在上述五项要素中，改变其中任何一项，都会得到不同规格的螺纹。因此，相互旋合的螺纹基本要素必须相同。

（3）螺纹的画法

螺纹按其真实投影来画比较麻烦，实际上也没有必要。为了便于设计和制造，国家标准规定了一些标准的牙型、大径和螺距。凡是这三项都符合国家标准的称为标准螺纹；牙型符合标准而大径或螺距不符合标准的称为特殊螺纹；牙型不符合标准的称为非标准螺纹（如矩形螺纹）。制图标准对螺纹（外螺纹和内螺纹）画法作了如下规定：

① 外螺纹画法 在平行于螺杆轴线的投影面的视图上，不论外螺纹牙型如何，螺纹的牙顶线（表示大径的直线）都用粗实线表示，牙底线（表示小径的直线）都用细实线表示；螺杆轴端的倒角和倒圆部分也应画出，如图 8-8 所示。

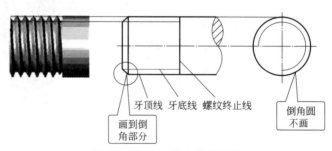

图 8-8 螺纹的终止线的画法

在垂直于螺纹轴线的投影面的视图上，螺纹的牙顶圆（表示大径的圆 d）用粗实线表示，表示牙底的细实线圆 d_1 只画约 3/4 圆，此时螺纹的倒角圆规定省略不画（画图时一般可近似地取 $d_1 \approx 0.85d$）。

有效螺纹的终止界线（简称螺纹终止线）用粗实线表示，其画法如图 8-8 所示。螺纹的收尾部分（称为螺尾）在图上一般不画。

② 内螺纹画法　内螺纹一般采用剖开画法。

在平行于螺孔轴线的投影面的剖视图中，不论内螺纹牙型如何，牙顶线（表示小径的直线）都用粗实线表示，牙底线（表示大径的直线）都用细实线表示；在剖视图或断面图中，剖面线都必须画到粗实线处；螺孔上的倒角和倒圆部分也应画出，如图 8-9 所示。

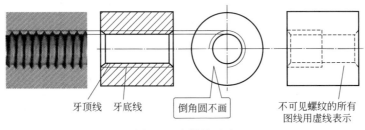

图 8-9　内螺纹画法

在垂直于螺纹轴线的投影面的视图上，螺纹的牙顶圆（表示小径的圆 D_1）用粗实线表示（画图时可近似地取 $D_1 \approx 0.85D$），牙底圆（表示大径的圆 D）用细实线表示，且只画约 3/4 圆。此时螺孔上的倒角圆投影省略不画，如图 8-9 所示。

螺尾一般省略不画。

绘制不穿通的螺纹孔时，一般应将钻孔深度与螺纹部分的深度分别画出，并标上尺寸（图 8-10）。加工不穿通的螺孔时，先按螺纹小径钻孔，后用丝锥攻螺纹 [图 8-10(b)]。钻头的锥顶角一般做成 118°，在孔底部形成 118°的锥顶角。画图时此角按 120°画出，但不必标注尺寸，如图 8-10(a) 所示。

螺孔不剖开时，不可见螺纹的所有图线均按虚线绘制，如图 8-9 所示。

③ 螺纹连接的画法　以剖视图表示内、外螺纹的连接，旋合部分按外螺纹的画法绘制，其余部分均按各自的画法绘制，如图 8-11 所示。画图时应注意：表

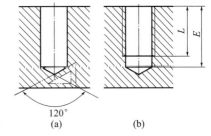

图 8-10　钻头锥顶角的标注

示内、外螺纹牙顶的粗实线和牙底的细实线必须对齐；当画螺纹连接部位的断面图时，在断面图上两紧固件的剖面线方向应相反，如图 8-11 中的 A—A 所示。

④ 螺纹牙型的表示方法　当需要表示螺纹牙型时，可采用局部剖视图或局部放大图绘制（图 8-12）。

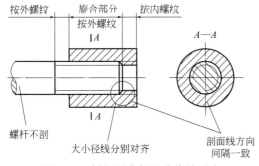

图 8-11　剖视图中螺纹连接的画法

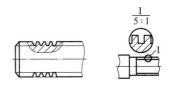

图 8-12　螺纹牙型表示法

（4）螺纹的标注

螺纹的种类较多，而规定画法却相同（螺纹的画法并没有全部表达螺纹的五个要素），在图上对标准螺纹只能用螺纹代号或标记来区别它们的不同。常用的普通螺纹、梯形螺纹及管螺纹的标注方法如下。

① 普通螺纹的标注　完整的标注格式和内容如下：螺纹代号-公差带代号-旋合长度代号，其中螺纹代号的标注格式如图 8-13（a）所示。公差带化号按 GB/T 197—2003 的规定，标注格式如图 8-13（b）所示。

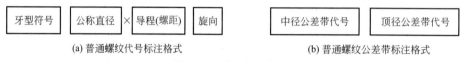

| 牙型符号 | 公称直径 | × | 导程(螺距) | 旋向 |

(a) 普通螺纹代号标注格式

| 中径公差带代号 | 顶径公差带代号 |

(b) 普通螺纹公差带标注格式

图 8-13　普通螺纹标记

螺纹代号：

普通螺纹的牙型为一等边三角形，牙型符号用"M"表示。

粗牙普通螺纹的螺纹代号用牙型符号 M 和公称直径（大径）表示，不标注螺距，例如 M8。

细牙普通螺纹的螺纹代号用牙型符号 M 和"公称直径×螺距"表示，例如 M8×1.5。

右旋螺纹为常用螺纹，不标注旋向；左旋螺纹需在尺寸规格之后加"LH"，例如 M8×1LH。

螺纹公差带代号：

包括中径公差带代号和顶径公差带代号。由表示其大小的公差等级数字和表示其位置基本偏差的字母（内螺纹用大写字母，外螺纹用小写字母）组成，例如 6H、6g。

如果中径公差带代号和顶径公差带不同，则分别注出代号，其中径公差带代号在前，顶径公差带代号在后，如 M10-5g6g；如果中径和顶径公差带相同，则只注一个代号，如 M10×1-6H。

内、外螺纹旋合成螺纹副时，其配合公差带代号用斜线分开，左边表示内螺纹公差带代号，右边表示外螺纹公差带代号，例如 M10-6H/6g。

旋合长度代号：

国标对普通螺纹的旋合长度，规定为短（S）、中（N）、长（L）三组。螺纹的精度分为精密、中等和粗糙三级。螺纹的旋合长度和精度等级不同，对应的公差带代号也不一样。

在一般情况下不标注螺纹的旋合长度，其螺纹公差带按中等旋合长度（N）确定；必要时在螺纹公差带代号之后加注旋合长度代号 S 或 L，如 M10-5g6g-S；特殊需要时，可注明旋合长度的数值，如 M20×2LH-7g6g-40。普通螺纹在图上的标注示例见表 8-1。

② 梯形螺纹的标注　梯形螺纹的完整标注内容和格式为：螺纹代号-中径公差带代号-旋合长度代号。其中螺纹代号内容：Tr 公称直径×导程（螺距）旋向。

梯形螺纹代号分两种情况：

单线格式：Trd×P 旋向。其中，Tr 是梯形螺纹的牙型代号；d 是公称直径；P 是螺距；右旋不注，左旋注"LH"。例如 Tr36×6LH，表示梯形螺纹的公称直径为 36mm，螺距是 6mm，左旋。

多线格式：Trd×P_h（P）旋向。其中，Tr 是梯形螺纹的牙型代号；d 是大径；P 是螺距，P_h 是导程；右旋不注，左旋注"LH"。例如 Tr36×12(P6)LH，表示梯形螺纹的公称直径为 36mm，螺距为 6mm，导程为 12mm，左旋。

表 8-1　普通螺纹的标注方法

螺纹种类	标注示例	说明
普通螺纹	M16×1.5-6e	表示公称直径为 16mm、螺距为 1.5mm 的右旋细牙普通螺纹(外螺纹)，中径和顶径公差带代号均为 6g，中等旋合长度
	M10LH–5g6g–S	表示公称直径为 10mm 的左旋粗牙普通螺纹(外螺纹)，中径公差带代号为 5g，顶径公差带代号为 6g，短旋合长度
	M10-6H	表示公称直径为 10mm 的右旋粗牙普通螺纹(内螺纹)，中径和顶径公差带代号均为 6H，中等旋合长度

梯形螺纹只注中径公差带代号。公差带代号国标有相应规定，可查表确定。旋合长度只有中等旋合长度和长旋合长度两种，分别用 N、L 表示，中等旋合长度可省略标注。

例：Tr40×7-8H 表示公称直径为 40mm、螺距为 7mm、中径公差带代号为 8H、右旋的单线梯形螺纹孔。Tr40×14（P7）LH-8e-L 表示公称直径为 40mm、螺距为 7mm、导程为 14mm、旋向为左旋、中径公差带代号为 8e、长旋合长度的双线梯形外螺纹。

③ 管螺纹的标注　管螺纹分为 55°密封管螺纹和 55°非密封管螺纹。

螺纹标记的内容和格式是：| 螺纹特征代号 | 尺寸代号 | 旋向代号 |

对非螺纹密封的外管螺纹：| 螺纹特征代号 | 尺寸代号 | 公差等级代号 |-| 旋向代号 |

对非螺纹密封的内管螺纹：| 螺纹特征代号 | 尺寸代号 | 旋向代号 |

上述螺纹标记中的螺纹特征代号分两类：①55°密封管螺纹特征代号：Rp 表示圆柱内螺纹，R1 表示与圆柱内螺纹相配合的圆锥外螺纹；Rc 表示圆锥内螺纹，R2 表示与圆锥内螺纹相配合的圆锥外螺纹。②55°非密封管螺纹特征代号：G。

两类螺纹中的尺寸代号，标注在螺纹特征代号之后，例如 Rp1，Rc1/2，G11/2 等。

公差等级代号只对 55°非密封的外管螺纹标注，分为 A、B 两个等级，在尺寸代号后注明。对内螺纹，不标记公差等级代号。例如 G2A、G2B、G2。

螺纹为右旋时，不标注旋向代号；为左旋时应标注"LH"，例如 G1/2LH、G3/4B-LH。

表示螺纹副时，对 55°非密封管螺纹，仅需标注外螺纹的标记代号；对 55°密封管螺纹，其标记需用斜线分开，左边表示内螺纹，右边表示外螺纹，例如 Rp/R12，Rc/R21/2LH。

8.1.2　螺纹紧固件及其连接

通过螺纹起连接作用的零件称为螺纹紧固件或螺纹连接件。常用的螺纹紧固件有螺钉、螺母、垫圈、双头螺柱和螺栓等，如图 8-14 所示。

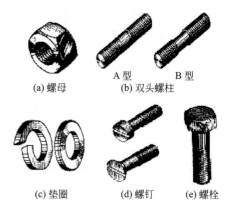

图 8-14　常用螺纹紧固件

它们的种类很多，国标对其结构、尺寸和技术要求都作了统一规定。在机械设计中选用这些标准件时，不必画出它们的零件图，但要求写出标记，以便外购。在画装配图时，这些标准件采用比例画法，各部分结构均以公称直径为基数按比例画出。表 8-2 为常用的几种螺纹紧固件的比例画法及标记示例。

表 8-2　常用紧固件的画法及标记

名称	图例	标记及说明	名称	图例	标记及说明
六角头螺栓	M10　60	螺栓 GB/T 5780 M10×60 六角头螺栓，公称直径 10mm，公称长度 60mm	六角螺母	M12	螺母 GB/T 6170 M12 A 级 I 型六角螺母，公称直径 12mm
双头螺柱	M10　12　50	螺柱 GB/T 897 M10×50 双头螺柱，公称直径 10mm，公称长度 50mm	六角开槽螺母	M12	螺母 GB/T 6179 M12 A 级 I 型六角开槽螺母，公称直径 12mm
开槽沉头螺钉	M8　50	螺钉 GB/T 68 M8×50 开槽沉头螺钉，公称直径 8mm，公称长度 50mm	平垫圈	φ12	垫圈 GB/T 97.1 12 A 级平垫圈，公称尺寸 12mm
开槽圆柱头螺钉	M8　50	螺钉 GB/T 65 M8×50 开槽圆柱头螺钉，公称直径 8mm，公称长度 50mm	弹簧垫圈	φ20	垫圈 GB/T 93 20 标准型弹簧垫圈，公称尺寸 12mm

（1）螺栓连接

螺栓连接是将螺栓杆身穿过两个零件的通孔，再用螺母旋紧而将两个零件固定在一起的一种连接方式（图 8-15）。

① 螺栓、螺母、垫圈按大径 d 的比例关系绘制，其余部分的比例关系如图 8-14 所示。螺栓的有效长度 L 应先按下式求出：

$$L = \delta_1 + \delta_2 + H + b + a$$

式中，$a = 0.3d$；$b = 0.15d$；$H = 0.8d$。查标准取最接近的标准长度值 L。

② 在画螺栓连接的装配图时，应遵循下列基本规定：当剖切平面通过螺栓、螺柱、螺钉、螺母、垫圈等标准件的轴线时，这些零件均按未剖切绘制。

③ 在剖视图中，两相邻零件的剖面线方向应相反；但同一个零件在各剖视图中，其剖面线的方向和间距应相同。

④ 两零件的接触面应画成一条线，不得画成两条线或加粗。

（2）螺柱连接

用螺柱连接零件时，先将螺柱的旋入端旋入一个零件的螺孔中，再将另一个带孔的零件套入螺柱，然后放入垫圈、用螺母旋紧（图8-16）。

① 各部分画图尺寸的比例关系与螺栓连接相同。若采用弹簧垫圈，其尺寸可按 $d_2 = 1.6d$、$s = 0.25d$ 绘制。

② 螺柱的公称长度 L 可按下式算出：

$$L = \delta + s + m + a$$

查标准取最接近的标准长度值 L。

③ 双头螺柱旋入端长度 b_m 的值与带螺孔的被连接件的材料有关。材料为钢或青铜时取 $b_m = d$，材料为铸铁时取 $b_m = (1.25 \sim 1.5)d$，材料为铝时取 $b_m = 2d$。

④ 机件上螺孔的螺纹深度应大于旋入端螺纹长度 b_m。画图时，螺孔的螺纹深度可按 $b_m + 0.5d$ 画出，钻孔深度可按 $b_m + d$ 画出。

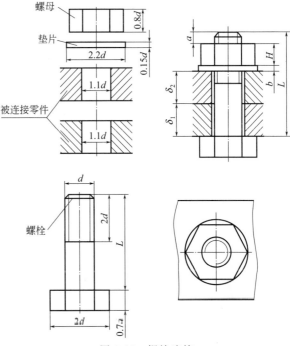

图 8-15　螺栓连接

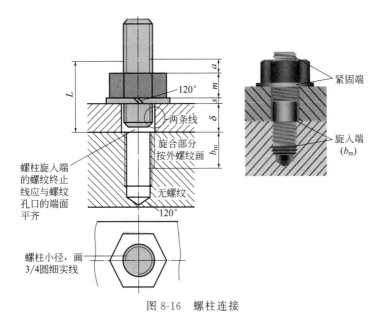

图 8-16　螺柱连接

（3）螺钉连接

用螺钉连接两个零件时，螺钉杆部穿过一个零件的通孔而旋入另一零件的螺孔，靠螺钉头部支承面压紧将两个零件固定在一起。

螺钉根据头部形状不同有许多型式。图 8-17 是几种常见螺钉装配图的比例画法。画图时应注意下列几点：

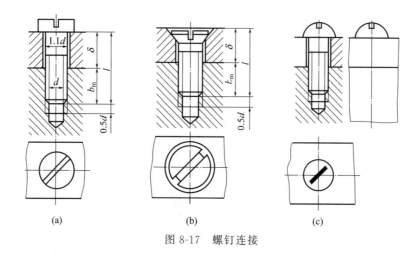

图 8-17　螺钉连接

① 螺钉的有效长度 l 先按下式估算：

$$l=\delta+b_{m}$$

式中，b_{m} 根据带螺孔的被连接零件的材料而定，取值可参考双头螺柱中所述。

② 为了使螺钉头能压紧被连接零件，螺钉的螺纹终止线应高出螺孔的端面，或在螺杆的全长上都有螺纹。

③ 螺钉头部的一字槽和十字槽在俯视图上，画成与中心线成 45°，可以涂黑。

8.2　齿轮

齿轮是机器和仪器中的常用件，广泛应用于机器中的传动零件。它能将一根轴的动力及旋转运动传递给另一轴，也可改变转速和旋转方向。齿轮的种类很多，根据其齿廓曲线不同有渐开线、摆线、圆弧等，最常用的是渐开线齿廓的齿轮。按其传动轴的相对位置分，常用有如下三类：

圆柱齿轮传动——用于两轴平行时，如图 8-18(a) 所示。

圆锥齿轮传动——用于两轴相交时，如图 8-18(b) 所示。

蜗轮蜗杆传动——用于两轴交叉时，如图 8-18(c) 所示。

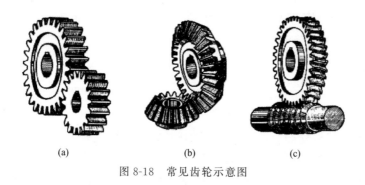

图 8-18　常见齿轮示意图

视频：常见齿轮

圆柱齿轮的轮齿有直齿、斜齿和人字齿等，其中最常用的是直齿圆柱齿轮，本书主要介绍直齿圆柱齿轮，其他齿轮的尺寸计算和画法请参阅有关标准和书籍。

直齿圆柱齿轮由轮齿、辐板（或辐条）、轮毂等部分组成。标准直齿圆柱齿轮各部分的名称和尺寸关系，如图 8-19 所示。

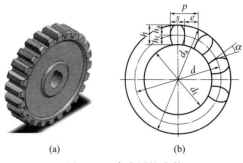

图 8-19　直齿圆柱齿轮

(1) 直齿圆柱齿轮轮齿各部分的名称及代号

齿顶圆：通过轮齿顶部的圆，其直径用 d_a 表示。

齿根圆：通过轮齿根部的圆，其直径用 d_f 表示。

分度圆：设计、制造齿轮时计算轮齿各部分尺寸的基准圆，其直径用 d 表示。

齿距：在分度圆周上相邻两齿对应点之间的弧长，用 p 表示。

齿厚：一个轮齿在分度圆上的弧长，用 s 表示。

槽宽：一个齿槽在分度圆上的弧长，用 e 表示。在标准齿轮中，齿厚与槽宽各为齿距的一半，即 $s=e=p/2$，$p=s+e$。

齿顶高：分度圆到齿顶圆之间的径向距离，用 h_a 表示。

齿根高：分度圆到齿根圆之间的径向距离，用 h_f 表示。

齿高：齿顶圆到齿根圆之间的径向距离，用 h 表示。

齿宽：沿齿轮轴线方向量得的轮齿宽度，用 b 表示。

(2) 直齿圆柱齿轮的基本参数与齿轮各部分的尺寸关系

① 模数 m。z 表示齿轮的齿数，齿轮上有多少齿，在分度圆周上就有多少齿距，因此，分度圆周长＝齿距×齿数：

$$\pi d = pz$$

即

$$d = \frac{p}{\pi} z$$

式中，π 是无理数，为了便于计算和测量，齿距 p 与 π 的比值称为模数（单位为 mm），用符号 m 表示，即

$$m = p/\pi$$
$$d = mz$$

由于模数是齿距 p 与 π 的比值，因此齿轮的模数 m 越大，其齿距 p 也越大，齿厚 s 也越大，因而齿轮承载能力也越大。

模数是设计和制造齿轮的基本参数。不同模数的齿轮，要用不同模数的刀具来制造。为了便于设计和制造，减少齿轮成形刀具的规格，模数已经标准化。我国规定的标准模数值见表 8-3。

表 8-3　标准模数　　　　　　　　　　　　　　　　　　　　单位：mm

第一系列	1　1.25　1.5　2　2.5　3　4　5　6　8　10　12　16　20　25　32　40　50
第二系列	1.75　2.25　2.75　(3.25)　3.5　(3.75)　4.5　5.5　(6.5)　7　9　(11)　14　18　22　28　36　45

注：选用时，优先选用第一系列。

② 压力角。齿轮的齿廓曲线与分度圆交点的法线和齿廓在该点处的切线所夹的锐角 α 称为分度圆压力角。通常所称齿形角是指分度圆压力角，我国标准齿轮的分度圆压力角为 20°。

只有模数和齿形角都相同的齿轮才能相互啮合。在设计齿轮时要先确定模数和齿数，其他各部分尺寸都可由模数和齿数计算出来。

标准直齿圆柱齿轮各部分的尺寸关系见表 8-4。

表 8-4　标准直齿圆柱齿轮的计算公式　　　　　　　　　　　　　单位：mm

基本参数：模数 m，齿数 z			计算举例
名称	符号	计算公式	已知：$m=3$，$z=50$
齿顶高	h_a	$h_a=m$	$h_a=3$
齿根高	h_f	$h_f=1.25m$	$h_f=3.75$
齿高	h	$h=h_a+h_f=2.25m$	$h=6.75$
分度圆直径	d	$d=mz$	$d=150$
齿顶圆直径	d_a	$d_a=d+2h_a=m(z+2)$	$d_a=156$
齿根圆直径	d_f	$d_f=d-2h_f=m(z-2.5)$	$d_f=142.5$
齿距	p	$p=\pi m$	
中心距	a	$a=m(z_1+z_2)/2$	

（3）直齿圆柱齿轮的画法

齿轮的轮齿部分按国标的规定画法绘制，其他结构按真实投影画。按 GB 4459.2 规定，齿轮轮齿部分的画法如下：

① 齿顶圆和齿顶线用粗实线绘制。

② 分度圆和分度线用点画线绘制（分度线超出轮廓线 2～3mm）。

③ 齿根圆和齿根线用细实线绘制，可省略不画；在剖视图中，齿根线用粗实线绘制。

单个圆柱齿轮的画法：

当没有轮辐或辐板上没有分布孔时，用一个轴向剖视图即可。如果有轮辐或辐板上有分布孔时，一般采用两个视图表达，主视图轴线水平横放且取适当剖视，左视图或右视图表达轮辐或辐板上的分布孔；有时还使用其他的表达方法，如剖面、局部视图、局部放大图等。按国家标准规定，在剖视图中，当剖切平面通过齿轮的轴线时，轮齿部分按不剖处理，齿顶线和齿根线均为粗实线，如图 8-20 所示。

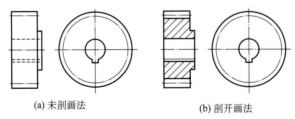

(a) 未剖画法　　　　　　　(b) 剖开画法

图 8-20　单个圆柱齿轮的规定画法

齿轮啮合的画法：

齿轮啮合时，非啮合区的画法与单个齿轮相同，只需注意啮合区的画法。国家标准规定啮合区的画法如下：

① 如图 8-21(a) 所示，在垂直于齿轮轴线的投影面的视图中，两节圆相切；啮合区内齿顶圆均用粗实线绘制，也可省略，如图 8-21(b) 所示。

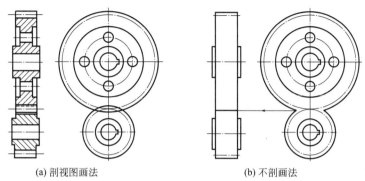

(a) 剖视图画法   (b) 不剖画法

图 8-21 齿轮啮合的画法

② 如图 8-21(b) 所示，在平行于齿轮轴线的投影面的视图中，啮合区的齿顶线不需要画出，节线用粗实线绘制。

③ 如图 8-21(a) 所示，在剖视图中，当剖切平面通过啮合齿轮的轴线时，在啮合区内，两齿轮的齿根线用粗实线绘制，两齿轮中被遮挡齿轮的齿顶线用虚线绘制，另一齿轮的齿顶线用粗实线绘制。

斜齿圆柱齿轮的画法与直齿圆柱齿轮的画法类似。国标规定，用三条与齿线方向相同的细实线表示斜齿（图 8-22）。

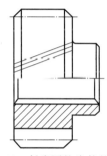

图 8-22 斜齿圆柱齿轮的画法

8.3 弹簧

弹簧是常用件，主要用来减震、夹紧、储能和测力等。弹簧的种类很多，有压缩弹簧、拉伸弹簧、扭转弹簧、涡卷弹簧、板弹簧等。如图 8-23 所示为常用弹簧。本小节仅介绍应用较广泛的圆柱螺旋压缩弹簧。

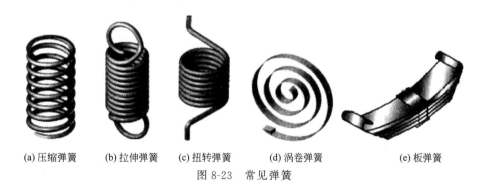

(a) 压缩弹簧   (b) 拉伸弹簧   (c) 扭转弹簧   (d) 涡卷弹簧   (e) 板弹簧

图 8-23 常见弹簧

圆柱螺旋压缩弹簧的各部分名称及尺寸关系如图 8-24 所示。弹簧各部分名称及尺寸关系为：

① 线径 d 弹簧所用坯料的直径。

② 弹簧外径 D_2 弹簧的最大直径。

③ 弹簧内径 D_1 弹簧的最小直径。

④ 弹簧中径 D 弹簧的平均直径：

$$D = \frac{D_1 + D_2}{2}$$

⑤ 旋向   弹簧的旋转方向，有左旋和和右旋之分。常用弹簧多为右旋。

⑥ 节距 t 除支承圈外，相邻两工作圈上对应点间的轴向距离。

⑦ 支承圈数 n_2、有效圈数 n 和总圈数 n_1 支承圈数 n_2 是为了使弹簧工作时受力均匀，制造时使两端并紧、磨平端面、起支承作用的圈数。一般取 $n_2 = 1.5$、2 或 2.5 圈，多数情况下 $n_2 = 2.5$ 圈（即两端各并紧 1/2 圈，磨平 3/4 圈）。

有效圈数 n 除支承圈外，保持相等节距的圈数；总圈数 n_1 等于支承圈数与有效圈数之和，即 $n_1 = n_2 + n$。

⑧ 自由高度

$$H_0 = nt + (n_2 - 0.5)d$$

⑨ 展开长度 L 制造弹簧所用的坯料长度，$L \approx n\sqrt{(\pi D)^2 + t^2}$。

弹簧的画法：

① 弹簧在平行于轴线的投影面的视图中，各圈的转向轮廓线画成直线，如图 8-24、图 8-25(a) 所示。

② 有效圈数在 4 圈以上的螺旋弹簧，中间各圈可省略不画，并可适当缩短图形的长度。

③ 螺旋弹簧不论旋向如何，均可画成右旋，但左旋弹簧一律要注写"左"字。

④ 在装配图中，被弹簧挡住的结构一律不画出，可见轮廓线应画到簧丝中心线为止，如图 8-25(a) 所示。

⑤ 弹簧被剖切时，当线径在图上小于或等于 2mm 时，可涂黑断面 [图 8-25(c)]，也可用示意画法表示 [图 8-25(b)]。

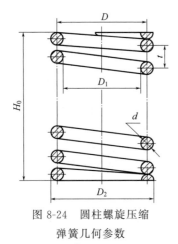

图 8-24　圆柱螺旋压缩
弹簧几何参数

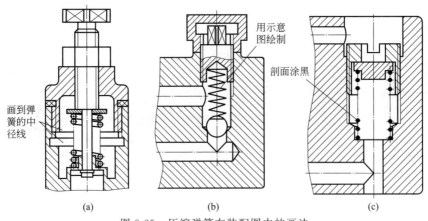

图 8-25　压缩弹簧在装配图中的画法

圆柱螺旋压缩弹簧画法示例：

对于两端并紧、磨平的压缩弹簧，不论支承圈的圈数多少及端部并紧的情况如何，都可按图 8-24 所示的形式画出，即按支承圈数为 2.5、磨平圈数为 1.5 的形式表达。

【例 8-1】　　已知弹簧外径 $D_2 = 45\text{mm}$，线径 $d = 5\text{mm}$，节距 $t = 10\text{mm}$，有效圈数 $n = 8$，支承圈数 $n_2 = 2.5$，右旋，试画出这个弹簧。

解：先进行计算，然后作图。

弹簧中径　　$D = D_2 - d = 45 - 5 = 40$（mm）

自由高度　　$H_0 = nt + (n_2 - 0.5)d = 8 \times 10 + (2.5 - 0.5) \times 5 = 90$（mm）

其画图步骤如图 8-26 所示。

① 以自由高度 H_0 和弹簧中径 D 作矩形 $ABCE$。

② 画出支承圈部分与簧丝直径相等的圆和半圆。

③ 根据节距 t 作簧丝断面。

④ 按右旋方向作簧丝断面的切线，校核、加深，画剖面线。

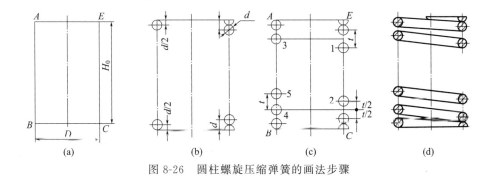

图 8-26　圆柱螺旋压缩弹簧的画法步骤

图 8-27 为一个圆柱螺旋压缩弹簧的零件图。

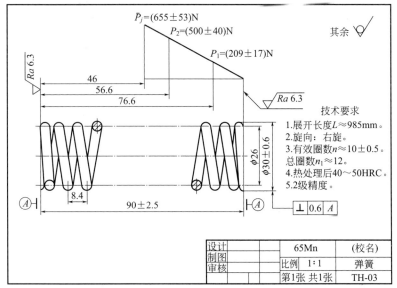

图 8-27　圆柱螺旋压缩弹簧零件图示例

8.4　键连接和销连接

键和销都是标准件。通常用键连接轴及轴上的零件（皮带轮、齿轮、蜗轮等），使它们一起转动，如图 8-28(a) 所示。销通常用于零件间的连接或定位，如图 8-28(b) 所示。

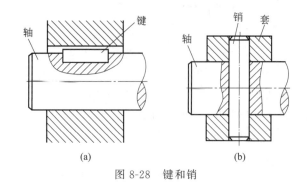

图 8-28　键和销

8.4.1　键连接

(1) 键的种类

键用于连接轴和轴上的传动零件（如齿轮、皮带轮等），以便于传递扭矩。键是标准件，可按有关标准选用。常用的键有普通平键、半圆键和钩头楔键等，如图 8-29 所示。

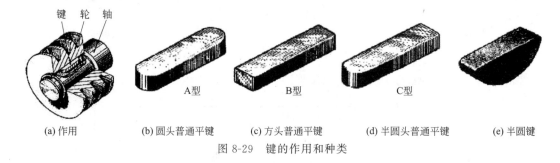

| (a) 作用 | (b) 圆头普通平键 | (c) 方头普通平键 | (d) 半圆头普通平键 | (e) 半圆键 |

图 8-29　键的作用和种类

要连接轮与轴，需在轮毂和轴上分别加工出键槽；先将键嵌入轴的键槽内，再对准轮毂上的键槽，将轴和键一起插入轮毂孔内。常用键的键槽形式及加工方法如图 8-30 所示。

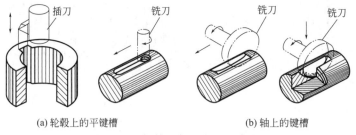

(a) 轮毂上的平键槽　　　　　　　　　(b) 轴上的键槽

图 8-30　键槽的加工方法示意图

(2) 键的标记

键的结构形式和尺寸都已标准化，可在有关标准中查出。键的规定标记格式为：

名称　类型　规格　GB 编号—年代

普通平键规格标准编号为 $b×L$，其中 b 表示键的宽度，由轴径大小决定；L 表示公称长度，根据需要在一定范围内选取。键的有关参数可从标准（见附录）中查得。表 8-5 列举了常用键的形式及标记示例。

表 8-5　常用键名称、简图和标记示例

名称及标准编号	简图	标记及其说明
普通平键 GB/T 1096—2003	30　8	键　8×30　GB/T 1096—2003 表示圆头普通平键（A 型），其宽度 $b=8$mm，长度 $L=30$mm
半圆键 GB/T 1099.1—2003	$\phi25$　6	键　6×25　GB/T 1099.1—2003 表示半圆键，其宽度 $b=6$mm，直径 $d=25$mm
钩头楔键 GB/T 1565—2003	1:100　30　8	键　8×30　GB/T 1565—2003 表示钩头楔键，其宽度 $b=8$mm，长度 $L=30$mm

（3）键连接的画法

在装配图上表示键连接时，常采用局部剖视和断面，如图 8-31 所示。

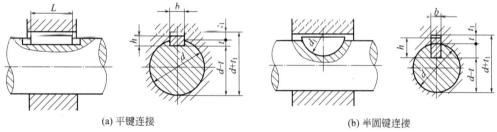

(a) 平键连接　　　　　　　　　　(b) 半圆键连接

图 8-31　键连接的画法

画普通平键连接和半圆键连接时，键的两个侧面是工作面，这两个工作面要与轴和轮毂的键槽侧面接触；键的底面与轴上键槽的底平面接触，故这些接触面均只画成一条粗实线，而键的顶面与轮毂槽底面不接触，故应画成两条粗实线。

图 8-32 表示键槽的画法，一般用一个剖视和断面表示。键槽的尺寸根据轴径 d 或孔径 D 查表得出。

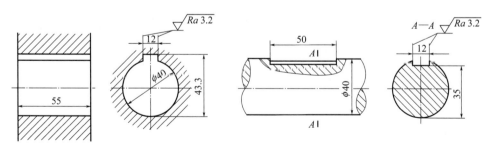

图 8-32　键槽的画法及尺寸标注

8.4.2　销连接

（1）销的种类和标记

销主要用于零件间的连接和定位。常见的有圆柱销（用于不常拆卸处）、圆锥销（用于经常拆卸处）和开口销（用于防止松脱处），如图 8-33 所示。销也是标准件，故其参数可从相应的标准中查得。

(a) 圆柱销　　　　(b) 圆锥销　　　　(c) 开口销

图 8-33　销的种类

销的规定标记格式为：

名称　GB 编号—年代　型号公称直径×长度

例如销 GB/T 117—2000　A10×60，查表得其锥度为 1：50，小端直径（公称直径）$d=10$mm，长度 $L=60$mm，两端为球面结构的圆锥销。

（2）销连接的画法

定位用的圆柱销或圆锥销要求被定位的两零件经调整好后，共同加工出销孔以保证定位精度。如图 8-34 所示为圆锥销孔加工过程和连接画法。

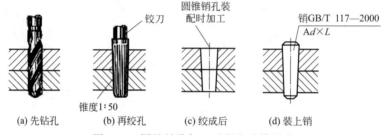

(a) 先钻孔　　　(b) 再绞孔　　　(c) 绞成后　　　(d) 装上销

图 8-34　圆锥销孔加工过程和连接画法

图 8-35 表示了圆柱销连接的画法。从图中可知，当剖切平面通过销的轴线剖切时，销作不剖处理；当剖切平面垂直销的轴线剖切时，须在销的断面上画剖面符号。

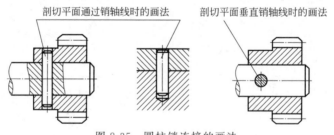

图 8-35　圆柱销连接的画法

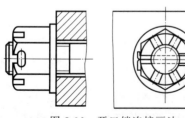

图 8-36　开口销连接画法

开口销由一段半圆形断面的低碳钢丝弯转折合而成。在螺栓连接中，为防止螺母松开，用带孔螺栓和六角开槽螺母；将开口销穿过螺母的槽口和螺栓的孔，并在销的尾部叉开，使螺母不能转动而起到防松作用。如图 8-36 所示为开口销连接画法。

8.5　滚动轴承

（1）滚动轴承的结构和种类

滚动轴承是支承旋转轴的组件。在通常情况下，滚动轴承为标准件。对于轴承生产厂来说，一个组装好的滚动轴承是一个装配体，是完整而独立的产品。滚动轴承的种类虽然很多，但其结构大体相同，一般由外圈、内圈、滚动体及保持架（隔离圈）4 个部分组成。其外圈装在机座孔内，内圈套在转动的轴上。在一般情况下，轴承的外圈固定不动，而内圈随轴转动。图 8-37 为常见的三种滚动轴承。

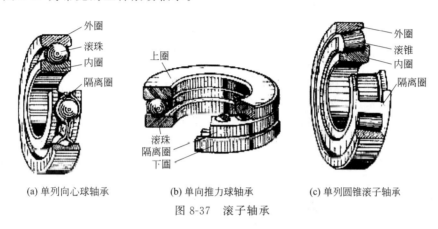

(a) 单列向心球轴承　　(b) 单向推力球轴承　　(c) 单列圆锥滚子轴承

图 8-37　滚子轴承

（2）滚动轴承的代号与标记

滚动轴承的分类和基本代号可查阅 GB/T 271 -2017 和 GB/T 272—2017（扫码阅读），其基本代号由轴承类型代号（如"6"表示深沟球轴承、"3"表示圆锥滚子轴承、"5"表示推力球轴承等）、尺寸系列代号（由轴承宽度系列代号和外径系列代号组成，如"02"表示轻系列、"03"表示中系列等）和内径代号构成。它们分别用阿拉伯数字或大写拉丁字母表示。滚动轴承无特别要求时，只标注基本代号，在轴承的结构形状、尺寸、公差、技术要求等有要求时，可标注由"前置代号＋基本代号＋后置代号"组成的更为详细的规格代号，前置代号用字母表示，后置代号用字母（或字和数字）表示。滚动轴承一般标记为："滚动轴承＋基本代号"。常见轴承的外形尺寸可由深沟球轴承、圆锥滚子轴承和推力球轴承等的基本代号查阅 GB/T 276—2013（扫码阅读）、GB/T 297—2015 和 GB/T 301—2015 等标准确定。

GB/T 271—2017
GB/T 272—2017
GB/T 276—2013

例如，滚动轴承 6205 代号的含义为：轴承类型为"6"表示深沟球轴承。"2"表示尺寸系列代号，查 GB/T 276—2013 或见附录 17，可知外径 $D=52$mm，宽度 $B=15$mm。代号中"05"表示轴承构成内径的代号，表示内径为 $5\times4=20$mm。标准中轴承内径特殊尺寸有多个系列数据可供选择。

（3）滚动轴承的选型与规定画法

一般按滚动轴承所承受力的方向选择轴承类型代号，如受径向力、轴向力或两个方向的力时可分别选择深沟球轴承、推力球轴承和圆锥滚子轴承等；尺寸系列代号根据承载大小确定；轴承内径选择与轴的基本尺寸相同。

　　因为滚动轴承是标准件，标准件生产厂才绘制它的零件图，一般企业只是在装配图中按国际标准规定绘制图形。国际标准规定了滚动轴承的两种表示法，即简化画法（特征画法）和规定画法。

　　常用的滚动轴承的代号、结构型式、规定画法、特征画法和用途，见表 8-6。

表 8-6　常用滚动轴承的型式、画法和用途

轴承类型及国家标准号	结构型式	规定画法	特征画法	用途
深沟球轴承 （GB/T 276—2013） 60000 型				主要承受径向力
圆锥滚子轴承 （GB/T 297—2015） 30000 型				可同时承受径向力和轴承力
平底推力球轴承 （GB/T 301—2015） 51000 型				承受单方向的轴向力

练习题

（1）什么是标准件、非标准件和常用件？分别举几个例子。

（2）试述螺纹的五个要素及内外螺纹的规定画法。

（3）普通螺纹、梯形螺纹、锯齿形螺纹的标注格式和内容分别是什么？

（4）螺栓、螺柱、螺钉的有效长度如何确定？

（5）直齿圆柱齿轮的基本参数有哪些？参数之间如何换算？

（6）两齿轮啮合的条件是什么？

（7）试绘制直齿圆柱齿轮及其啮合图。

（8）圆柱压缩弹簧的规定画法和画图步骤是什么？

（9）试绘制键、销的连接装配图。

（10）向心球轴承的简化画法是如何规定的？

第**9**章

零件图

零件图是加工零件的重要技术文件，在生产过程中，根据零件的图样和技术要求进行工艺设计、生产准备、加工制造及检验。本章介绍零件图的绘制和标注，以及常见工艺结构和公差等级技术要求等的相关专业知识。

9.1 零件图的内容和作用

任何机器或部件都是由若干零件按一定的要求装配而成的。零件是组成机器或部件的基本单元。表示零件结构、大小及技术要求的图样称为零件工作图，简称零件图。零件图是生产上用来表达单个零件的图样，是最重要的技术文件之一；它不仅反映了设计者的设计意图，而且表达了零件的各种技术要求，如尺寸精度、表面粗糙度等；工艺部门要根据零件图制造毛坯、制订工艺规程、设计工艺装备、加工零件等。所以，一张完整的零件图应具有图 9-1 所示四个方面的内容。

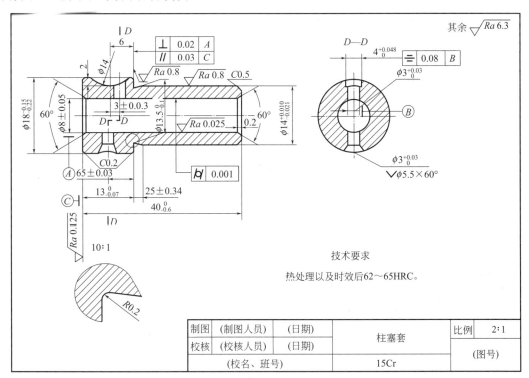

图 9-1 零件图的内容

（1）一组视图

在零件图中，用一组视图来表达零件的形状和结构，包括视图、剖视、断面及其他规定画法，正确、完整、清晰地表达零件的各部分形状和结构。

（2）完整尺寸

正确、完整、清晰、合理地注出制造和检验零件时所需要的全部尺寸，以确定零件各部分的形状大小和相对位置。

（3）技术要求

用规定的代号、数字、文字等，表示零件在制造和检验过程中应达到的一些技术指标，例如表面粗糙度、尺寸公差、形位公差、材料及热处理等。这些要求有的可以用符号注写在视图上。技术要求的文字一般注写在标题栏上方图纸空白处，如图 9-1 中的尺寸公差、表面粗糙度以及文字说明的技术要求等，均为柱塞套的技术要求。

（4）标题栏

在零件图的右下角，用来填写零件的名称、材料、数量、绘图比例、图号以及绘图、审核、设计单位、设计人员等内容的专用栏目。

本章主要介绍零件图的视图选择、尺寸标注、主要技术要求及零件上常见的工艺结构等知识。

9.2　零件图的视图选择

零件图的视图选择，就是运用各种表达方法（如视图、剖视图、断面图等）把零件的形状结构完整清楚地表达出来。同一个零件的视图表达方案可以有若干种，视图选择的目的就是选取其中的最佳表达方案，即用较少的视图完全、正确、清楚地表达零件的形状，并符合国家标准规定。

（1）主视图的选择

主视图是一组视图的核心，是表达零件形状的主要视图。在画图和读图时，一般先从选择主视图入手。主视图选择恰当与否，将会对其他视图的选择以及画图和读图的方便与否产生直接影响。

主视图的选择应从投射方向和零件的安放位置两个方面来考虑。选择最能反映零件形状特征的方向作为主视图的投射方向。确定零件的放置位置应考虑以下原则：

① 加工位置原则　加工位置原则是指主视图按照零件在机床上加工时的装夹位置放置，应尽量与零件主要加工工序中所处的位置一致。例如，加工轴、套、圆盘类零件，大部分工序是在车床和磨床上进行的，为了使工人在加工时读图方便，主视图应将其轴线水平放置，如图 9-2 所示。

② 工作位置原则　工作位置原则是指主视图按照零件在机器中工作的位置放置，是为了使看图的人能够把零件和机器联系起来，将装配图和零件图结合起来，从而想象出零件的工作情况。在选择主视图

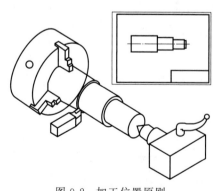

图 9-2　加工位置原则

时，尽量使主视图与零件的工作位置相一致。

但是，当零件的工作位置倾斜或运动零件的工作位置不确定时，为了避免零件的倾斜使得某个视图因类似性而变形，一般将零件放正，使主要平面、定位面、主要轴线平行或垂直于投影面，使它处于"自然安放"位置，从而简化画图、方便读图、提高效率。

对于叉架类、箱体类零件，因为常需经过多种工序加工，且各工序的加工位置也往往不同，故主视图应选择工作位置，以便与装配图对照起来读图，想象出零件在部件中的位置和作用，如图9-3所示的吊钩。

③ 形状特征原则　如果零件的工作位置是斜的，不便按工作位置放置，而加工位置较多，又不便按加工位置放置，这时可按它们的主要形状特征原则，选择最能反映零件形状特征和零件各组成部分相互位置关系的方向作为主视图，按自然安放位置放置，以利于布图和标注尺寸，如图9-4所示的拨叉。

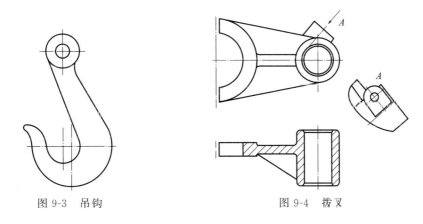

图9-3　吊钩　　　　　　　　　　图9-4　拨叉

（2）其他视图的选择

在主视图选定之后，其他视图根据零件结构形状的复杂程度，采用合理、适当的表达方法。

其他视图的选择，应考虑零件还有哪些结构形状未表达清楚，优先选择基本视图，并根据零件内部形状等，选取相应的剖视图。对于尚未表示清楚的零件局部形状或细部结构，则可选择局部视图、局部剖视图、断面图、局部放大图等。对于同一零件，特别是结构形状比较复杂的零件，可选择不同的表达方案，进行分析比较，最后确定一个较好的方案。视图选择时应注意以下几点：

① 视图的数量　所选的每个视图都必须具有独立存在的意义及明确的表示重点，并应相互配合、彼此互补，既要防止视图数量过多、表达松散，又要避免将表示方法过多集中在一个视图上。

② 选图的步骤　首先选用基本视图，然后选用其他视图（剖视、断面等表示方法应兼用）；先考虑表达零件主要部分的形体和相对位置，再解决细节部分，根据需要增加向视图、局部视图、斜视图等。

③ 图形清晰，便于读图　其他视图的选择，除了要求把零件各部分的形状和它们的相互关系完整地表达出来外，还应该做到便于读图，清晰易懂，尽量避免使用虚线。

（3）典型零件的视图选择

机器上的零件多种多样，为了在画图时能够快速而准确地选择好视图表达方案，根据它们在机器（或部件）中的作用和形状特征，通过比较、归纳，大体可分为四类典型零件：轴套类零件，轮盘类零件，叉架类零件，箱体类零件。按照零件的类型和视图选择原则，可以基本确定它们的视图表达方案或视图选择的思路，作为绘制和阅读同类零件图时的参考。

① 轴套类零件　轴套类零件包括轴类零件和套类零件，如各种轴、丝杠、套筒等。其基本形状一般为同轴的细长回转体，由不同直径的数段回转体组成。轴上常加工出键槽、退

刀槽、砂轮越程槽、螺纹、销孔、中心孔、倒角和倒圆等结构。轴类零件主要用来支承传动零件（如齿轮、皮带轮等）和传递动力，如图 9-5 所示；套类零件通常装在轴上或孔中，用来定位、支承、保护传动零件等。

图 9-5　轴

主视图的选择：

轴套类零件一般按其在机床（常用车床和磨床加工）上的加工位置来确定主视图，轴线水平放置，大头在左、小头在右，键槽和孔结构可以朝前。轴套类零件主要结构形状是回转体，一般只画一个主视图来表示轴上各轴段长度、直径及各种结构的轴向位置。

其他视图的选择：

实心轴主视图以显示外形为主，局部孔、槽、凹坑可采用局部剖视图表达。键槽等结构需画出移出断面图，这样既能清晰表达结构细节，又有利于尺寸和技术要求的标注。当轴较长时，可采用断开后缩短绘制的画法。必要时，有些细部结构可用局部放大图表达。轴的零件图如图 9-6 所示。

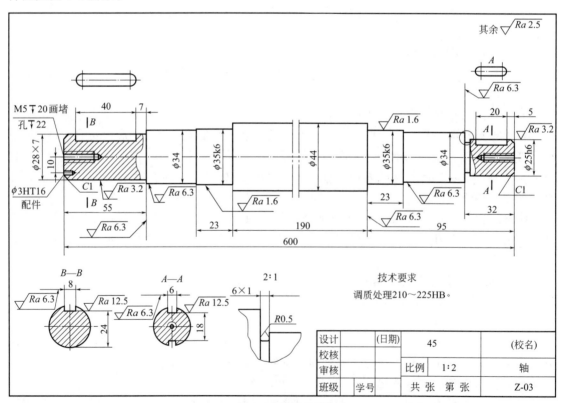

图 9-6　轴零件图

② 轮盘类零件　该类零件一般包括法兰盘、端盖、阀盖和各种轮子等。其基本形状为扁平的盘状。它们的主要结构大多有回转体，径向尺寸一般大于轴向尺寸，通常还带有各种形状的凸缘、圆孔和肋板等局部结构，可起支承、定位和密封等作用，如图 9-7 所示。

主视图的选择：

轮盘类零件的机械加工以车削为主，对于圆盘，一般沿中心轴线方向水平放置，与车削、磨削时的加工状态一致，主视图符合加工位置原则，便于加工人员读图，并采用全剖视图（由单一剖切面或几个相交的剖切面等剖切获得）。对于非圆盘，

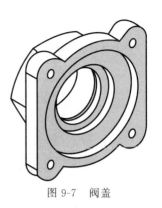

图 9-7　阀盖

主视图一般按照工作位置原则，如图 9-8 所示。根据结构特点，对称时，可作半剖视；不对称时，可作全剖或局部剖视。

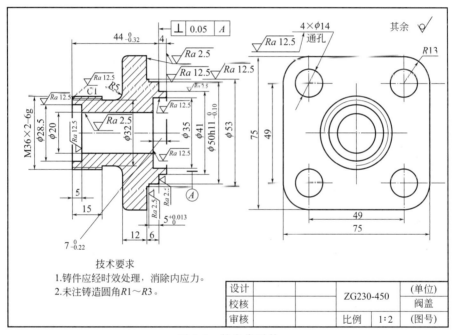

图 9-8　轮盘类零件

其他视图的选择：

当一个基本视图无法完整表达零件的内外结构时，需增加其他视图，用另一视图表达孔、槽的分布情况。局部细节常采用局部放大图表示。其他结构形状如轮辐和肋板等，可用移出断面或重合断面，也可用简化画法。如图 9-7 所示的阀盖就增加了一个左视图，以表达带圆角的方形凸缘和四个均布的通孔。

③ 叉架类零件　叉架类零件包括叉杆和支架两种零件，一般有杠杆、拨叉、连杆、支座等，通常起传动、连接、支承等作用，如图 9-9 所示。叉架类零件形状不规则，外形比较复杂，常有弯曲或倾斜结构，并带有底板、肋板、轴孔、螺孔等结构，加工位置较多。

主视图的选择：

图 9-9 支架

因为叉架类零件的形状结构比较复杂，加工位置也比较复杂，在视图选择时，一般选择反映形状特征的方向作为主视图，且尽量符合零件的工作位置。如果零件的工作位置是倾斜的，则取其"自然安放"位置。

其他视图的选择：

其他视图的选择应考虑与主视图一起完整、清楚、简洁地表达零件的形状特征。

常用局部剖视图表达叉架类零件的内、外结构形状；用斜视图、局部视图等方法表达有形状扭斜的结构；对肋板结构用断面图表示；对较长的杆类零件，可采用断开后缩短绘制的画法。如图 9-10 所示为杠杆的零件图。

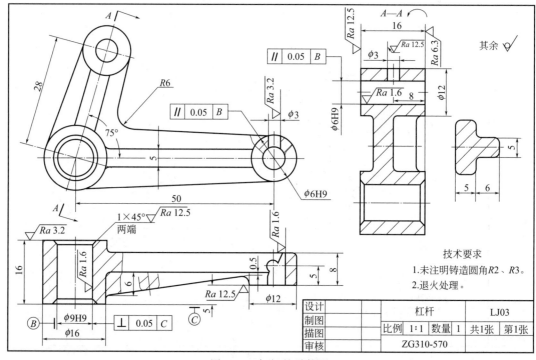

图 9-10 杠杆的零件图

④ 箱体类零件　箱体类零件一般有箱体、泵体、阀体、阀座等。箱体类零件是用来支承、包容、密封和保护运动着的零件或其他零件的，因此这类零件的形状结构是四类典型零件中比较复杂的，多为铸件，如图 9-11 所示。

主视图的选择：

由于箱体类零件的结构比较复杂，加工位置较多，因此需要较多视图将其复杂的内、外结构和形状表达清楚。箱体类零件的功能特点决定了其结构和加工要求的重点在内腔，所以大量地采用剖视画法。在选择主视图时，主要考虑其内外结构特征和工作位置。

图 9-11 阀体

其他视图的选择：

选择其他基本视图、剖视图等多种形式来表达零件的内部和外部结构，为表达完整和减少视图数量，可适当地使用虚线，但要注意不可多用。如图 9-12 所示的阀体，球形主体结构的左端是方形凸缘，右端和上部都是圆柱凸缘，凸缘内部的阶梯孔与中间的球形空腔相通。用三个基本视图表达它的内、外形状，主视图采用全剖视图，主要表达内部结构形状；俯视图表达外形；左视图采用 *A—A* 半剖视图，补充表达内部形状及安装底板的形状。

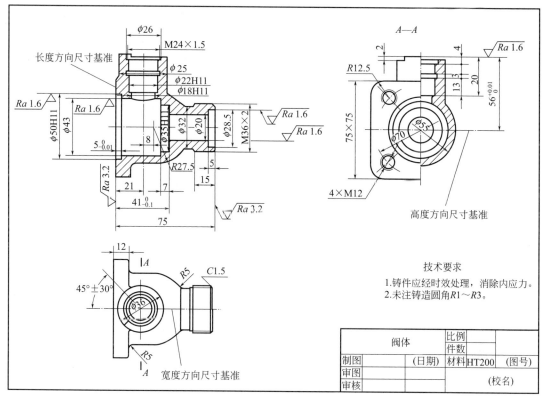

图 9-12 阀体的零件图

箱体类零件的视图表达方案有多种，在画图时需要根据具体情况对各种方案进行比较分析，选择其中表达最清楚且画图和读图最方便的方案作为最终表达方案。

四类典型零件中轴套和轮盘两类零件的视图选择已经基本定型，叉架和箱体两类零件的视图选择因零件的形状结构不同而差异较大。在画图过程中，除了遵循视图选择的原则外，还要通过多练习才能掌握。

9.3 零件图的尺寸标注

在生产中，尺寸标注是零件图的一项重要内容，它不仅表达零件的大小，而且关系到零件的加工方法、加工顺序和制造的质量。尺寸标注是一项实践性很强的工作，涉及零件在机器或部件中的作用、定位以及加工方法。因此必须具备丰富的实践知识才能注好尺寸。如果标注的尺寸不完整、不合理、不正确，就会给生产带来困难，甚至出废品，使企业蒙受损失。所以，标注尺寸是一件容不得半点马虎、需要一丝不苟做好的工作。这里只讨论零件图上尺寸标注中的基本问题。零件图尺寸标注的要求，除了要像标注组合体尺寸那样，做到"正确、完整、清晰"以外，还要求做到标注合理。所谓标注合理，就是所标注的尺寸，既要满足设计要求，又要方便加工与测量。三项基本要求这里不再重复，本节主要介绍合理标注尺寸的几个基本问题。

（1）正确选择尺寸基准

要合理标注尺寸，首先要正确选择尺寸基准。为了能正确地选择尺寸基准，必须先弄清尺寸基准的概念。尺寸基准定义为：标注或度量尺寸的起点。如零件上的对称面、加工面、安装底面、端面、回转轴线、圆柱素线或球心等。在选择尺寸基准时，必须考虑零件在机器或部件中的位置与作用、零件之间的装配关系以及零件在加工过程中的定位和测量等要求，因此基准应根据设计要求、加工情况和测量方法确定。按基准的用途可分为设计基准、工艺基准等。按基准的主次可分为主要基准和辅助基准。

① 设计基准　根据设计要求选定的尺寸基准。用来确定零件在装配体中与其他零件的相对位置。

② 工艺基准　加工和测量时选用的尺寸基准。用来确定零件各部分的相对位置。

如图 9-13 中的轴，设计时选取轴线为径向的设计基准；加工时，若夹住已加工好的小圆柱段，再来加工大圆柱段，那小圆柱面便是加工时采用的定位基准；而在测量大圆柱段右侧截平面的位置时，为方便测量，可用大圆柱左侧素线为测量基准。定位基准和测量基准都是工艺基准。选取的尺寸基准不同，标注出来的尺寸形式也不同，如截平面的定位尺寸 A 或 B。

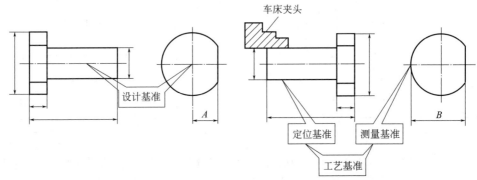

图 9-13　选择基准示意图

③ 主要基准和辅助基准

主要基准：起主要作用的设计基准，即决定零件主要尺寸的基准。

辅助基准：起辅助作用的附加基准。

每个零件都有长、宽、高三个方向的尺寸，因此，每个方向至少应该有一个尺寸基准。有时为了加工和测量上的方便，还可以附加一些基准。如图 9-14 的支座，如果在高度方向只有底端面一个基准，那么，上部螺孔深度的尺寸就只能注成尺寸 D，不便测量；如果增加支座顶部凸台平面作为基准，注成尺寸 H，测量就方便多了。

当一个方向上只有一个基准时，这个基准就是主要基准；若有几个基准，除了其中一个基准是主要基准外，其余基准都是辅助基准。

如该支座高度方向的这两个基准，底面是主要基准，主要尺寸 A 等高度方向的尺寸都以它为基准的；而顶部凸台面是为了方便测量螺孔深度尺寸附加的，是辅助基准。

④ 基准的选择原则　尽可能使设计基准和工艺基准一致，以便减少加工误差，保证设计要求。两种基准不能一致时，一般将主要尺寸从设计基准出发标注，以满足设计要求；而将一般尺寸从工艺基准出发标注，以方便加工与测量。

如图 9-15 减速箱里的从动轴，其中 $\phi32k6$、$\phi30k6$ 和 $\phi30m6$ 三个轴段分别安装齿轮和滚动轴承，右端 $\phi24k6$ 轴段与外部设备连接。这四个尺寸是从动轴的主要径向尺寸。为了使轴的传动平稳、齿轮啮合正确，要求这四个轴段在同一轴线上，所以，轴线是径向尺寸的设计基准。轴的两端设计有中心孔，加工时两端用顶尖支承，因此，轴线也是径向的工艺基准。这样两种基准就一致了，加工后所得的尺寸就比较容易达到设计要求。这根轴在减速箱里的轴向位置由右边的滚动轴承控制，所以，轴上与右边轴承端面的接触面为轴向设计基准；为方便加工和测量，还可采用与齿轮端面接触的面和轴的右端面作为轴向工艺基准。那么，轴除了控制齿轮轴向位置的轴向尺寸 13mm 一定要从设计基准出发标注以外，其他轴向尺寸若不方便从设计基准出发标注时，可从工艺基准出发标注。

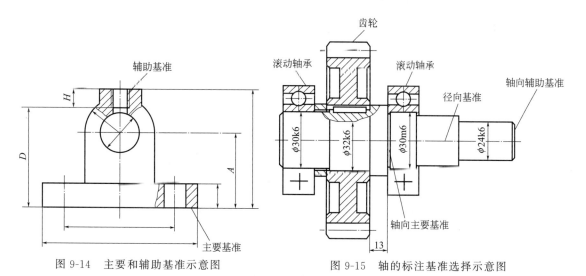

图 9-14　主要和辅助基准示意图　　　　图 9-15　轴的标注基准选择示意图

（2）尺寸标注原则

① 重要尺寸要直接注出，以保证设计要求。零件上影响产品工作性能、装配精度以及确定零件位置和有配合的尺寸等，都属于重要尺寸。这些尺寸都应直接注出，而不是由别的尺寸计算得出，以保证设计要求。

如图 9-16 支座孔中心高尺寸的两种注法，表面看来是一样的，但由于每个尺寸在加工和测量上总有误差，因此这两种注法的结果是不同的。中心高尺寸 A 是有设计要求的重要尺寸，直接注出时，加工者就会以底面为工艺基准，直接加工并测量出尺寸 A，可减少误差，保证设计要求。而注成尺寸 B 和 C，不但要计算，且难于保证设计要求。虽然理论上 $A=B+C$，但尺寸 B 和 C 在加工和测量时产生的积累误差，很难保证不超出尺寸 A 的允许误差。因此，重要尺寸 A 应直接注出才合理。同样的，为了在安装时保证底板上两个安装孔能与机座上的两个孔准确对正，孔的中心距尺寸 L 一定要直接注出，而不能注成左右的两个尺寸 E。

② 一般尺寸的标注应考虑工艺要求，以方便加工和测量。零件上不影响产品工作性能、

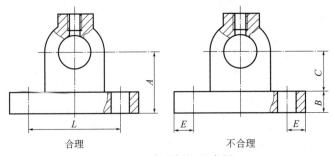

图 9-16　合理标注示意图

装配精度或无配合、无定位要求等的非重要尺寸，均属一般尺寸。

根据加工顺序配置尺寸：

对零件上没有特殊要求的尺寸，一般可按加工顺序标注，这样可方便按图加工。

按不同的加工方法集中标注尺寸：

为便于不同工种的加工者找到所需的尺寸，标注尺寸时应注意按不同的加工方法集中标注尺寸。不同加工方法的尺寸应分开，而同一加工方法的尺寸应尽量集中标注，以免看错尺寸或因寻找尺寸而浪费时间。如图 9-17 的这个零件，如果把孔的尺寸分开注在两个视图上 [图 9-17(b)]，工人在钻孔时，必须先对投影才能找齐尺寸，既花时间，又容易出错；如果把孔的有关尺寸集中注在俯视图 [图 9-17(a)] 上，钻孔时看尺寸就方便了。

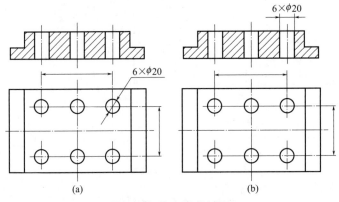

图 9-17　均布孔的标注

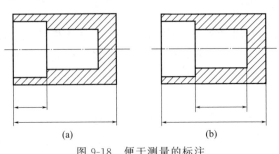

图 9-18　便于测量的标注

应考虑加工的可能性：

标注尺寸时，还应考虑加工的可能性，不要注出让加工者为难、甚至无法加工的尺寸。

应便于测量：

标注尺寸时，在满足设计要求的前提下，应考虑测量方便，尽量做到使用普通量具就能测量，以便减少专用量具的设计和制造。如图 9-18 的这个零件，左端阶梯的深度，应以左端面为基准标注尺寸才便于测量，若注成图 9-18(b) 的形式，测量就不方便了。

③ 避免出现封闭尺寸链。所谓封闭尺寸链，是指零件同一方向上的尺寸，像链条一样，一环扣一环并首尾相接，成为封闭形式。标注尺寸时应注意避免这种情况。

如图 9-19 中轴的轴向尺寸 A、B、C、L，就构成了封闭尺寸链。这样标注的结果，使尺寸主次不分，加工顺序不明，不但给加工带来困难，甚至还会出废品。所以，为避免注成封闭尺寸链，一般都是将尺寸链中最不重要的一个尺寸作为开口环，或注出后打上括号作为参考尺寸，使加工的积累误差都落到开口环上。这样，既方便加工，又保证了设计要求。这根轴，如果尺寸 A 最不重要，就取消不注，或给 A 打上括号，这样，标注就合理了，如图 9-20 所示。

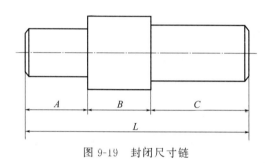

图 9-19 封闭尺寸链

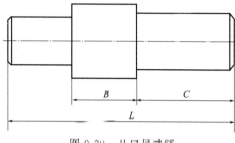

图 9-20 开口尺寸链

（3）尺寸标注步骤

① 正确选择尺寸基准；

② 考虑设计要求，直接注出重要尺寸；

③ 考虑工艺要求，注出一般结构；

④ 用形体分析法补齐尺寸；

⑤ 检查是否产生封闭尺寸链，如产生封闭尺寸链，应予以改正。

显然，尺寸的合理标注，必须通过对零件作用、结构和加工、测量方法等的分析，才能进行。这些分析，一般都结合视图选择进行。

9.4 常见的零件工艺结构

零件的结构形状应满足设计要求和工艺要求。零件的结构设计既要考虑工业美学、造型学，更要考虑工艺可能性，否则将使制造工艺复杂化，甚至无法制造或造成废品。零件的工艺结构有多种，本节介绍常见的几种工艺结构。

（1）机械加工工艺

① 倒角 为了装配方便和操作安全，去掉切削零件时产生的毛刺、锐边，常在轴或孔的端部等处加工倒角。如图 9-21 所示，b 为倒角宽度。

工艺上倒角多为 45°，也可制成 30° 或 60°。宽度 C 数值可根据轴径或孔径查有关标准确定，如图 9-22（a）、（b）所示。

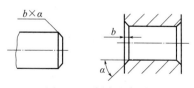

图 9-21 倒角的标注

② 退刀槽和砂轮越程槽 如图 9-23 所示，在轴或孔的切削加工中，为了便于退出刀

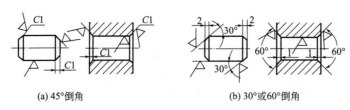

图 9-22 倒角的画法

具，保护刀具不受损坏，也为了在装配时能使相关零件的端面紧密接触，在待加工表面的末端预制出退刀槽或砂轮越程槽。退刀槽和砂轮越程槽也是标准结构。

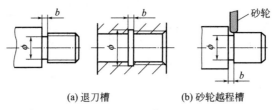

图 9-23 退刀槽和砂轮越程槽的标注

③ 加工圆角 为避免在零件的台肩等转折处由于应力集中而产生裂纹，常加工出圆角，如图 9-24 所示。圆角半径 r 数值可根据轴径或孔径查表确定。

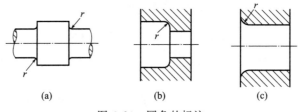

图 9-24 圆角的标注

（2）铸件工艺结构

铸件是将金属熔化后浇铸在预制的砂模中，冷却凝固后得到的零件。

① 铸造圆角 为便于铸件造型，避免从砂型中起模时砂型转角处落砂及浇注时将转角处冲毁，防止铸件转角处产生裂纹、组织疏松和缩孔等缺陷，铸件上相邻表面的相交处应做成圆角，如图 9-25 和图 9-26 所示。对于压塑件，其圆角能保证原料充满压模，并便于将零件从压模中取出。

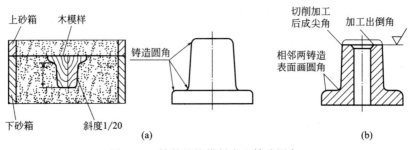

图 9-25 铸件的拔模斜度和铸造圆角

铸造圆角半径一般取壁厚的 0.2～0.4 倍，可从有关标准中查出。同一铸件的圆角半径大小应尽量相同或接近，如图 9-27 所示。

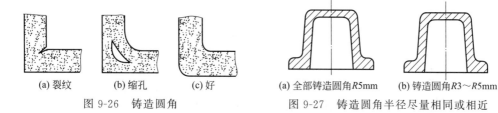

图 9-26　铸造圆角　　　　　图 9-27　铸造圆角半径尽量相同或相近

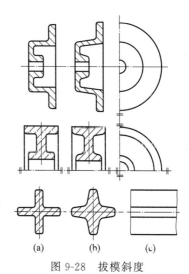

② 拔模斜度　为了在制作砂型时起模方便，凡沿拔模方向的不加工表面均应作出拔模斜度。拔模斜度的大小一般为：木模 10′～30′；金属模用手工造型时为 10′～20′，用机器造型时为 0.5°～1°。除了斜度较大时应在图中表示外，一般不必画出，如图 9-28 所示。

③ 壁厚均匀　为了避免金属液体冷却时速度不匀而产生缩孔或裂纹，影响零件的质量，铸件各部分的厚度应尽量均匀或逐渐过渡。

④ 减少加工面　为了减少机械加工的面积并保证零件表面接触良好，常在铸件表面上铸出凸台或制作出凹坑（铸造或机械加工）。

(3) 过渡线

由于铸件表面相交处有铸造圆角存在，使表面的交线变得不太明显，为使看图时能区分不同表面，图中交线仍

图 9-28　拔模斜度

要画出，这种交线通常称为过渡线。过渡线的画法与没有圆角情况下的相贯线画法基本相同。画常见几种形式的过渡线时应注意：

① 曲面相交的过渡线，不应与圆角轮廓线接触，要画到理论交点处为止，如图 9-29 所示。

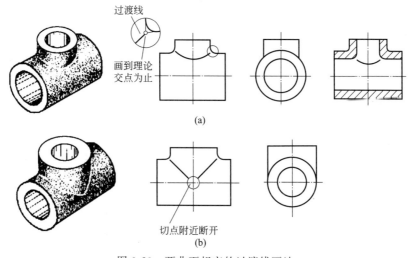

图 9-29　两曲面相交的过渡线画法

② 平面与平面或平面与曲面相交的过渡线，应在转角处断开，并加画小圆弧，其弯向应与铸造圆角的弯向一致，如图 9-30 所示。

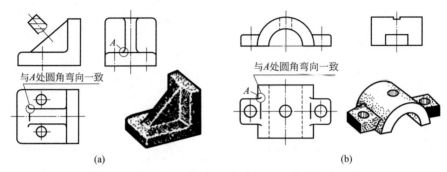

图 9-30 平面与平面、平面与曲面相交过渡线的画法

9.5 表面粗糙度

零件图不仅要把零件的形状和大小表达清楚，还需要对零件的材料、加工、检验、测量等提出必要的技术要求。用规定的代号、数字、文字等，表示零件在制造和检验过程中应达到的技术指标，称为技术要求。技术要求的主要内容包括：表面粗糙度、尺寸公差、形位公差、材料及热处理等。这些内容凡有指定代号的，需用代号注写在视图上；无指定代号的则用文字说明，注写在图纸的空白处。

（1）表面粗糙度的概念

零件的表面，无论采用哪种方法加工，都不可能绝对光滑、平整，将其置于显微镜下观

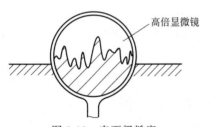

图 9-31 表面粗糙度

察，都将呈现出不规则的高低不平的状况；高起的部分称为峰，低凹的部分称为谷，这种表面上由较小间距的峰谷组成的微观几何形状特性，称为表面粗糙度，如图 9-31 所示。这是由于加工零件时，刀具在零件表面上留下刀痕和切削金属的塑性变形等影响，使零件表面存在着间距较小的轮廓峰谷。

表面粗糙度反映了零件表面的加工质量，它对零件的耐磨性、耐腐蚀性、配合精度、疲劳强度及接触刚度

和密封性等都有较大影响。国家标准规定了零件表面粗糙度的评定参数，应在满足零件表面功能要求的前提下，合理地选择表面粗糙度的参数值。一般来说，凡零件上有配合要求或有相对运动的表面，零件表面质量要求较高。

（2）表面粗糙度代号

表面粗糙度用代号标注在图样上，代号由符号、数字及说明文字组成。在零件所有表面都应按设计要求，标注表面粗糙度代号。表面粗糙度符号有三种，见表 9-1。

表 9-1 表面粗糙度符号

符号	意义及说明
√	用任何方法获得的表面（单独使用无意义）

续表

符号	意义及说明
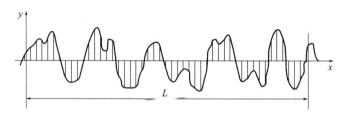	用去除材料的方法获得的表面
	用不去除材料的方法获得的表面
	横线上用于标注有关参数和说明
	表示所有表面具有相同的表面粗糙度要求

（3）表面粗糙度的高度评定参数

评定表面粗糙度的高度参数有：轮廓的算术平均偏差 Ra、轮廓的最大高度 Rz 等。这里只介绍最常用的轮廓算术平均偏差 Ra，其他内容可参阅国家标准。

轮廓的算术平均偏差 Ra 是指在取样长度 L 内，轮廓偏距 y 绝对值的算术平均值，如图 9-32 所示。用公式可表示为：

$$Ra = \frac{1}{L}\int_0^L |y(r)|\,\mathrm{d}x \quad 或 \quad Ra = \frac{1}{L}\sum_{i-1}^{n}|y_i|$$

图 9-32　轮廓的算术平均偏差

表面粗糙度的高度评定参数 Ra 的数值见表 9-2。

表 9-2　表面粗糙度 **Ra** 数值（GB/T 1031—2009）　　　　　单位：μm

Ra	0.012	0.1	0.8	6.3	50
	0.025	0.2	1.6	12.5	100
	0.05	0.4	3.2	25	

零件的表面粗糙度高度评定参数轮廓算术平均偏差 Ra 的数值越大，表面越粗糙，零件表面质量越低，加工成本就越低；轮廓算术平均偏差 Ra 的数值越小，表面越光滑，零件表面质量越高，加工成本就越高。因此，在满足零件使用要求的前提下，应合理选用表面粗糙度参数。

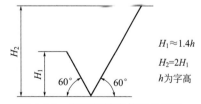

$H_1 \approx 1.4h$
$H_2 = 2H_1$
h 为字高

图 9-33　表面粗糙度符号的画法

（4）表面粗糙度代号在图样上的标注

表面粗糙度符号的画法如图 9-33 所示。对于 Ra、Rz 粗糙度高度参数，选用 Ra 数值的最多，标注 Ra 数值时省略 Ra 字样，见表 9-3。

表 9-3　表面粗糙度代号

代号	意义
$\sqrt{\ }\ Rz\,0.4$	表示不允许去除材料,单向上限值,默认传输带,R 轮廓最大高度 $0.4\,\mu m$,评定长度为 5 个取样长度(默认),"16%规则"(默认)
$\sqrt{\ }\ Rz_{\max}\,0.2$	表示去除材料,单向上限值,默认传输带,R 轮廓最大高度的最大值 $0.2\,\mu m$,评定长度为 5 个取样长度(默认),"最大规则"
$\sqrt{\ }\ 0.008{-}0.8/Ra\,3.2$	表示去除材料,单向上限值,传输带 $0.008{\sim}0.8\,mm$,R 轮廓算术平均偏差 $3.2\,\mu m$,默认评定长度,"16%规则"(默认)
$\sqrt{\ }\ {-}0.8/Ra\,3\ 3.2$	表示去除材料,单向上限值,取样长度 $0.8\,mm$,R 轮廓算术平均偏差 $3.2\,\mu m$,评定长度包含 3 个取样长度,"16%规则"(默认)
$\sqrt{\ }\ U\,Ra_{\max}\,3.2$ $L\,Ra\,0.8$	表示不允许去除材料,双向极限值,两极限值均采用默认传输带,R 轮廓,上限值:算术平均偏差的最大值 $3.2\,\mu m$,默认评定长度,"最大规则";下限值,算术平均偏差 $0.8\,\mu m$,默认评定长度,"16%规则"(默认)
磨 $\sqrt{\ }\ Ra\,16$ $0.3\ \perp$	表示去除材料,单向上限值,默认传输带,R 轮廓算术平均偏差 $1.6\,\mu m$,默认评定长度,"16%规则"(默认),加工方法为磨削,表面纹理垂直于视图的投影面,加工余量为 $0.3\,mm$
$Cu/Ep\cdot NiSbCr0.3r$ $\sqrt{\ }\ Rz\,0.8$	表示不允许去除材料,单向上限值,默认传输带,R 轮廓最大高度 $0.8\,\mu m$,默认评定长度,"16%规则"(默认),表面处理为铜件镀镍铬,表面要求对封闭轮廓的所有表面有效
$\sqrt{\ }\ {-}0.8/Ra\,1.6$ $U{-}2.5/Rz\,12.5$ $L{-}2.5/Rz\,3.2$	表示去除材料,单向上限值和一个双向极限值,单向:取样长度 $0.8\,mm$,R 轮廓算术平均偏差 $1.6\,\mu m$,默认评定长度,"16%规则"(默认);双向:两极限值取样长度均为 $2.5\,mm$,R 轮廓,上限值为最大高度 $12.5\,\mu m$,下限值为最大高度 $3.2\,\mu m$,两极限值均采用默认评定长度,"16%规则"(默认)

在图样上标注表面粗糙度时，应按国标遵循以下原则：

① 表面结构要求对每一表面只标注一次，并尽可能注在相应的尺寸及其公差的同一视图上。除非另有说明，所标注的表面结构要求是对完工零件表面的要求。

② 表面结构的注写和读取方向与尺寸的注写和读取方向一致。表面结构要求可标注在轮廓线上，其符号应从材料外指向并接触表面，如图 9-34 所示。必要时，表面结构符号也可用带箭头或黑点的指引线引出标注，如图 9-35 所示。

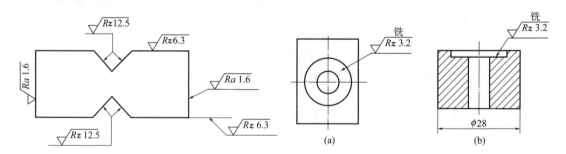

图 9-34　表面结构要求在轮廓线上的标注　　　　图 9-35　用指引线引出标注表面结构技术要求

③ 在不致引起误解时，表面结构要求可以标注在给定的尺寸线上，如图 9-36 所示。

④ 表面结构要求可标注在形位公差框格的上方，如图 9-37 所示。

⑤ 圆柱和棱柱表面的表面结构要求只标注一次，见图 9-38(a)、(b)。如果每个棱柱表面有不同的表面结构要求，则应分别单独标注，如图 9-38(c) 所示。

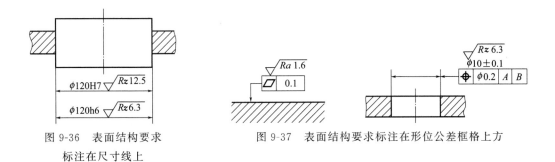

图 9-36　表面结构要求
标注在尺寸线上

图 9-37　表面结构要求标注在形位公差框格上方

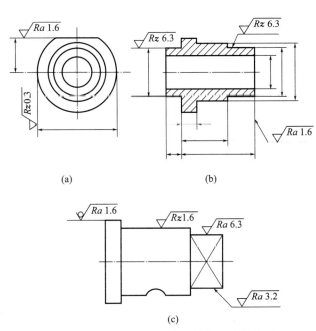

(a)　　　　　　　(b)

(c)

图 9-38　圆柱和棱柱的表面结构要求的注法

⑥ 如果在工件的多数表面有相同的表面结构要求，则其表面结构可统一标注在图样的标题栏附近。此时（除全部表面有相同要求的情况外），表面结构要求的符号后面应有：在圆括号内给出无任何其他标注的基本符号，如图 9-39(a) 所示；在圆括号内给出不同的表面结构要求，如图 9-39(b) 所示。不同的表面结构要求应直接标注在图形中。

⑦ 当多个表面具有相同的表面结构要求或图纸空间有限时，可用带字母的完整符号，以等式的形式，在图形或标题栏附近，对有相同表面结构要求的表面进行简化标注，如图 9-39(c) 所示。可用表面结构基本图形符号和扩展图形符号，以等式的形式给出对多个表面共同的表面结构要求，如图 9-39(d) 所示。

⑧ 由几种不同的工艺方法获得的同一表面，当需要明确每种工艺方法的表面结构要求时，可按图 9-40 标注。国标对表面结构要求在图样上的注法还有一些规定，需要时请参阅《产品几何技术规范（GPS）技术产品文件中表面结构的表示法》（GB/T 131—2006）。

(5) 表面粗糙度的选用

表面粗糙度参数值的选用，应该既要满足零件表面的功能要求，又要考虑经济合理性。具体选用时，可参照已有的类似零件图，用类比法确定。

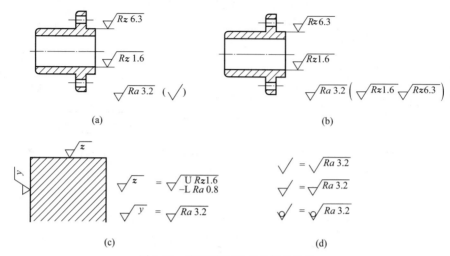

图 9-39　表面结构要求的简化注法

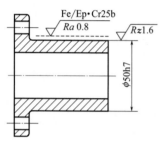

图 9-40　同一表面不同工艺方法
表面结构要求的注法

选用时要注意以下问题：

① 在满足功用的前提下，尽量选用较大的表面粗糙度数值，以降低生产成本。

② 一般情况下，零件的接触表面比非接触表面的粗糙度参数值要小。

③ 受循环载荷作用的表面极易引起应力集中，表面粗糙度参数值要小。

④ 配合性质相同，零件尺寸小的比尺寸大的表面粗糙度参数值要小；同一公差等级，小尺寸比大尺寸、轴比孔的表面粗糙度参数值要小。

⑤ 运动速度高、单位压力大的摩擦表面比运动速度低、单位压力小的摩擦表面粗糙度参数值小。

⑥ 要求密封性、耐腐蚀的表面其粗糙度参数值要小。

表 9-4 列举了表面粗糙度参数 Ra 值与加工方的关系及其应用实例，可供选用时参考。

表 9-4　表面粗糙度参数 Ra 值应用举例　　　　单位：μm

Ra	表面特征	表面形状	获得表面粗糙度的方法	应用举例
100	粗糙	明显可见的刀痕	锯断、粗车、粗铣、粗刨、钻孔及用粗纹锉刀、粗砂轮等加工	管的端部断面和其他半成品的表面、带轮法兰盘的结合面、轴的非接触端面、倒角、铆钉孔等
50		可见的刀痕		
25		微见的刀痕		
12.5	半光	可见加工痕迹	拉制（钢丝）、精车、精铣、粗铰、粗铰埋头孔、粗剥刀加工、刮研	支架、箱体、离合器、带轮螺钉孔或孔的退刀槽、量板、套筒等非配合面，齿轮非工作面，主轴的非接触外表面等 IT8～IT11 级公差的结合面
6.3		微见加工痕迹		
3.2		看不见加工痕迹		
1.6	光	可辨加工痕迹的方向	精磨、金刚石车刀的精车、精铰、拉制、剥刀加工	轴承的重要表面，齿轮轮齿的表面，普通车床导轨面，滚动轴承相配合的表面，机床导轨面，发动机曲轴、凸轮轴的工作面，活塞外表面等 IT6～IT8 级公差的结合面
0.8		微辨加工痕迹的方向		
0.4		不可辨加工痕迹的方向		

Ra	表面特征	表面形状	获得表面粗糙度的方法	应用举例
0.2		暗光泽面		活塞销和胀圈的表面,分气凸轮、曲柄轴的轴颈、气门及气门座的支持表面,发动机气缸内表面,仪器导轨表面,液压传动件工作面,滚动轴承的滚道,滚动体表面,仪器的测量表面,量块的测量面等
0.1		亮光泽面		
0.05	最光	镜状光泽面	研磨加工	
0.025		雾状镜面		
0.012		镜面		

9.6 公差与配合

(1) 互换性概念

互换性是现代化大量或成批生产的工业产品必备的基本性质。即在同一规格的一批零件中任取一件,在装配时不经加工与修配,就能顺利地将其装配到机器上,并能够保证机器的使用要求。

(2) 尺寸公差

为了使零件具有互换性,制造零件时,就必须对零件的尺寸给定一个允许的变动范围。为此,国家制定了极限尺寸制度,即零件制成后的实际尺寸,限制在最大极限尺寸和最小极限尺寸的范围内。这种允许尺寸的变动量,称为尺寸公差,如图 9-41 所示。

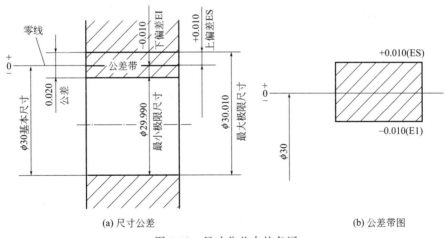

(a) 尺寸公差　　　　　　　　　　(b) 公差带图

图 9-41　尺寸公差中的名词

基本尺寸:根据零件强度、结构和工艺性要求,设计给定的尺寸,如 ϕ30mm。

实际尺寸:通过测量得到的尺寸。

极限尺寸:允许尺寸变化的两个界限值。它以基本尺寸为基数来确定。两个界限值中较大的一个称为最大极限尺寸;较小的一个称为最小极限尺寸。如最大极限尺寸为 ϕ30.01mm,最小极限尺寸为 ϕ29.99mm。

尺寸偏差(简称偏差):极限尺寸减去基本尺寸的代数差,分别为上偏差和下偏差。孔的上偏差用 ES 表示,下偏差用 EI 表示;轴的上偏差用 es 表示,下偏差用 ei 表示。

上偏差＝最大极限尺寸－基本尺寸

下偏差＝最小极限尺寸－基本尺寸

ES＝30.01－30＝＋0.01

EI＝29.99－30＝－0.01

上、下偏差统称极限偏差。上、下偏差可以是正值、负值或零。

尺寸公差（简称公差）：允许尺寸的变动量。它等于最大极限尺寸与最小极限尺寸代数差的绝对值，也等于上偏差与下偏差代数差的绝对值。

尺寸公差＝最大极限尺寸－最小极限尺寸＝上偏差－下偏差

公差＝30.01－29.99＝0.02＝0.01－（－0.01）＝0.02

因为最大极限尺寸总是大于最小极限尺寸，所以尺寸公差一定为正值。

零线（也称零偏差线）：在公差带图中，确定偏差值的基准线。通常以零线表示基本尺寸。

尺寸公差带（简称公差带）：在公差带图中由代表最大极限尺寸和最小极限尺寸的两条直线限定的一个区域。为了便于分析，一般将尺寸公差与基本尺寸的关系，按放大比例画成简图，称为公差带图，如图 9-41(b) 所示。

(3) 标准公差和基本偏差

公差带是由标准公差和基本偏差组成的。标准公差确定公差带的大小，基本偏差确定公差带的位置。

① 标准公差　国家标准所列的，用以确定公差带大小的任一公差。标准公差的数值由基本尺寸和公差等级来决定。公差等级确定尺寸的精确程度，分为 20 级，"IT" 表示标准公差，公差等级的代号用阿拉伯数字表示，即 IT01、IT0、IT1、…、IT18。其尺寸精确程度从 IT01 到 IT18 依次降低。对于一定的基本尺寸，公差等级越高，标准公差值越小，尺寸的精确程度越高。基本尺寸和公差等级相同的孔与轴，它们的标准公差值相等。

② 基本偏差　基本偏差是指在标准的极限与配合中，确定公差带相对零线位置的上偏差或下偏差，一般指靠近零线的那个偏差。当公差带在零线的上方时，基本偏差为下偏差；反之，则为上偏差。基本偏差共有 28 个，用英文字母表示，大写字母代表孔，小写字母代表轴，如图 9-42 所示。

从基本偏差系列图中可以看出：孔的基本偏差 A～H 和轴的基本偏差 k～zc 为下偏差；孔的基本偏差 K～ZC 和轴的基本偏差 a～h 为上偏差；JS 和 js 的公差带对称分布于零线两边；孔和轴的上、下偏差都是＋IT/2、－IT/2。基本偏差系列图只表示公差带的位置，不表示公差的大小，因此，公差带一端是开口，开口的另一端由标准公差限定，根据尺寸公差的定义有以下的计算式。

孔的另一偏差：

$$ES＝EI＋IT \ 或 \ EI＝ES－IT$$

轴的另一偏差：

$$ei＝es－IT \ 或 \ es＝ei＋IT$$

③ 孔、轴的公差带代。对于某一基本尺寸，取标准规定的一种基本偏差，配上一级标准公差，就可以形成一种公差带。我们用基本偏差代号的字母和标准公差等级代号的数字即可组成一种公差带代号，如 H9、h7、F8、f7 等。

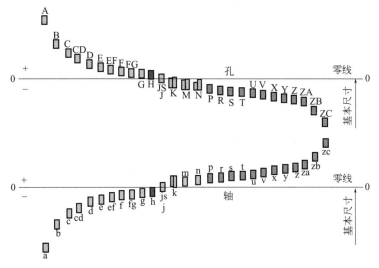

图 9-42 基本偏差系列示意图

例如 ϕ50H8 的含义是：

孔公差带代号

公差等级代号
孔的基本偏差代号
基本尺寸

此公差带的全称是：基本尺寸为 ϕ50mm，公差等级为 8 级，基本偏差为 H 的孔的公差带。又如 ϕ50f7 的含义是：

轴公差带代号

公差等级代号
轴的基本偏差代号
基本尺寸

（4）配合

基本尺寸相同的、相互结合的孔和轴公差带之间的关系，称为配合。配合分为三类：间隙配合、过盈配合和过渡配合。

① 间隙配合　孔的公差带完全在轴的公差带之上，孔比轴大，任取其中一对轴和孔相配都成为具有间隙的配合（包括最小间隙为零），如图 9-43 所示。当互相配合的两个零件需相对运动或要求拆卸很方便时，则需采用间隙配合。

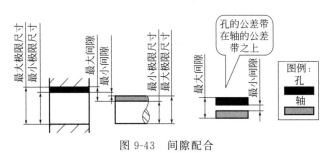

图 9-43　间隙配合

② 过盈配合 孔的公差带完全在轴的公差带之下，孔比轴小，任取其中一对轴和孔相配都成为具有过盈的配合（包括最小过盈为零），如图 9-44 所示。当互相配合的两个零件需牢固连接、保证相对静止或传递动力时，则需采用过盈配合。

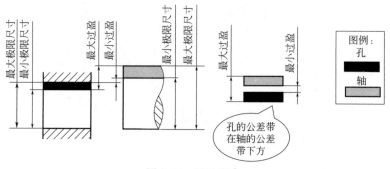

图 9-44 过盈配合

③ 过渡配合 孔和轴的公差带相互交叠，孔可能比轴大，也可能比轴小，任取其中一对孔和轴相配合，可能具有间隙，也可能具有过盈的配合，如图 9-45 所示。过渡配合常用于不允许有相对运动，轴孔对中要求高，但又需拆卸的两个零件间的配合。

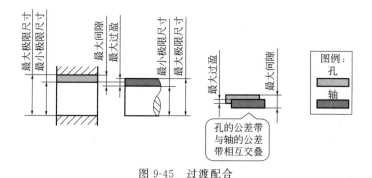

图 9-45 过渡配合

（5）配合制度

在制造相互配合的两个零件时，使其中一种零件作为基准件，它的基本偏差一定，通过改变另一种非基准件的基本偏差来获得各种不同性质配合的制度称为基准制。根据生产实际的需要，国家标准规定了基孔制和基轴制两种基准制度。

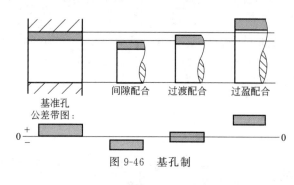

图 9-46 基孔制

① 基孔制配合 基本偏差为一定的孔的公差带，与不同基本偏差的轴的公差带构成各种配合的一种制度称为基孔制。这种制度在同一基本尺寸的配合中，是将孔的公差带位置固定，通过变动轴的公差带位置，得到各种不同的配合，如图 9-46 所示。

基孔制的孔称为基准孔。国标规定基准孔的下偏差为零，"H"为基准孔的基本偏差代号。一般情况下应优先选用基孔制。

② 基轴制配合　基本偏差为一定的轴的公差带，与不同基本偏差的孔的公差带构成各种配合的一种制度称为基轴制。这种制度在同一基本尺寸的配合中，是将轴的公差带位置固定，通过变动孔的公差带位置，得到各种不同的配合，如图 9-47 所示。

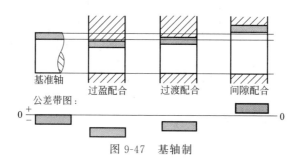

图 9-47　基轴制

基轴制的轴称为基准轴。国家标准规定基准轴的上偏差为零，"h" 为基轴制的基本偏差。

从基本偏差系列图（图 9-42）中可以看出：

在基孔制中，基准孔 H 与轴配合，a～h（共 11 种）用于间隙配合；j～n（共 5 种）主要用于过渡配合；p～zc（共 12 种）主要用于过盈配合。

在基轴制中，基准轴 h 与孔配合，A～H（共 11 种）用于间隙配合；J～N（共 5 种）主要用于过渡配合；P～ZC（共 12 种）主要用于过盈配合。

（6）优先配合和常用配合

国标规定轴、孔公差带中组合成基孔制常用配合 59 种，优先配合 13 种；基轴制常用配合 47 种，优先配合 13 种。表 9-5 为基孔制常用、优先配合系列，表 9-6 为基轴制常用、优先配合系列。在设计中，应根据配合特性和使用功能，尽量选用优先和常用配合。

表 9-5　基孔制常用、优先配合

基准孔	轴																				
	a	b	c	d	e	f	g	h	js	k	m	n	p	r	s	t	u	v	x	y	z
	间隙配合								过渡配合					过盈配合							
H6						$\frac{H6}{f5}$	$\frac{H6}{g5}$	$\frac{H6}{h5}$	$\frac{H6}{js5}$	$\frac{H6}{k5}$	$\frac{H6}{m5}$	$\frac{H6}{n5}$	$\frac{H6}{p5}$	$\frac{H6}{r5}$	$\frac{H6}{s5}$	$\frac{H6}{t5}$					
H7						$\frac{H7}{f6}$	$\frac{H7}{g6}$	$\frac{H7}{h6}$	$\frac{H7}{js6}$	$\frac{H7}{k6}$	$\frac{H7}{m6}$	$\frac{H7}{n6}$	$\frac{H7}{p6}$	$\frac{H7}{r6}$	$\frac{H7}{s6}$	$\frac{H7}{t6}$	$\frac{H7}{u6}$	$\frac{H7}{v6}$	$\frac{H7}{x6}$	$\frac{H7}{y6}$	$\frac{H7}{z6}$
H8				$\frac{H8}{e7}$	$\frac{H8}{f7}$	$\frac{H8}{g7}$		$\frac{H8}{h7}$	$\frac{H8}{js7}$	$\frac{H8}{k7}$	$\frac{H8}{m7}$	$\frac{H8}{n7}$	$\frac{H8}{p7}$	$\frac{H8}{r7}$	$\frac{H8}{s7}$	$\frac{H8}{t7}$	$\frac{H8}{u7}$				
				$\frac{H8}{d8}$	$\frac{H8}{e8}$	$\frac{H8}{f8}$		$\frac{H8}{h8}$													
H9			$\frac{H9}{c9}$	$\frac{H9}{d9}$	$\frac{H9}{e9}$	$\frac{H9}{f9}$		$\frac{H9}{h9}$													
H10			$\frac{H10}{c10}$	$\frac{H10}{d10}$				$\frac{H10}{h10}$													
H11	$\frac{H11}{a11}$	$\frac{H11}{b11}$	$\frac{H11}{c11}$	$\frac{H11}{d11}$				$\frac{H11}{h11}$													
H12		$\frac{H12}{b12}$						$\frac{H12}{h12}$													

注：1. $\frac{H6}{n5}$、$\frac{H7}{p6}$ 在公称尺寸≤3mm和 $\frac{H8}{r7}$ 在小于或等于100mm时，为过渡配合。

2. 标注 ▟ 的配合为优先配合。

表 9-6　基轴制常用、优先配合

基准轴	孔																				
	A	B	C	D	E	F	G	H	JS	K	M	N	P	R	S	T	U	V	X	Y	Z
	间隙配合								过渡配合						过盈配合						
h5						F6/h5	G6/h5	H6/h5	JS6/h5	K6/h5	M6/h5	N6/h5	P6/h5	R6/h5	S6/h5	T6/h5					
h6						F7/h6	G7/h6	H7/h6	JS7/h6	K7/h6	M7/h6	N7/h6	P7/h6	R7/h6	S7/h6	T7/h6	U7/h6				
h7					E8/h7	F8/h7		H8/h7	JS8/h7	K8/h7	M8/h7	N8/h7									
h8				D8/h8	E8/h8	F8/h8		H8/h8													
h9				D9/h9	E9/h9	F9/h9		H9/h9													
h10				D10/h10				H10/h10													
h11	A11/h11	B11/h11	C11/h11	D11/h11				H11/h11													
h12		B12/h12						H12/h12													

注：标注▼的配合为优先配合。

（7）极限与配合的标注

在零件图中进行公差标注有三种方法：

① 标注公差带代号　直接在基本尺寸后方标注出公差带代号，如图 9-48（a）所示。这种注法常用于大批量生产中，由于与采用专用量具检验零件统一起来，因此不需要注出偏差值。

② 标注极限偏差　直接在基本尺寸后面标注出上、下偏差数值，如图 9-48（b）所示。在零件图中进行公差标注一般采用极限偏差的形式。这种注法常用于小批量或单件生产中，以便加工检验时对照。标注偏差数值时应注意：

上、下偏差数值不相同时，上偏差注在基本尺寸的右上方，下偏差注在基本尺寸的右下方，并与基本尺寸注在同一底线上；偏差数字应比基本尺寸数字小一号，小数点前的整数位对齐，后边的小数位数应相同，如 $\phi 50^{-0.025}_{-0.050}$。

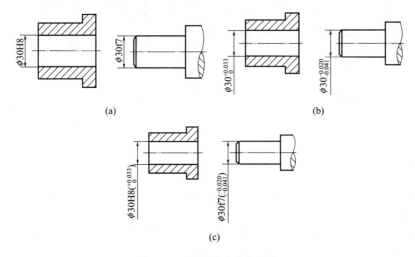

图 9-48　零件图中公差标注

如果上偏差或下偏差为零时，应简写为"0"，前面不注"＋""－"，后边不注小数点；另一偏差按原来的位置注写，其余位"0"对齐，如 $\phi 50^{+0.039}_{0}$。

如果上、下偏差数值绝对值相同，则在基本尺寸后加注"±"只填写一个偏差数值，其数字大小与基本尺寸数字大小相同，如 $\phi 80 \pm 0.017$。

公差带代号与极限偏差值同时标出：在基本尺寸后面标注出公差带代号，并在后面的括弧中同时注出上、下偏差数值，如图 9-48(c) 所示。这种标注形式集中了前两种标注形式的优点，常用于产品转产较频繁的生产中。国家标准规定，同一张零件图中其公差只能选用一种标注形式。

（8）装配图中公差标注

在装配图上标注配合，是在基本尺寸的后面，用分式注出；分子为孔的公差带代号，分母为轴的公差带代号。有以下三种形式：

① 标注孔、轴的配合代号，如图 9-49(a) 所示。这种注法应用最多。

② 标注孔、轴的极限偏差，如图 9-49(b) 所示。这种注法主要用于非标准配合。

③ 零件与标准件或外购件配合时，装配图中可仅标注该零件的公差带代号。如图 9-49(c) 中轴颈与滚动轴承内圈的配合，只注出轴颈 $\phi 30K6$；机座孔与滚动轴承外圈的配合，只注出机座孔 $\phi 62J7$。

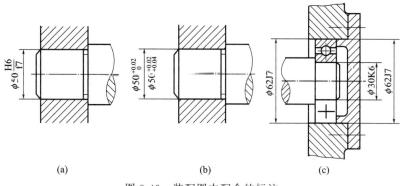

(a)   (b)   (c)

图 9-49 装配图中配合的标注

9.7 读零件图

在设计、制造零件和了解设备时，常常需要读零件图。读零件图的基本要求是根据零件的各视图想象出零件的结构和形状，搞清全部尺寸和技术要求等。与组合体的读图相比较，零件图的视图表达方案不再仅仅是三个基本视图，而是多种多样的，因此要读懂每个视图采用的表达方法；零件图还包含有各种工艺结构，要通过对这些工艺结构的分析，加深对零件图的理解，以便根据零件图的特点确定适当的加工方法和检测手段，从而保证零件的质量。下面以图 9-50 所示的油缸体为例说明读零件图的方法和步骤。

（1）看标题栏，对零件做概括了解

从标题栏中可以了解零件的名称、材料、比例、数量等，从而掌握零件的用途、基本结构特点、毛坯形式以及零件的大小、重量等情况。

该零件的名称为油缸体，属于箱体类零件；为液压缸的缸体，材料为灰口铸铁

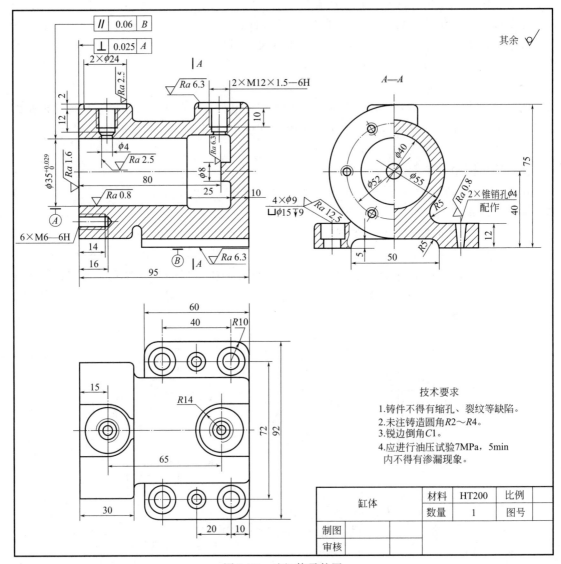

图 9-50 油缸体零件图

（HT200），零件毛坯是铸造而成，结构较复杂，加工工序较多。

（2）分析视图，明确表达方法及投影关系

先找出主视图，再分析其他视图，确定每个视图的名称及各视图间的投影关系。进一步分析各视图采用的表达方法及所要表达的内容，如果采用了剖视图，则要分析剖切平面的位置、投影方向以及采用的是何种剖视。如果剖视图有标注，可以根据字母确定，如果没有标注，则要根据零件的结构进行判断；如果采用局部视图或斜视图，就要根据标注的字母确定视图的投影方向。

（3）分析视图，想象零件形状

在纵览全图的基础上，详细分析视图，想象出零件的形状。要先看主要部分，后看次要部分；先看容易确定、能够看懂的部分，后看难以确定、不易看懂的部分；先看整体轮廓，后看细节形状。即应用形体分析的方法，抓特征部分，分别将组成零件各个形体的形状想象出来。对于局部投影难解之处，要用线面分析的方法仔细分析，辨别清楚。最后将其综合起来，搞清它们之间的相对位置，想象出零件的整体形状。

可按下列顺序进行分析：

① 找出主视图。

② 各种视图、剖视、断面等，找出它们的名称、相互位置和投影关系。

③ 凡有剖视、断面处要找到剖切平面位置。

④ 有局部视图和斜视图的地方必须找到表示投影部位的字母和表示投射方向的箭头。

⑤ 有无局部放大图及简化画法。

在这一过程中，既要熟练地运用形体分析法，弄清楚零件的主体结构形状，又要依靠对典型局部功能结构（如螺纹、齿轮、键槽等）和典型局部工艺结构（如倒角、退刀槽等）规定画法的熟练掌握，弄清楚零件上的相应结构。既要利用视图进行投影分析，又要注意尺寸标注（如 R、S、SR 等）和典型结构规定注法的"定形"作用。既要看图想物，又要量图确定投影关系。

在进行分析时要注意先看整体轮廓，后看细致结构；先看主要结构，后看次要结构；先看易确定、易懂的结构，后看较难确定和难懂的结构。

缸体采用了三个基本视图，零件的结构、形状属中等复杂程度。主视图表达缸体内部结构。俯视图表达底板的形状、螺孔和销孔的分布情况以及连接油管的两个螺孔所在的位置和凸台的形状。左视图表达缸体和底板之间的关系，其端部连接缸盖的螺孔分布和底板的沉孔、销孔情况。ϕ8mm 凸台起限制活塞行程的作用，上部左右两个螺孔通过管接头与油管连接。

（4）尺寸分析

分析零件图上的尺寸，首先要找出三个方向尺寸的主要基准。缸体长度方向的基准为左端面，标注的定位尺寸有 80mm、15mm，通过辅助基准标注底板上的定位尺寸有 10mm、20mm、40mm。宽度方向的尺寸基准为缸体前后的对称面，标注定位尺寸 72mm。高度方向的尺寸基准为缸体底部平面，标注定位尺寸 40mm。以 ϕ35mm 的轴线为辅助基准，标注定位尺寸 ϕ52mm。

（5）了解技术要求

读懂技术要求，如表面粗糙度、尺寸公差、形位公差以及其他技术要求。分析技术要求时，关键是弄清楚哪些部位的要求比较高，以便考虑在加工时采取措施及工艺达到零件设计标准。

油缸体 ϕ35mm 活塞孔，其工作面要求防漏，因此，表面粗糙度 Ra 的上限值为 $0.8\mu m$，左端面为密封平面，表面粗糙度 Ra 的上限值为 $1.6\mu m$。ϕ35mm 活塞孔的轴线对底面（即安装平面）的平行度公差为 0.06mm，左端面对 ϕ35mm 活塞孔轴线的垂直度公差为 0.025mm。因为工作介质为压力油，依据设计要求，加工好的零件还应进行保压检验。

（6）综合分析

把零件的结构形状、尺寸标注、工艺和技术要求等内容综合起来，就能了解零件的全貌，也就读懂了零件图。有时为了读懂一些较复杂的零件图，还要参考有关资料，全面掌技术要求、制造方法和加工工艺，综合起来就能得出零件的总体概念。

练习题

(1) 零件图视图选择的基本要求是什么？

(2) 试述视图选择的一般方法和步骤。

(3) 试说明零件表面结构代号的意义和在零件图上的标注方法。

(4) 常见的机械加工工艺有哪些？在零件图上如何绘制与标注？

(5) 什么是基本尺寸？什么是尺寸公差？什么是极限偏差？

(6) 公差带包括哪些内容？各部分的含义是什么？如何确定？

(7) 公差等级的数值大小与精度高低有什么关系？

第 10 章

装配图

装配图是表达机械或部件的图样，它表达机器或部件的构造、工作原理、各零件之间的装配关系以及该装配体的技术要求等。前面所讲的螺纹紧固件连接、齿轮啮合、键与销的连接等图样均有涉及。在产品设计中，一般先根据产品的工作原理图画出装配图，然后再根据装配图进行零件设计，并拆画出零件图，根据零件图制造出零件，根据装配图，将零件装配成机械或部件。而在产品制造中，装配图是制订装配工艺规程、进行装配和检验的技术依据。

10.1 装配图的内容和作用

装配图是了解机械的工作原理和构造，进行调试、维修的主要依据。此外，装配图也是进行科学研究和技术交流的工具。因此，装配图是生产中的重要技术文件。本节以图 10-1 所示的滑动轴承为例，说明一张完整的装配图应包含的基本内容。

（1）一组视图

表达装配体（机械或部件）的工作原理、装配关系、各组成零件的相对位置、连接方式、主要零件的结构形状以及传动路线等。图 10-1 是滑动轴承的装配图。图中采用两个基本视图，由于结构基本对称，因此均采用了半剖视，这就比较清楚地表示了轴承盖、轴承座和上下轴衬的装配关系。

（2）必要的尺寸

装配图上仅需要标注表示装配体规格、装配、安装时所必需的尺寸。在图 10-1 所示滑动轴承的装配图中，轴孔直径 $\phi 50\text{H}8$ 为规格尺寸，180mm 和 $2\times\phi 17\text{mm}$ 为安装尺寸，$\phi 60\text{H}8/\text{k}7$、$90\text{H}9/\text{f}9$、$65\text{H}9/\text{f}9$ 等为配合尺寸，240mm、160mm、80mm 为总体尺寸。

（3）技术要求

对装配体的工作性能、加工要求、装配要求、安装要求、试验或使用要求等方面的有关条件或要求，用符号、文字等逐条加以说明。

（4）零件序号和明细栏

在装配图中，对每个不同的零件编写序号，并在标题栏上方按序号编制成零件明细栏，说明装配体及其各组成零件的名称、数量和材料等内容。由于装配图的复杂程度和使用要求不同，明细栏的内容也各不一样。

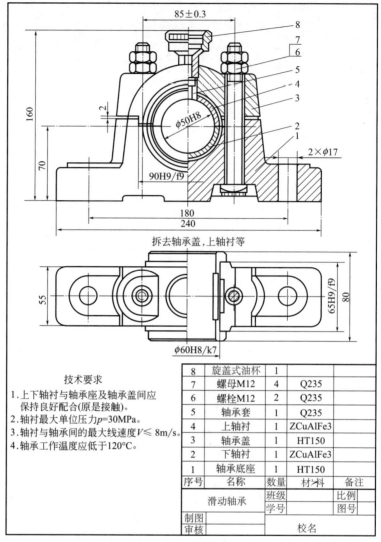

技术要求

1. 上下轴衬与轴承座及轴承盖间应保持良好配合(原是接触)。
2. 轴衬最大单位压力$p=30$MPa。
3. 轴衬与轴间的最大线速度$V \leqslant 8$m/s。
4. 轴承工作温度应低于120℃。

8	旋盖式油杯	1		
7	螺母M12	4	Q235	
6	螺栓M12	2	Q235	
5	轴承套	1	Q235	
4	上轴衬	1	ZCuAlFe3	
3	轴承盖	1	HT150	
2	下轴衬	1	ZCuAlFe3	
1	轴承底座	1	HT150	
序号	名称	数量	材料	备注
滑动轴承		班级		比例
		学号		图号
制图				
审核			校名	

图 10-1 滑动轴承

10.2 装配图的绘制方法

零件图上采用的各种表达方法,如视图、剖视图、断面图、局部放大图等也同样适用于装配图的绘制。但是画零件图表达的是一个零件,而画装配图表达的则是由许多零件组成的机械设备,装配图应能表达出机械的工作原理、装配关系和部分零件的主要结构形状。因此国家标准《机械制图》和《技术制图》对绘制装配图制定了规定画法、特殊画法和简化画法等。

10.2.1 规定画法

在装配图中,需要区分不同的零件,并正确地表达出各零件之间的关系,在画法上有以下规定:

（1）接触面与配合面的画法

相邻两零件的接触表面和基本尺寸相同的两配合表面只画一条线；两零件的不接触表面和基本尺寸不同的非配合表面画成两条线，即使间隙很小，也必须用夸大画法画出间隙。如图 10-1 所示，主视图中轴承座 1 与轴承盖 3 之间的非接触面，画两条线。

（2）剖面线的画法

在装配图中，同一个零件在所有的剖视、断面图中，其剖面线应保持同一方向，且间隔一致；相邻两零件的剖面线则必须不同，即使其方向相反，或方向相同但间隔不同。如图 10-2 中，相邻零件 7、9、10 的剖面线画法。

当零件的断面厚度在图中等于或小于 2mm 时，允许将剖面涂黑以代替剖面线，如图 10-2 主视图中的垫片 5。

（3）实心件和某些标准件的画法

在装配图的剖视图中，若剖切平面通过实心零件（如轴、杆等）和标准件（如螺栓、螺母、销、键）的对称平面或基本轴线，这些零件按不剖绘制，如图 10-1 主视图中的螺栓 6 和螺母 7。但其上的孔、槽等结构需要表达时，可采用局部剖视，如图 10-2 主视图中的齿轮。当剖切平面垂直于其轴线剖切时，则需画出剖面线，如图 10-1 俯视图中的螺栓。

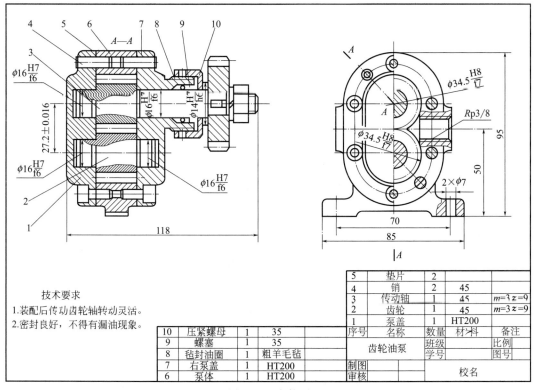

图 10-2　齿轮泵

10.2.2　特殊画法

（1）拆卸画法和沿结合面剖切画法

在装配图的某个视图上，如果有些零件在其他视图上已经表示清楚，而又遮住了需要表达的零件时，则可将其拆卸掉不画，只画剩下部分的视图，这种画法称为拆卸画法。为了避免读图时产生误解，可对拆卸画法加以说明，在图上加注"拆去零件××"等。如图 10-1 中的俯视图即拆去了轴承盖等。

在装配图中，为了表示内部结构，可假想沿着某些零件的结合面剖开。如图 10-2 所示齿轮油泵左视图的右半个投影，就是沿着垫片 5 与泵体 6 接触面剖切的画法。其中，由于剖切平面相对于螺钉和圆柱销是横向剖切，因此对它们应画剖面线；对沿结合面剖开的零件，则不画剖面线。

（2）假想画法

对于运动零件，当需要表明其运动极限位置时，可以在一个极限位置上画出该零件，而在另一个极限位置用双点画线来表示。如图 10-3 表示运动零件的极限位置，按其运动的一个极限位置绘制图形，再用双点画线画出另一极限位置的图形。

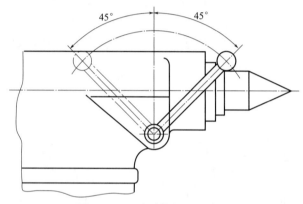

图 10-3　运动零件的极限位置

为了说明部件的使用或安装情况，画出不属于本部件且与本部件相邻的某些零件，就是假想画法。如图 10-2 的左视图中，用双点画线画出了与齿轮泵后面菱圆形凸台相连的靠背轮。

（3）夸大画法

在装配图中，对于一些薄片零件、细小结构、微小间隙等，若按其实际尺寸很难画出，或难以明确表示时，可不按其实际尺寸作图，而适当地夸大画出，如图 10-2 中的垫片。

（4）单独表示某个零件

在装配图上，当某个零件的主要结构在基本视图中未表达清楚，且影响对整个部件的工作原理、装配关系及重要零件的主体结构表达时，可以单独画出该零件的一个视图，并在这个视图的上方注出该零件的名称和投影方向，如图 10-4 所示转子油泵中的泵盖 *B* 向视图。

10.2.3　简化画法

① 在装配图中，对若干相同的零件组如螺栓、螺钉连接等，可以仅详细地画出一处或几处，其余只需用点画线表示其位置即可，如图 10-5 中的螺钉。

② 在装配图中，对于零件上的一些工艺结构，如小圆角、倒角、退刀槽和砂轮越程槽等可以省略不画，如图 10-5 所示。

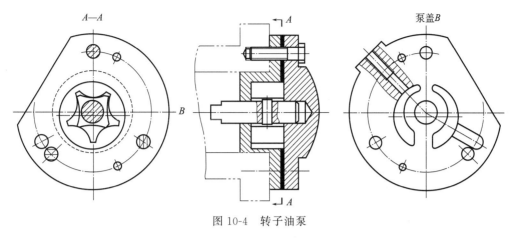

图 10-4 转子油泵

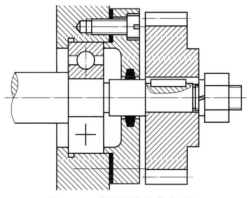

图 10-5 装配图中的简化画法

10.3 读装配图

读装配图是设计、装配、维修和技术交流中不可缺少的环节。在装配机器、维护和保养设备、从事技术改造的过程中，都需要读装配图。其目的是了解装配体的规格、性能、工作原理，各个零件之间的相互位置、装配关系、传动路线及各部件的主要结构形状等。因此，工程技术员必须具备读装配图的能力。

读装配图的要求：

① 了解部件的名称、用途、性能和工作原理。

② 了解部件的结构、零（部）件种类、相对位置、装配关系及装拆顺序和方法。

③ 弄清每个零（部）件的名称、数量、材料、作用和结构形状。

下面以图 10-6 所示机用虎钳装配图为例说明读装配图的方法和步骤。

（1）概括了解装配体的名称、作用和工作原理

由标题栏、明细栏、产品说明书及有关资料可知，机用虎钳是机床加工工件时所用的夹持工具，钳口宽度为 80mm（件 2），两钳口之间的活动距离为 70mm。钳口通过两个螺钉（件 10）固定在固定钳身（件 1）和活动钳身（件 4）上。虎钳通过两个 $\phi11mm$ 的孔用螺栓固定在机床工作台上。加工零件时，旋转螺杆（件 9）使螺母（件 8）沿螺杆的轴线方向移

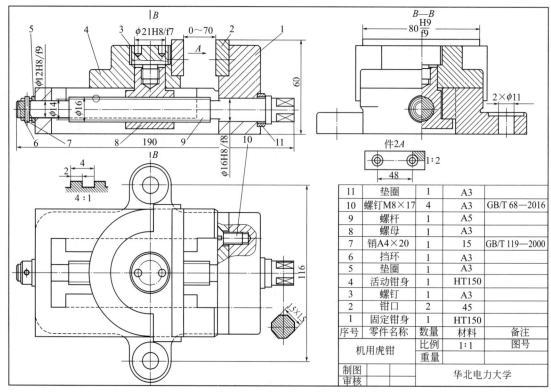

图 10-6　机用虎钳装配图

动，从而拉动活动钳身将工件夹紧在两钳口之间。

（2）分析零件间的装配关系及装配体的结构

机用虎钳用了主视、俯视和左视图三个基本视图，其中主视图采用全剖视，左视图采用 $B-B$ 半剖视，俯视图采用局部剖视。这三个视图把机用虎钳的工作原理、装配关系和主要零件的形状基本表达清楚了。为了表达几个关键部位的形状，画出了螺杆右端部的 15mm × 15mm 横剖面，这是旋转螺杆装套扳手的部位；用 4：1 的局部放大图表示螺杆上的螺纹是非标准螺纹，并标注了尺寸。

主视图表达了以螺杆轴线为主装配干线的各零件间的装配关系，螺杆的轴向定位面为右端与垫圈 11 接触的轴肩，左端用圆锥销（件 7）定位；螺杆与固定钳身的孔为配合关系，右端是基孔制间隙配合（ $\phi16H8/f8$ ），左端也是基孔制间隙配合（ $\phi12H8/f9$ ）。螺母（件 8）与活动钳口为 $\phi21H8/f7$ 的基孔制间隙配合，它通过螺钉（件 3）固定在活动钳身上。另外活动钳身与钳口的前后两侧面为 80H9/f9 的基孔制间隙配合，这是非圆柱面的孔轴配合。

（3）分析零件的结构形状

弄清楚每个零件的结构形状和作用，是读懂装配图的重要标志。对照明细栏和图中的序号，逐一分析各零件的结构形状。分析时一般从主要零件开始，再看次要零件。机用虎钳上除了螺钉（件 10）和销（件 7）为标准件外，其余零件均为非标准件。分析这些零件的形状结构时，一般先从主要零件开始，此部件的主要零件有固定钳身、活动钳身和螺杆。下面以固定钳身为例说明分析过程和方法。一般先把零件从装配体中分离出来，然后从编号的视图开始，对线条、找投影或根据剖面线的方向、间隔找到该零件的其他视图，进而利用形体分析法想象出零件的形状和结构。

（4）归纳总结

　　将上面分析的性能、规格、工作原理、装配关系、结构特点、定位调整、安装方法、使用方法、视图表达及尺寸标注等方面进行归纳总结，从而加深对部件的理解，搞清每一个细节。例如钳口（件 2）是用两个螺钉固定在钳身上的，钳口的表面制出滚花，其作用是加大摩擦力，另外钳口直接与工件接触，因此需要一定硬度，在其零件图上应注出热处理的方法和硬度要求；又如螺钉（件 3）的作用是将螺母（件 8）固定在活动钳口上，而在螺钉上底面制出两个小孔，它们的用途是在拆装时旋转螺钉。

练习题

　　（1）完整的装配图应包括哪些内容？

　　（2）试述装配图和零件图的区别？

　　（3）装配图中的规定画法和特殊画法有哪些？

　　（4）试述读装配图的方法和步骤。

第11章

建筑施工图的识读

本章主要介绍国家对建筑工程图样绘制的标准，学习建筑图样的绘制方法。

建筑施工图，是建造建筑物时使用的图纸。它表达建筑物的外形轮廓、尺寸大小、结构类型、装修做法，是表达工程设计思想和指导施工的必不可少的技术文件。读懂建筑图是每个工程技术人员的一项基本功，也是按图施工的先决条件。

11.1　建筑施工图的分类及组成

11.1.1　建筑物的分类

建筑物一般有下列分类方法。

（1）按建筑物的用途分

① 民用建筑　它包括居住建筑和公共建筑两大部分。居住建筑是供人们生活起居使用的建筑，包括住宅、公寓、宿舍、旅馆、招待所等。公共建筑是供人们进行文化活动、行政办公及商业、生活服务设施的建筑，包括生活服务、文教卫生、托幼、科研、医疗、商业、行政办公、交通运输、广播电视、文艺、体育、信息通信、书报出版等多种类型。

② 工业建筑　包括生产用房、辅助生产用房和仓库。

③ 农业建筑　包括各类农业用房、农机站、仓库等。

（2）按结构类型分

① 砖混结构　这种结构的竖向承重构件为砖墙，水平承重构件为钢筋混凝土楼板和屋顶板。

② 钢筋混凝土板墙结构　这种结构的竖向承重构件为现浇或预制的钢筋混凝土板墙，水平承重构件为钢筋混凝土楼板和屋顶板。

③ 钢筋混凝土框架结构　这种结构的承重构件为钢筋混凝土梁、板、柱组成的骨架。围护结构为非承重构件，它们可以采用砖墙、加气混凝土块及预制板材等。

④ 其他结构　除上述结构类型外，还经常采用砖木结构、钢结构、空间结构（网架、壳体）等。

（3）按施工方法分

① 全现浇式　竖直承重构件和水平承重构件均采用现场浇筑的制作方式。

② 全装配式　竖直和水平两个方向的承重构件均采用预制构件、现场浇筑节点的制作方法。

③ 部分现浇、部分装配式　一般竖向承重构件采用现浇墙体或柱子，水平承重构件大多采用预制装配式的楼板、楼梯。

（4）按建筑层数分

根据《民用建筑设计统一标准》（GB 50352—2019），民用建筑按地上建筑高度或层数进行分类应符合下列规定：

① 建筑高度不大于 27.0m 的住宅建筑、建筑高度不大于 24.0m 的公共建筑及建筑高度大于 24.0m 的单层公共建筑为低层或多层民用建筑；

② 建筑高度大于 27.0m 的住宅建筑和建筑高度大于 24.0m 的非单层公共建筑，且高度不大于 100.0m 的，为高层民用建筑；

③ 建筑高度大于 100.0m 为超高层建筑。

11.1.2　建筑图的组成

一套完整的建筑图除了要有图纸目录和设计说明书外，还应包括下列五类图纸。

① 建筑总平面图　它是说明建筑物所在地理位置和周围环境的俯视图（在建筑图中称为平面图）。一般在图中标出新建筑物的外形，建筑物周围的地貌或旧建筑，建成后的道路、水源、电源、下水道干线的位置，如在山区还应标有等高线和坐标网。在总平面图上应标出指北针或风向频率玫瑰图（简称风玫瑰），以标示建筑物的朝向和方位。

② 建筑施工图（简称建施）　它是标明建筑物建造的规模、尺寸、细部构造的施工图纸。建筑施工图包括平面图、立面图、剖面图、节点详图以及材料做法表、门窗表等。

③ 结构施工图（简称结施）　它是标明建筑物承重结构的类型、尺寸、材料和详细构造的施工图纸。它包括基础、楼层、屋盖、楼梯以及抗震构造措施等内容。

④ 水暖设备施工图（简称水施）　它是标明上下水设备、暖气设备、通风设备、空调设备、煤气或天然气设备的施工图纸。它包括平面图、系统图和详图等。

⑤ 电气施工图（简称电施）　它是指照明、动力、电话、广播、避雷等电气设备的线路走向及构造的施工图。它包括平面图、系统图和详图等。

房屋施工图一般都用较小比例绘制。由于房屋内各部分构造较复杂，在小比例的平、立、剖面图中无法全部表达清楚，所以还需要配以较大比例的详图。由于房屋的构、配件和材料种类较多，为作图简便起见，国家标准规定了一系列图形符号来代表建筑构配件、卫生设备、建筑材料等，这种图形符号称为图例。国家标准还规定了许多标注符号，所以施工图上会大量出现各种图例和符号。

11.2　建筑制图的国家标准及规定画法

建筑图与机械图在画法、要求和标准等方面有很多相同之处，如它们都是用正投影的方法绘制的多面视图。对于图样的内容、格式、画法、尺寸标注、技术要求、图例符号等国家有统一的规定，这就是《房屋建筑制图统一标准》（GB/T 50001—2017）。下面介绍部分国家建筑制图标准。

11.2.1　图纸幅面、图标及会签栏

图纸幅面的分类及其尺寸与机械制图的规定完全相同，有 A0、A1、A2、A3、A4 五种。在绘图时需要画出图框线、标题栏和会签栏等，图纸以短边作为垂直边为横式幅面，以

短边作为水平边为立式幅面，一般 A0～A3 图幅宜横式使用；必要时，也可竖式使用，A4 图幅必须立式使用。根据实际需要，图纸幅面的长边可适当加长，但不是任意的，详见国标 GB/T 50001—2017 规定。

会签栏用于各工种负责人签字。会签栏画在图纸的左上角，其格式如图 11-1 所示。图纸中应有标题栏、图框线、幅面线、装订边线和对中标志，如图 11-2 所示。

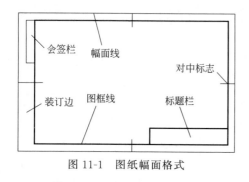

图 11-1　图纸幅面格式

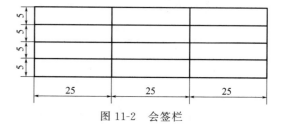

图 11-2　会签栏

11.2.2　图线

在国家标准中对各种图线的名称、线型、线宽和用途做了明确的规定，见表 11-1。

每个图样都应根据复杂程度与比例选用表 11-2 中适当的线宽组。边框线和图标线，可采用表 11-3 中的线宽。

表 11-1　建筑图线型表

名称		线型	线宽	一般用途
实线	粗	——	b	平、剖面图中被剖切的主要建筑构件(包括构配件)的轮廓线；建筑立面或室内立面图的外轮廓线；建筑构造详图中被剖切的主要部分的轮廓线；建筑构配件详图中的外轮廓线；平、立、剖面的剖切符号
	中粗	——	$0.7b$	平、剖面图中被剖切的次要建筑构造(包括构配件)的轮廓线；建筑平、立、剖面图中建筑构配件的轮廓线；建筑构造详图及建筑构配件详图中的一般轮廓线
	中	——	$0.5b$	尺寸线、尺寸界线、索引符号、标高符号、详图材料做法引出线、粉刷线等
	细	——	$0.25b$	图例填充线、家具线
虚线	中粗	------	$0.7b$	建筑构造详图及建筑构配件不可见的轮廓线；平面图中的起重机(吊车)轮廓线；拟建、扩建建筑物轮廓线
	中	------	$0.5b$	投影线，小于 0.5b 的不可见轮廓线
	细	------	$0.25b$	图例填充线、家具线

续表

名称		线型	线宽	一般用途
单点长画线	粗		b	起重机(吊车)轨道线
	细线		$0.25b$	中心线、对称线、地位轴线
折断线	细		$0.25b$	部分省略表示时的断开界线
波浪线	细		$0.25b$	断开界线、构造层次的断开界线

表 11-2　线宽表 单位：mm

线宽比	线宽组					
b	2.0	1.4	1.0	0.7	0.5	0.35
$0.7b$	1.4	1.0	0.7	0.5	0.35	0.25
$0.5b$	1.0	0.7	0.5	0.35	0.25	0.18

表 11-3　图框线、标题栏线的宽度 单位：mm

幅面代号	图框线	标题栏外框线	标题栏分格线
A0、A1	1.4	0.7	0.35
A2、A3、A4	1.0	0.7	0.35

11.2.3　工程字体与绘图比例

工程字体的规定与机械制图完全相同，相关内容见第 1 章。

绘图比例与机械制图相同，比例是图形与实物对应长度的线性之比，包括原值比例、放大的比例和缩小的比例三种情况。比例宜标注在图名的右侧，其字号应比图名的字号小一号或二号，如图 11-3 所示。绘图所用比例，应根据图样的用途和被画物体的复杂程度从表 11-4 中选取。

平面图1:200　　(5)　1:20

图 11-3　比例的标注

表 11-4　比例

图名	比例
建筑物或构造物的平面图、立面图、剖面图	1:50　1:100　1:150　1:200　1:300
建筑物或构造物的局部放大图	1:10　1:20　1:25　1:30　1:50
配件及构造详图	1:1　1:2　1:5　1:10　1:15　1:20　1:25　1:30　1:50

注：一般情况下，一个图样应选用一种比例。若专业制图需要，同一图样可选用两种比例。

11.2.4　尺寸标注

图形只能表示物体的形状，各部分的大小和相互位置需要用尺寸表示。尺寸是图样重要的组成部分，必须按规定标注清楚，并应力求完整、清晰、合理，否则会直接影响施工，给生产造成损失。图样上所注的尺寸，表示物体的真实大小，与图形的比例以及绘图误差无关。

尺寸由尺寸界线、尺寸线、起止符号和尺寸数字四部分构成，如图 11-4 所示。

尺寸界线用细实线，一般应与被标注的长度垂直。其一端应离开图样轮廓线不小于 2mm，另一端应超出尺寸线 2~3mm。必要时图样轮廓线可用作尺寸界线，如图 11-5 所示。

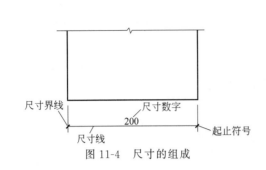

图 11-4 尺寸的组成

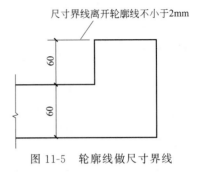

图 11-5 轮廓线做尺寸界线

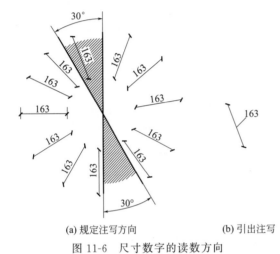

(a) 规定注写方向　　　　(b) 引出注写

图 11-6 尺寸数字的读数方向

图样上的尺寸单位，除标高及总平面图以米（m）为单位外，均必须以毫米（mm）为单位。尺寸数字的读数方向，应按图 11-6（a）的规定注写；若尺寸数字在阴影范围内，宜按图 11-6(b) 的形式引出注写。

尺寸数字应依据其读数方向注写在靠近尺寸线上方中部，如没有足够的注写位置，最外边的尺寸数字可注写在尺寸界线的外侧，中间相邻的尺寸数字可错开注写，也可引出注写，如图 11-7 所示。

尺寸宜标注在图样轮廓线以外，不宜与图线、文字及符号相交，如图 11-8 所示。图线不得穿过尺寸数字，不可避免时，应将尺寸数字处的图线断开，如图 11-9 所示。

互相平行的尺寸线，应从被注的图样轮廓线由近向远整齐排列，小尺寸线应离轮廓线较近，大尺寸线应离轮廓线较远。图样最外轮廓线距最近尺寸线的距离不宜小于 10mm。平行排列尺寸线的间距宜为 7～10mm，并应保持一致。最外边的尺寸界线，应靠近所指部位；中间的尺寸界线可稍短，但其长度应相等，如图 11-10 所示。

图 11-7 尺寸数字注写位置

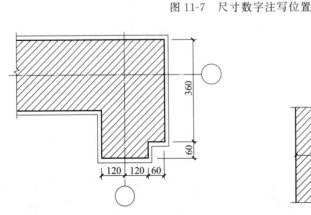

图 11-8 在轮廓线以外标注尺寸 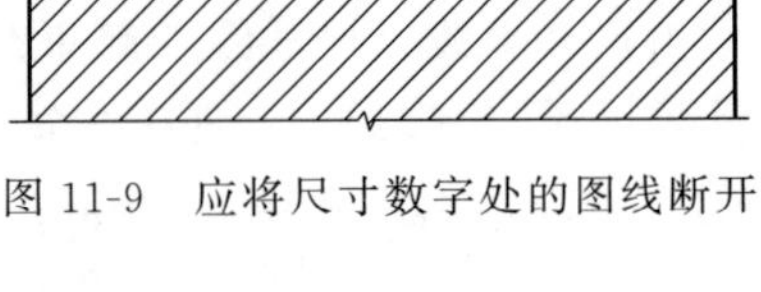　　　　　图 11-9 应将尺寸数字处的图线断开

半径、直径、角度的注法。小于或等于半圆的按圆弧标注半径，大于半圆的标注直径。半径的尺寸线一端从圆心开始，另一端画箭头指至圆弧（箭头画法见图 11-11）。半径数字之前加注半径符号"R"，如图 11-11 所示。较小圆弧的半径，可按图 11-12 的形式标注。较大圆弧的半径，按图 11-13 的形式标注。圆的直径注法见图 11-14。

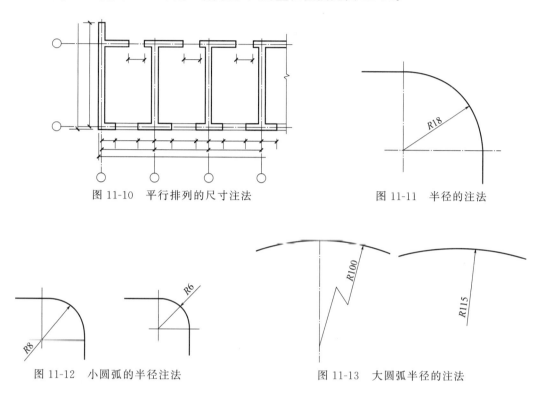

图 11-10　平行排列的尺寸注法　　　　　　图 11-11　半径的注法

图 11-12　小圆弧的半径注法　　　　　图 11-13　大圆弧半径的注法

较小圆的直径尺寸可注写在圆的外边，如图 11-15 所示。

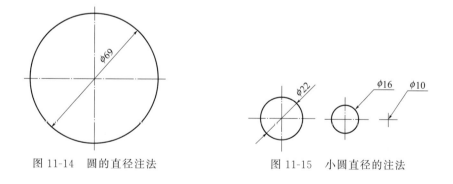

图 11-14　圆的直径注法　　　　　图 11-15　小圆直径的注法

角度尺寸的注法同机械制图的标准，请参看第 1 章。

11.2.5　定位轴线

定位轴线是用来确定房屋主要结构或构件的位置及其尺寸的。因此，在施工图中凡承重墙、柱、梁、屋架等主要承重构件的位置处均应画上定位轴线，并进行编号，作为设计与施工放线的依据。定位轴线应用细点画线绘制，编号应注写在轴线端部的圆内；圆用细实线绘

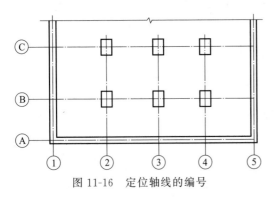

图 11-16 定位轴线的编号

制，直径为 8mm，详图上可增为 10mm。定位轴线圆的圆心，应在定位轴线的延长线上或延长线的折线上。平面图上定位轴线的编号，标注在图样的下方与左侧圆内（如标注有困难也可以标注在上方和右侧）。横向编号应用阿拉伯数字，从左向右顺序编写；竖向编号应用大写汉语拼音字母，从下至上顺序编写，如图 11-16 所示。

字母 I、O、Z 不得用作轴线编号。如果字母数量不够使用，可增用双字母或单字母加数字注脚，如 AA、BB、…、YY 或 A_1、B_1、…、Y_1。定位轴线也可采用分区编号，编号的注写形式应为：分区号-该轴线号，如图 11-17 所示。

附加轴线的编号，应以分数表示，并按下列规定编写。

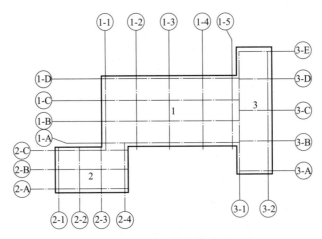

图 11-17 轴线的分区编号

① 两根轴线之间的附加轴线，应以分母表示前一根轴线的标号、分子表示附加轴线的编号，编号宜用阿拉伯数字顺序编写。例如图 11-18(a) 表示 2 号轴线后附加的第 1 根轴线；图 11-18(b) 表示 C 号轴线后附加的第 3 根轴线。

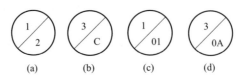

图 11-18 附加轴线编号

② 1 号轴线或 A 号轴线之前的附加轴线的分母应以字母 01、0A 表示。如图 11-18(c) 表示 1 号轴线前附加的第 1 根轴线；图 11-18(d) 表示 A 号轴线前附加的第 3 根轴线。

一个详图适用于几根定位轴线时，应同时注明各有关轴线的编号，如图 11-19 所示。

通用轴线的定位轴线，应只画圆，不注写轴线编号，如图 11-20 所示。

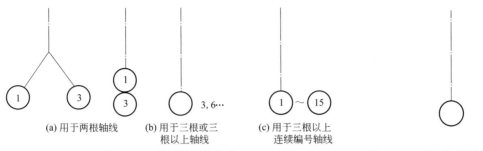

图 11-19 详图的轴线编号   图 11-20 通用轴线不注写编号

11.2.6 标高

标高是用来标明房屋各部分如室内外地面、窗台、门窗洞口上沿、雨罩和檐口底面、各层楼板上皮以及女儿墙顶面等处高度的标注方法。标高分建筑标高和结构标高。

建筑标高：包括粉刷层、装饰层在内的装修完成后的标高。

结构标高：不包括粉刷层、装饰层的标高。

建筑物图样上标高符号的画法如图 11-21(a) 所示，线型为细实线。当标注符号位置不够时，可按图 11-21(b) 的形式标注。标高符号的尺寸如图 11-21(c)、(d) 所示，H、L 应根据需要而定。

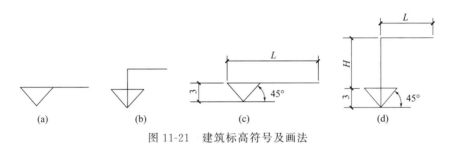

图 11-21 建筑标高符号及画法

总平面图上室外标高符号应用涂黑的三角形表示，如图 11-22(a) 所示，其画法见图 11-22(b)。

标高符号的尖端应指向被标注的高度。尖端可向下，如图 11-21(a) 所示；也可向上，如图 11-23 所示。

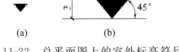

图 11-22 总平面图上的室外标高符号

图 11-23 尖端向上的标高符号

标高数字的单位为 m，注写到小数点后面第三位。在总平面图中，可注写到小数点后面第二位。

标高分绝对标高和相对标高两种，我国规定将青岛黄海平均海平面定为绝对标高的零点，其他各地都以此为基准。一般建筑施工图都使用相对标高，即以首层室内地面高度作为相对标高的零点。零点标高应注写成±0.000，高于它的为正，正数标高不注"＋"；低于它的为负，负数标高应注"－"，例如 10.000、－1.200。在图样的同一位置表示几个不同标

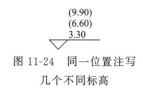

图 11-24　同一位置注写
几个不同标高

高时，可注写成图 11-24 的形式。

在总平面图上常用±0.000＝49.000 的等式形式表示相对标高与绝对标高的关系，即室内首层地面零点的绝对标高为 49.000m。

11.2.7　指北针和风玫瑰

在总平面图和首层平面图上，一般都画出指北针或风向频率玫瑰图（简称风玫瑰）。指北针表示建筑物的朝向。国家标准规定指北针的形式如图 11-25 所示。圆的直径宜为 24mm，用细实线绘制；指针尾部的宽度宜为 3mm，尖端部位注明"北"或"N"（英文 North 的第一个字母大写）。

图 11-25　指北针的
表示方法

风玫瑰是总平面图上用来表示该地区每年风向频率的标志。风向频率玫瑰图是根据某一地区多年平均统计的多个方向风吹次数的百分数值，按一定比例绘制而成。一般多用八个或十六个罗盘方位表示，图 11-26 为十六个罗盘方位。玫瑰图上表示的风向是指从外面吹向地区的中心。玫瑰图由两个封闭的折线组成，虚线折线表示夏季风向频率（夏季风指 6、7、8 三个月）；实线折线表示全年的风向频率（多年风吹频率的平均值）。离中心坐标最远点即为该地区的主导风向。图 11-27 表示我国部分城市的风玫瑰图。

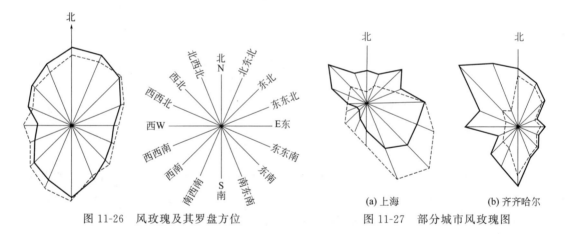

图 11-26　风玫瑰及其罗盘方位　　　　　图 11-27　部分城市风玫瑰图

11.2.8　索引与详图符号

一套完整的图纸包括很多图样，为了便于查找，国家标准规定了索引与详图符号，分别注在放大引出部位和详图处。在需要放大引出部位标注索引符号的地方，用小圆圈和一条水平直径表示；该圆圈和水平直径线均应以细实线绘制，圆的直径应为 10mm，如图 11-28(a) 所示。索引符号应按下列规定编写。

① 如果索引出的图形与被索引的图形在同一张图纸内，应在索引符号下半圆中画一段水平细实线，上半圆标注索引出的图形编号，如图 11-28(b) 所示。

② 如果索引出的详图与被索引的图形不在同一张图纸内，应在索引符号下半圆中用阿拉伯数字注出详图所在图纸的编号，如图 11-28(c) 所示。

③ 如果索引出的详图采用标准图，应在索引符号水平直径的延长线上加注图册的编号，

如图 11-28(d) 所示。

　　④ 如果索引出的图形在整张图纸上，应在索引符号上半圆中画一段水平细实线，如图 11-28(e) 所示。

　　⑤ 索引符号如用于索引剖面详图，应在被剖切的部位绘制剖切位置线，并以引出线引出索引符号；引出线所在的一侧应为剖视方向，用短粗线表示。索引符号的编写同前面的规定，如图 11-29 所示。

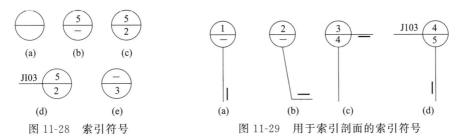

图 11-28　索引符号　　　　　图 11-29　用于索引剖面的索引符号

　　⑥ 零件、钢筋、杆件、设备等的编号，应以直径 6mm 的细实线圆表示，其编号应用阿拉伯数字按顺序编写，如图 11-30 所示。

　　详图的位置和编号应以详图符号表示，详图符号应以粗实线绘制，直径应为 14mm，如图 11-31 所示。

图 11-30　零件、钢筋等的编号　　　图 11-31　详图符号

11.2.9　对称符号及连接符号

　　对称符号按图 11-32 绘制，由对称线和两端的两对平行线组成。对称线应用单点长画线绘制，线宽宜为 $0.25b$；平行线应用实线绘制，其长度宜为 6～10mm，每对的间距宜为 2～3mm，线宽宜为 $0.5b$；对称线应垂直平分于两对平行线，两端超出平行线宜为 2～3mm。

　　连接符号应以折断线表示，连接的部位应以折断线两端靠图样一侧的汉语拼音字母表示连接编号。两个被连接的图样，必须用相同的字母编号，如图 11-33 所示。

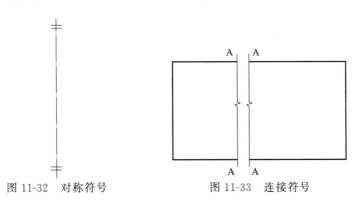

图 11-32　对称符号　　　　图 11-33　连接符号

11.2.10 常用的建筑名词与术语

① 开间：一间房屋的面宽，即两条相邻横向轴线间的距离。

② 进深：一间房屋的深度，即两条相邻纵向轴线间的距离。

③ 层高：楼房本层地面到上一层地面的竖向尺寸。

④ 建筑物：所指范围广泛，一般多指房屋。

⑤ 构筑物：多指水池等供使用的建筑。

⑥ 预埋件：建筑物、构筑物中事先埋好做某种特殊用途的小的构件。

⑦ 构造柱：楼房中为抗震而设置的柱子。

⑧ 埋置深度：指室外地表面到基底地面下的埋深。

⑨ 地物、地貌和地形：地物是指地面上的建筑物、构筑物、河流、森林、道路、桥梁等；地貌是指地面上自然起伏的情况；地形指地球上地物和地貌的总称。

⑩ 地坪：一般指室外自然地面。

⑪ 竖向设计：指高度方向的设计。

⑫ 标号：材料 $1cm^2$ 上能承受的拉力或压力。以 28 天抗压强度来命名，单位为 kgf/cm^2。

⑬ 建筑配件：除建筑物外其他的一些辅助房屋建成和施工的构件，如脚手架、钢筋接头、建筑用拉杆等。

⑭ 建筑面积、结构面积、使用面积和交通面积：建筑面积是建筑物面积大小的衡量指标。它是由结构面积、使用面积和交通面积组成的。粗略地讲，一座建筑物的建筑面积是建筑物的总长与总宽的乘积再乘以层数。结构面积是指建筑物中承重墙体与柱子所占的面积，它因结构类型和墙体多少而异，一般占建筑面积的 10%～15%。使用面积指房间的净面积。它包括主要房间和辅助房间的使用面积，在居住建筑中居室的使用面积算主要房间的使用面积，厨房、厕所等的使用面积算辅助房间的使用面积。一般来说，使用面积约占建筑面积的 50%～75%。交通面积是指各类建筑物中走道和楼梯间的净面积。

⑮ 模数和模数制：为了减少构配件的规格，协调尺寸，从而实现设计标准化、生产工厂化、施工机械化，在建筑设计中采取了标准化措施，即在建筑设计中使用统一的标准尺寸单位——建筑模数。国家标准《建筑模数协调标准》（GB/T 50002—2013）规定了基本模数、导出模数（扩大模数和分模数），以 100mm 为单位，用 M 表示的是基本模数。扩大模数是基本模数的整倍数，模数制中规定扩大模数有 $2M$、$3M$、$6M$、$9M$、$12M$、…，其相应尺寸为 200mm、300mm、600mm、900mm、1200mm、…。分模数有 $1/10M$、$1/5M$、$1/2M$，其相应尺寸为 10mm、20mm、50mm。基本模数、扩大模数和分模数构成一个完整的模数数列，使用时可查标准中的模数数列表。

⑯ 红线：规划部门批给建设单位的占地面积，一般用红笔圈在图纸上，产生法律效力。

⑰ 材料做法：阅读工程图纸，必须结合标准配件图（代号为 J），最主要的有材料做法、门窗详图及其他标准做法。

11.2.11 常用图例和符号

为了简化作图，施工图采取了各种专业图例。在一些比较小的图形中，房屋的某些细部构造无法也没有必要按它的真实形状画出，而只能用示意性的符号来表达，如平、立、剖面图中的门窗画法等；又如建筑材料的种类繁多，在图样上也只能以规定的符号来代表不同的材料。这些符号就叫图例，在《建筑制图标准》（GB/T 50104—2010）中均有统一规定。表 11-5～表 11-7 为常用的几类图例。

图 11-5　总平面图及运输图例

图例	名称及说明
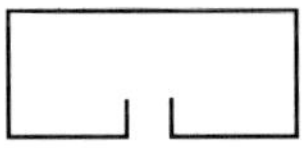	新设计的建筑物 ① 比例尺小于 1∶2000 时可不画入口 ② 需要时可在右上角以点数（或数字）表示层数
	原有的建筑物 在建筑中拟采用者均应编号说明
	计划扩建的预留地或建筑物
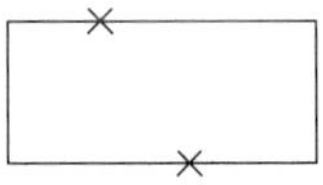	拆除的建筑物
	地下建筑物或构筑物用粗虚线表示
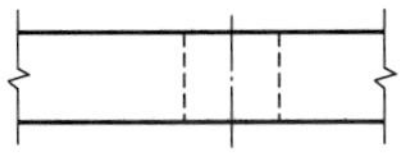	建筑物下面的通道
	铺砌场地
	储罐或水塔
	烟囱 必要时，可注写出烟囱高度和用虚线表示烟囱基础
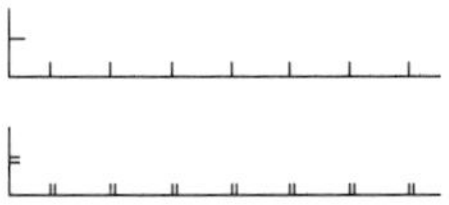	围墙 上图表示砖石、混凝土及金属材料围墙 下图表示镀锌铁丝网、篱笆等围墙
	挡土墙 被挡土在"突出"的一侧
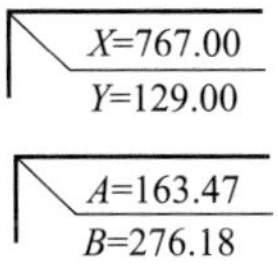 $X=767.00$ $Y=129.00$ $A=163.47$ $B=276.18$	坐标 上图表示测量坐标，下图表示建筑坐标
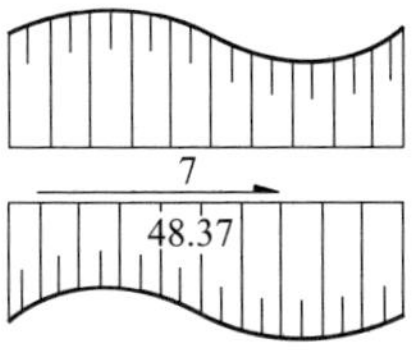 7 48.37	水沟或排水沟 "7"表示 7%，为沟底坡度；"48.37"表示变坡点间距离；箭头表示水流方向

续表

图例	名称及说明
	雨水井
	室外地坪标高
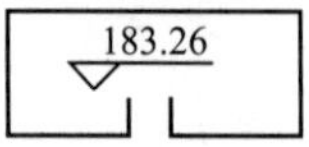 183.26	室内地坪标高
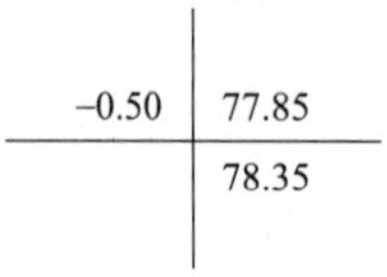 −0.50　77.85 78.35	方格网交叉点标高 "78.35"为原地面标高，"77.85"为设计标高，"−0.50"为施工高度，"−"为挖方，"＋"为填方
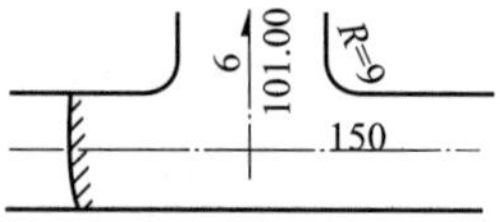 101.00　R=9 150	新设计道路 ① R 为道路转弯半径，"150.00"表示路面中心标高，"6"表示 6% 或 6‰的纵坡度，"101.00"表示变坡点间距离 ② 图中斜线为道路断面示意图，根据实际需要绘制
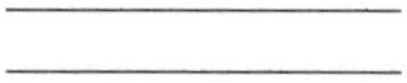	原有道路
	计划的道路
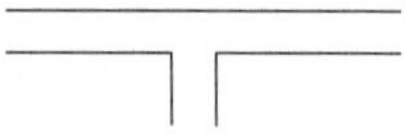	人行道
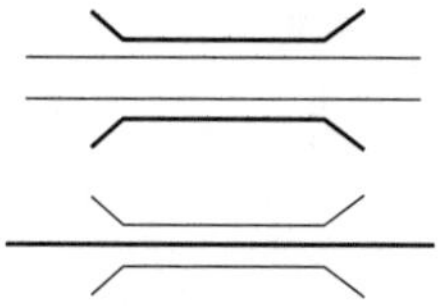	桥梁 上图表示公路桥，　下图表示铁路桥

表 11-6　建筑材料图例

图例	名称及说明
	自然土壤 包括各种自然土壤、黏土等
	素土夯实
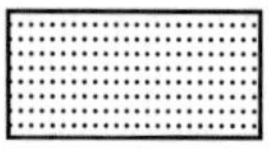	砂、灰土及粉刷材料
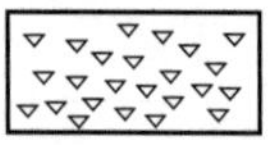	砂、砾石及碎砖三合土
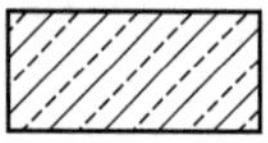	石材 包括岩层及贴面铺地等材料
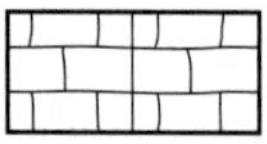	方整石、条石 本图例表示砌体
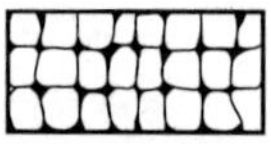	毛石 本图例表示砌体
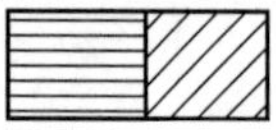	普通砖、硬质砖 在比例小于或等于 1∶50 的平、剖面图中不画斜线，可在底图背面涂红

图例	名称及说明
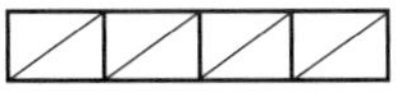	非承重的空心砖 在比例较小的图画中可不画图例,但须注明材料
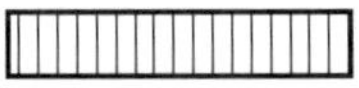	瓷砖或类似材料 包括面砖、马赛克及各种铺地砖
	混凝土
	钢筋混凝土 ① 在比例小于 1：100 的图面中不画图例,可在底图上涂黑表示 ② 剖面图中如画出钢筋时,可不画图例
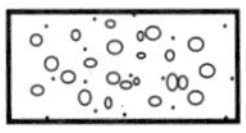	加气混凝土
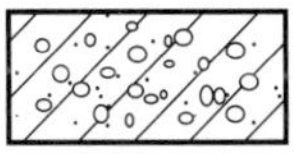	加气钢筋混凝土
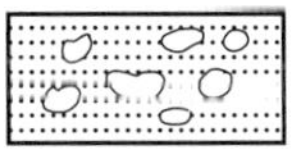	毛石混凝土
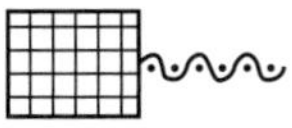	金属网
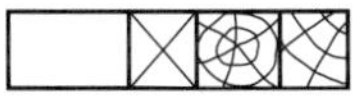	木材
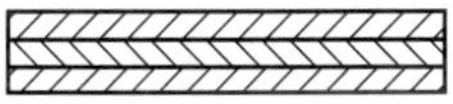	胶合板 ① 应注明"×层胶合板" ② 在比例较小的图面中,可不画图例,但须注明木材
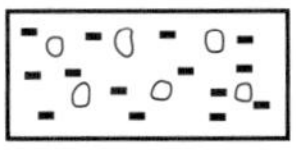	矿渣、炉渣及焦渣
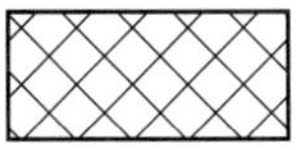	多孔材料或耐火砖 包括泡沫混凝土、软木等材料
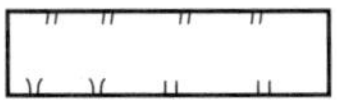	菱苦土
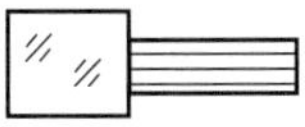	玻璃 必要时可注明玻璃名称,如磨砂玻璃、夹丝玻璃等
	松散保温材料 包括木屑、木屑石灰、稻壳等
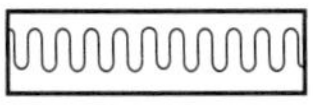	纤维材料或人造板 包括麻丝、玻璃棉(毡)、矿棉(毡)、刨花板、木丝板等
	防水材料或防潮层 应注明材料
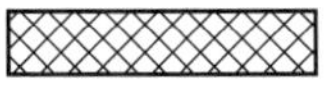	橡皮或塑料 底图背面涂红
	金属
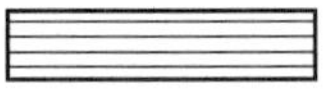	水

表 11-7　建筑配件图例

图例	名称及说明	
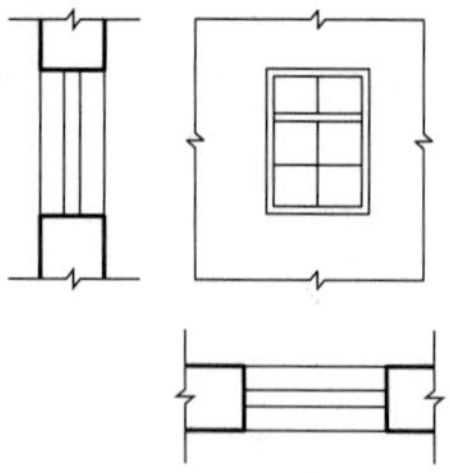	扩建或改建时新设计的墙 ① 左图为剖面图,右图为平面图 ② 新设计的墙身材料,应画普通砖图例	
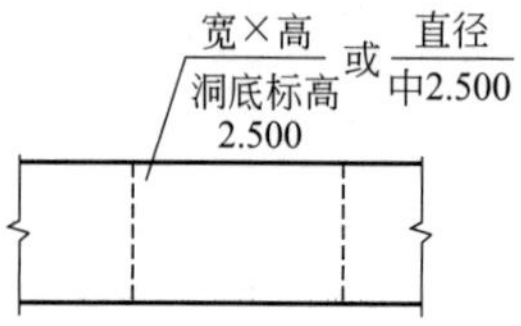	墙上预留孔洞	① "底 2.500"表示洞底标高或槽底标高,"中 2.500"表示洞中心标高 ② 如表示洞底、槽底和洞中心距地面、楼面高度时,注法为"底距地 2500"或"中心距地 2500"
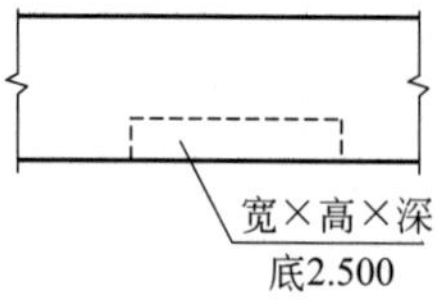	墙上预留孔槽	
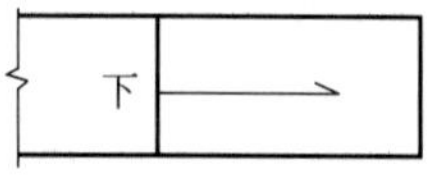	长坡道	在比例较大的图画中,坡道上如有防滑措施,可按实际形状用细线表示
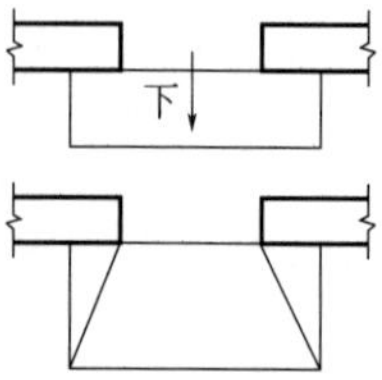	入口坡道	
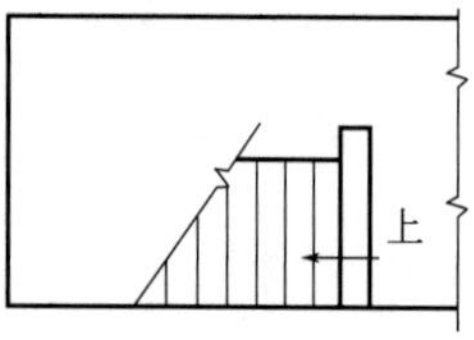	底层楼梯	楼梯的形状及步数应按设计的实际情况绘制
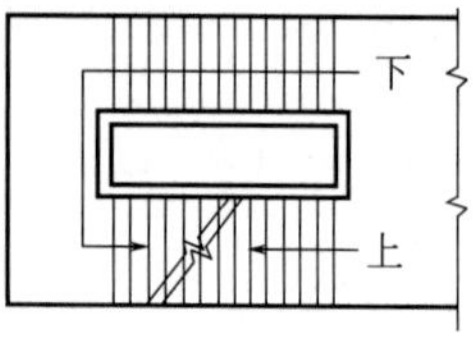	中间层楼梯	
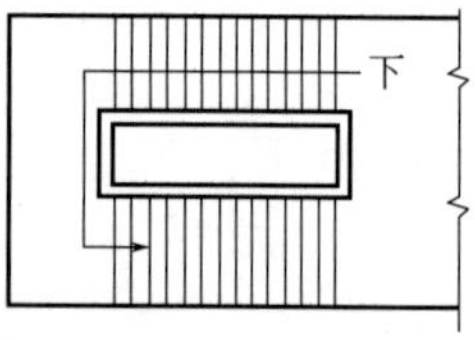	顶层楼梯	

续表

图例	名称及说明	
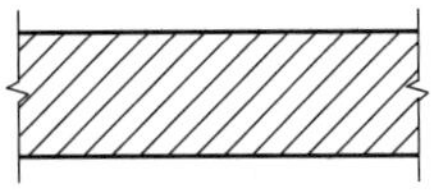	土墙 包括土筑墙、土坯墙、三合土墙等	
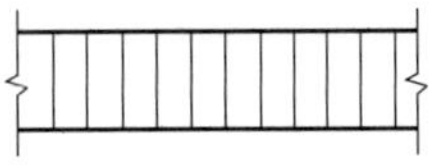	板条墙 包括钢丝网墙、苇箔墙等	
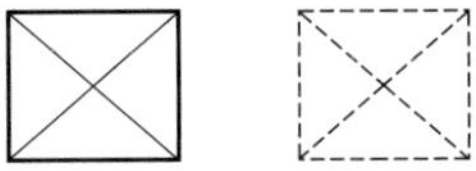 地面　　吊顶	检查孔(进入口) 左图为可见检查口,右图为不可见检查口	
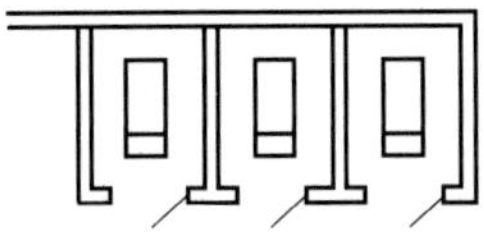	厕所间 ① 在比例较小的图面中,隔断可用单线表示 ② 卫生用具及门的开关方向,应按设计的实际情况绘制	
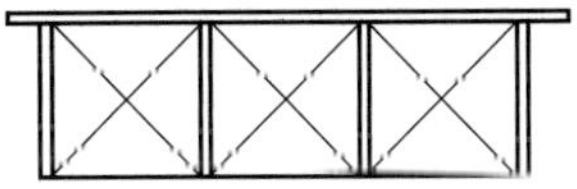	沐浴小间 ① 在比例较小的图面中,隔断可用单线表示 ② 如沐浴小间有门时应按设计的实际情况画出门的位置及开启方向	
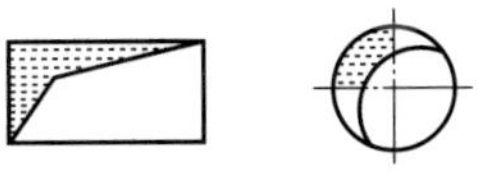	孔洞	左图表示长方形 右图表示圆形
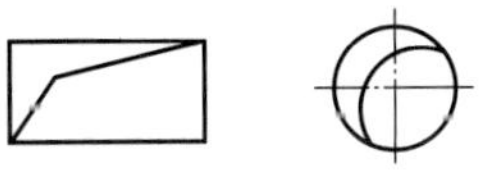	坑槽	左图表示长方形 右图表示圆形
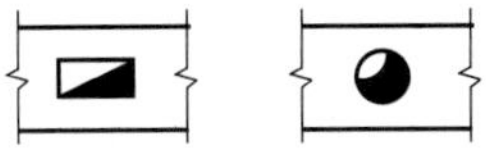	烟道	左图表示长方形 右图表示圆形
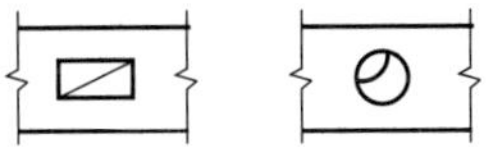	通风道	左图表示长方形 右图表示圆形
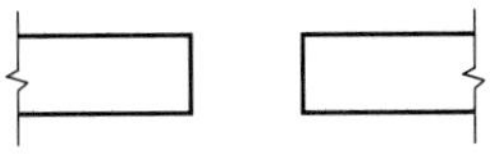	空门洞	门的代号为 M
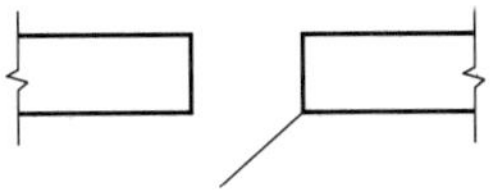	单扇门	门的代号为 M
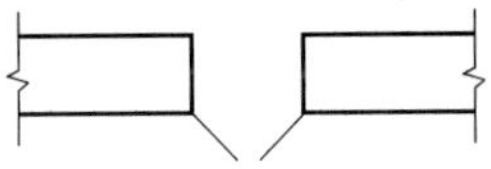	双扇门	门的代号为 M
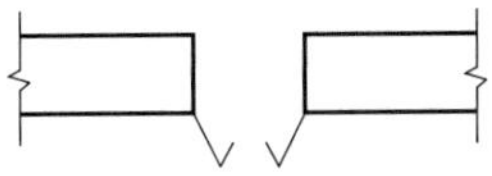	对开折叠门	门的代号为 M

图例	名称及说明
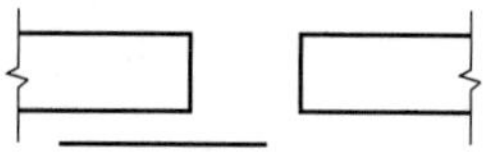	单扇推拉门	门的代号为 M
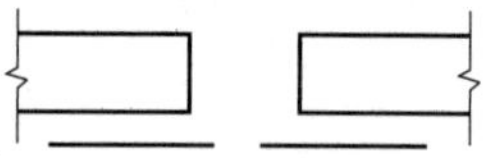	双扇推拉门	
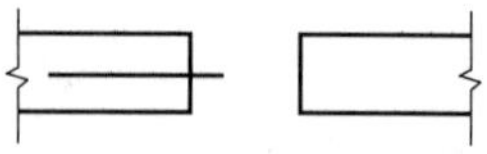	墙内单扇推拉门	
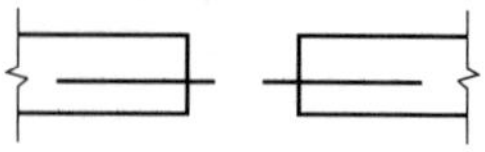	墙内双扇推拉门	
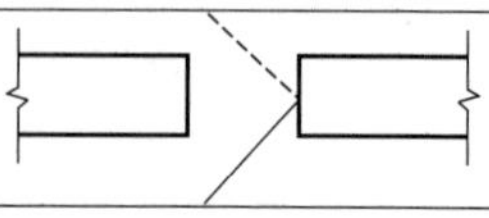	单扇双面弹簧门	
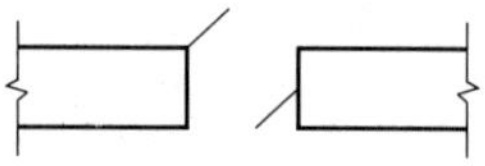	双扇双面弹簧门	
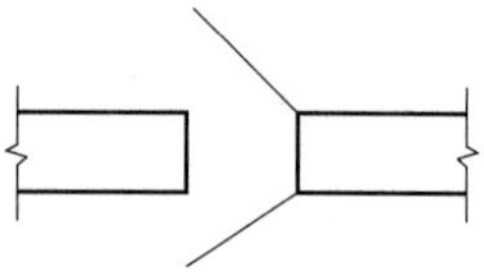	单扇内外开双层门	
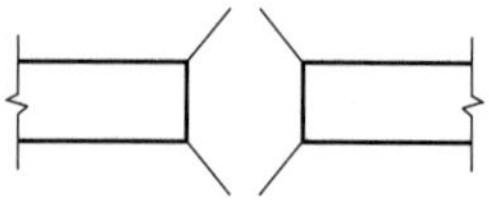	双扇内外开双层门	
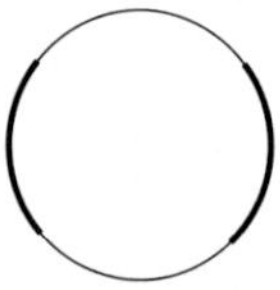	转门	
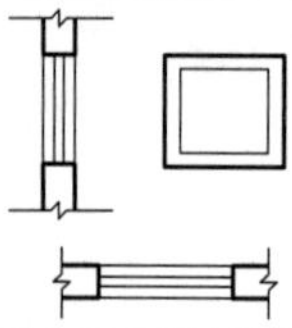	固定窗	① 窗的名称代号用 C 表示 ② 平面图中,下为外,上为内 ③ 立面图中,开启线实线为外开,虚线为内开。开启线交角的一侧为安装合页一侧。开启线在建筑立面图中可不表示,在门窗立面大样图中需绘出 ④ 剖面图中,左为外、右为内。虚线仅表示开启方向,项目设计不表示 ⑤ 附加纱窗应以文字说明,在平、立、剖面图中均不表示 ⑥ 立面形式应按实际情况绘制
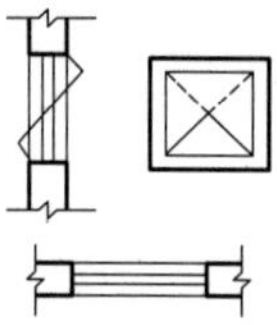	中悬窗	
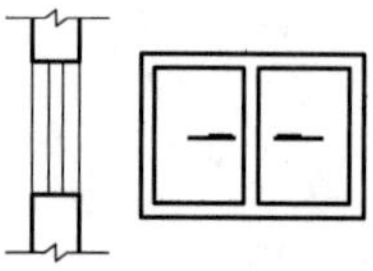	水平推拉窗	

11.3　建筑图的基本表达方法

建筑施工图是工程施工放线、刨槽、砌筑砖墙、安装门窗、内部装修装饰、安装设备以及编制预算、备料、加工订货等的依据。它包括建筑平面图、建筑立面图、建筑剖面图、建筑详图和标准图。

图 11-34 表示房屋建筑的组成。从图中可以看到，地下埋着的部位叫基础，它包括垫层、大放脚和基础墙，往上是外墙、内墙（框架结构有柱子和梁）、楼板和屋面板及屋面，这是房屋的主要部分。此外还可以看到门、窗、楼梯、休息板、踢脚板、地面、走道、台阶、花池、散水、勒脚、窗台、雨篷、女儿墙、屋檐等细部结构，称为附属结构。建筑施工图就是要把这些内容标示清楚。

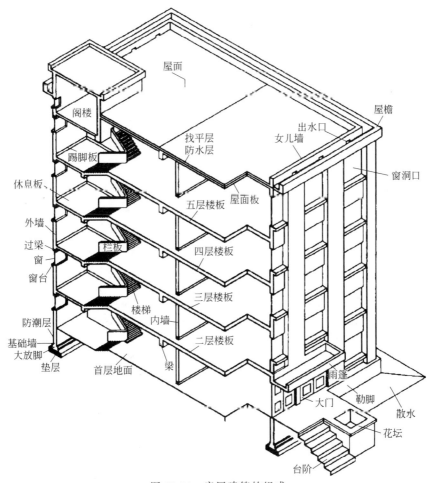

图 11-34　房屋建筑的组成

（1）建筑平面图

建筑平面图就是一栋房屋的水平剖视图，即假想用一个水平面沿窗台稍高一点的地方将建筑物切开，移去剖切平面上面的部分，将剖切平面下面的结构向水平面投影，从上往下看画出其视图（一般为俯视图），并将剖切到的墙体部分用粗实线（或中粗实线）围起来（或画出相应的建筑材料图例符号），所得的图就是建筑平面图。图 11-35 是某楼房的首层建筑平面图和二层建筑平面图例图。建筑平面图的内容一般包括：①建筑物的平面外形和朝向，如建筑物外的台阶、散水、坡道、花坛以及凸出外墙的一些结构部分等。②建筑物的内部分隔和房间的名称（或编号）与大小，如房间、楼梯、门窗、厕所、卫生间、走道等的布局和大小。③需要标注横向和纵向轴线的编号。④建筑平面图上一般需要标注三道尺寸：最外层为建筑物的总长、总宽，即总外包尺寸；中间一层标注房间的开间和进深尺寸，即定位轴线

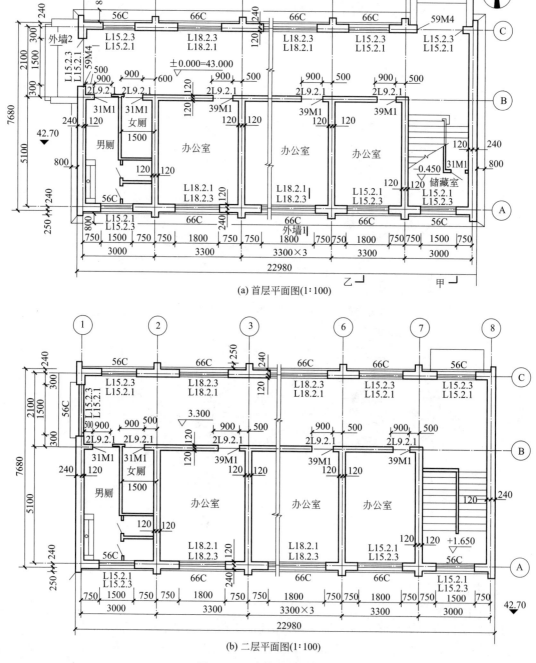

图 11-35　建筑平面图例图

间的尺寸，也叫标志尺寸；最内层则根据实际情况标注，主要标注内外墙厚、柱的断面、门窗洞口的宽度尺寸和位置，预留洞口的位置、大小和洞底标高，窗垛的尺寸等细部尺寸。⑤室内外标高。⑥剖面图、断面图、详图及标准图等各种索引符号。⑦门窗的编号和安装位置、门的开启方向。其中门用 M 表示，窗用 C 表示。⑧门窗表、材料做法表及图集号等。⑨反映水、暖、电、煤气对土建专业的要求，如配电盘、消火栓等留孔、留洞的尺寸等。⑩在文字说明中应注写砖、砂浆、混凝土的强度及对施工的要求等。

　　建筑平面图根据房屋的层数不同，分为首层平面图、屋顶平面图和标准层平面图。其中首层和屋顶是必需的，中间各层如果平面布置完全相同，则画一张标准层平面图代表；如果中间各层的平面布置各不相同，则需要画出各中间层的平面图。各层平面图原则上表示剖切平面之下和下一层剖切平面之上的结构。平面图原则上是从最下面往上依次表示，如有地下室则应从地下室平面算起，逐层往上至屋顶平面；每层平面图都要在比例允许的情况下尽可能表示出最多的内容，表示不清楚的部分用详图索引标注。屋顶平面图是水平方向的视图而不是剖面图，它主要表达屋顶上建筑构造的平面布置以及雨水、泛水坡度和坡度的走向等。图 11-36 是某楼房的屋顶平面图。

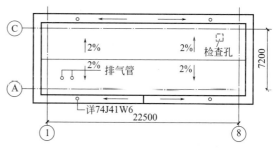

图 11-36　屋顶平面图例图

（2）建筑立面图

　　建筑立面图就是一栋房子的正立面投影图与侧立面投影图。通常按建筑物各个立面的朝向，将几个投影图分别叫做东立面图、西立面图、南立面图和北立面图等，也称为正立面图、侧立面图和背立面图（一般为主视图、后视图、左视图或右视图）。立面图的外包轮廓线用粗实线绘制，其余轮廓线用中粗实线绘制，材料按建筑图例规定绘制。图 11-37 为某楼房南、北、西、东四个方向的立面图。当朝向倾斜时，也叫作 X 向立面图，如 A 向立面图等。立面图主要表明建筑物的外观、装修做法及做法代号，有时还要说明装修做法的具体材料及其配比。其主要内容有：①表明建筑物的外形以及门窗、阳台、雨罩、花台、门头、勒脚、檐口、女儿墙、雨水管、烟囱、通风道、室外楼梯等的形式、位置及做法；②通常在外部竖直方向要标注三道尺寸，水平尺寸除个别要求标注外，一般均不标注；③通常标注室外地坪、首层地面、各层楼面、顶板结构上表面（坡屋顶为支座上皮）、檐口（女儿墙）和屋脊上皮以及外部尺寸不易表达的一些构件等的标高或尺寸；④注明某些局部或外墙的索引符号。

（3）建筑剖面图

　　建筑剖面图就是第 7 章介绍的剖视图。即假设用一个正平面或侧平面将房屋切开，移去观察者和剖切平面之间的部分，画出剩余部分的视图，在比例比较小的图中将剖切到的实体轮廓用粗实线画出，在比例比较大的图中画出剖切的图例符号，表示其断面，从而得到该建筑物的建筑剖面图。图 11-38 是某楼房的甲—甲和乙—乙剖面图。剖面图主要表明建筑物的结构形式、高度尺寸及各部分特别是平面图中复杂部位的做法。剖面图的基本内容包括：①表明建筑物的层次、各层梁板的位置及墙柱的关系、屋顶的结构形式等。②剖面图上所注的尺寸，除竖直方向有时加注内部尺寸以表明室内净高、楼层结构、楼面构造厚度的尺寸外，外部尺寸应标注三道；即窗台、窗高、窗上口、室内外高差、女儿墙或檐口高度为第一道外尺寸，第二道尺寸为层高尺寸，第三道尺寸为室外地坪至檐部的总高度尺寸。水平方向应标注出轴线间尺寸及

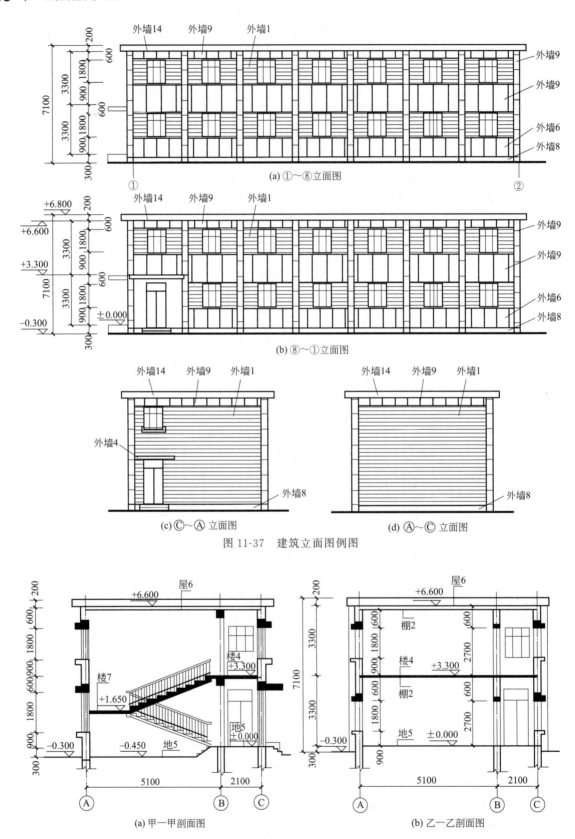

(a) ①～⑧立面图

(b) ⑧～①立面图

(c) Ⓒ～Ⓐ 立面图

(d) Ⓐ～Ⓒ 立面图

图 11-37 建筑立面图例图

(a) 甲—甲剖面图

(b) 乙—乙剖面图

图 11-38 剖面图

轴线编号。还应标注伸出墙外的雨罩、阳台、挑檐板等需要标注的尺寸。③标注地面、楼面、顶棚、踢脚板、墙裙、内墙面、屋面等的做法或做法代号，需画详图时，应另加索引。

（4）建筑详图

由于建筑平、立、剖面图样一般采用较小的比例绘制，建筑物的某些细部及构配件的详细构造和尺寸无法表示清楚。为了满足施工的要求，必须将这些部位的形状、尺寸、材料、做法等用较大的比例详细表达出来，这种图样称为建筑详图，简称详图。详图又称大样图或节点图。

建筑详图是建筑细部或构配件的大比例图样，是建筑平、立、剖面图的深化和补充，是指导房屋细部施工、建筑构配件的制作以及编制预算的重要依据。建筑详图可分为节点构造详图和构配件详图两类。凡表达房屋某一细部形状大小、构造做法和材料组成的详图称为节点详图，如墙身详图（包括檐口、窗台、勒脚、明沟、散水等）。凡表明构配件本身构造的详图，称为构件详图或配件详图，如门窗详图、楼梯详图、花格详图等。

图 11-39 是某楼房的两个外墙详图，图 11-40 是某楼房的楼梯详图。详图采用的比例一般有 1:5、1:10、1:20 等。就民用建筑而言，应画详图的部位很多，如外墙、楼梯、实

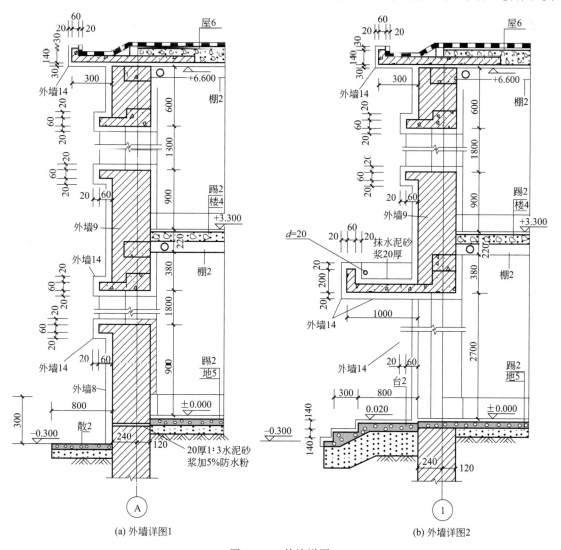

(a) 外墙详图1

(b) 外墙详图2

图 11-39　外墙详图

验室、卫生间、厨房等。如今很多构件和配件都已采用了标准图册说明详图构造，施工图中可以用代号表示。详图是各建筑部位具体构造的施工依据，平、立、剖面图所有具体尺寸的工程做法均应以详图为准，因此在建筑施工图中详图是必不可少的。

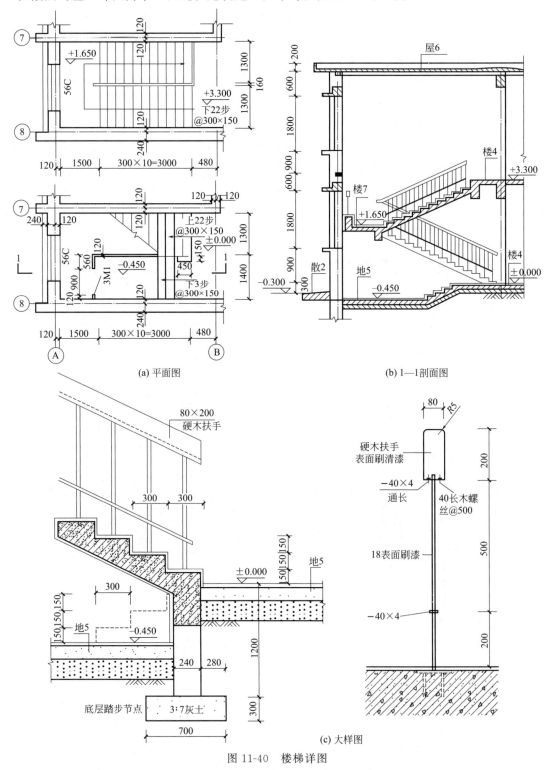

(a) 平面图

(b) 1—1剖面图

(c) 大样图

图 11-40　楼梯详图

11.4　建筑施工图的绘制与阅读

11.4.1　建筑平面图

①　建筑平面图的读图顺序一般应从首层平面图读起（若有地下室则应从地下室平面算起），然后再读二层、三层，逐层往上直至屋顶平面。阅读平面图要从定位轴线开始，由所注尺寸看房间的开间和进深，如图 11-35（a）中办公楼的开间有 3000mm 和 3300mm 两种，其进深为 5100mm；看墙厚或柱子尺寸，要看清楚轴线处于中央还是偏心位置，如图 11-35（a）中的四周外墙墙厚为 360mm，且轴线处于偏心位置，而内墙墙厚为 240mm，轴线处于中央位置；看门窗的位置及尺寸，门窗在平面图中可表明其开启方向及其在墙的轴线上还是靠墙内皮或外皮设置的，如图 11-35（a）中办公楼的两个大门都是双扇弹簧门，而各房间的门都是内开的单扇门。轴线两侧还有什么特殊表示，如凹进或凸出的部位，都要尽可能记住，如图 11-35（a）中南北两侧外墙的外部均有厚 240mm 凸出 250mm 的砖垛，它是装饰性壁柱。总之轴线就是控制线，它对整个建筑起控制性作用。

②　平面图四周与内部注有相当多而详尽的尺寸数字，它基本上只能表明占地长与宽两个方向的尺寸，这些尺寸是否都与建筑物在大方面和细部对得上关系，在读图时必须认真仔细查看清楚。平面图中不能表示高度方向的情况，但要注意在平面图中用标高表示某一平面的高度，如图 11-35（a）中室外地坪绝对标高为 42.70m，室内首层地面相对标高为 ±0.000m，而楼梯下面的相对标高为 −0.450m。

③　建筑平面图中的门、窗、过梁都是用代号表示的，它们的数量、型号要与门、窗、过梁统计表或标准门窗图集、标准构配件图集对照仔细核对。它们的安放位置和内外装修有关，详细做法还要阅读建筑详图才能知道。

④　如前所述，多层建筑物的平面图不只一张，它们的上下轴线应完全相同，尤其是砖混结构，常有下面的墙厚上面的墙薄，轴线由偏心变成中心或相反的情况。从施工角度看，这个问题，还要与结构平面图一致。因此从施工角度看，一般读图的过程应先读结构施工图，后读建筑平、立、剖面图和详图。

⑤　由于建筑图中的常用材料和构配件都是用图例符号表示的，在读图时必须熟悉这些图例符号并运用到读图的全过程中。

⑥　对建筑平面图尤其是首层平面图中的索引符号要仔细阅读研究。它涉及建筑物的朝向和要表达的详尽内容，应与对应的详图对照阅读。由于剖切方法本身就比较灵活，有全剖、半剖、局部剖、阶梯剖、旋转剖等多种形式，在读图时应将索引符号与对应图纸对照想象出建筑物该部位的形状结构。

⑦　要仔细阅读图标和文字说明，从中可以弄清工程的性质、图纸比例、图纸编号的对应关系、设计负责人等内容。

图 11-36 是一张屋顶平面图，阅读时应读懂以下基本内容。

①　读懂屋顶的形状和尺寸、屋檐的挑出尺寸、女儿墙的厚度及位置，还要读懂突出屋面的楼梯间、水箱间、烟囱、通风道、检查孔、屋顶变形缝等结构的位置。

②　弄清屋面排水情况，如排水区、屋脊或分水线、天沟、排水方向、排水坡度以及雨

水口、雨水管的位置等。

③ 读懂屋面有关详图的索引符号以及索引出相应详图。

屋顶平面图比较容易阅读，但要注意结合内外墙详图、图中索引符号对照阅读，以免出错。

图 11-36 所示屋顶为 矩形，右上角有一个检查孔，左卜角厕所上部的屋顶上有两个排气管。为了排水通畅，在屋顶有一条左右方向的分水线，从分水线向前向后均做出 2％的排水坡度；屋檐上前后各做两个雨水口（其做法见标准图集"74J41 W6"），在前后屋檐上以屋顶长度的中点分界分别向左向右做出一定的坡度，其作用也是方便排水。

根据建筑物的总尺寸确定绘图比例和图纸幅面后，进行建筑平面图的绘制。绘图步骤如下：

① 画定位轴线。

② 根据轴线画墙身或柱子的轮廓线。

③ 画细部，如门窗洞、楼梯、台阶、卫生间等。

④ 画尺寸线、尺寸界线、尺寸起止符号以及轴线圆圈。

⑤ 检查无误后，擦去多余的线，按要求加深图线。

⑥ 标注轴线、尺寸、标高、剖切符号、索引符号、各房间名称、门窗编号、图名比例及其他的文字说明。

11.4.2 建筑立面图

一座建筑物是否美观，很大程度上取决于它在主要立面上的艺术处理。因此，建筑立面图是设计工程师表达立面设计效果的重要图纸，通过它来反映房屋的体型外貌、门窗类型及其排列位置和立面装修做法。建筑立面图在施工中是外墙面造型、装修、工程概预算以及备料等的依据。

建筑立面图的读图要点是：

① 根据立面图的图名或轴线编号并对照建筑平面图，明确各立面图的投影方向和表示的内容是否正确，校核门、窗等所有细部构造是否正确无误。检查各立面图之间、立面图与平面图之间有无不吻合的地方。

② 各立面图彼此之间在材料做法上有无不符、不协调之处。

③ 通过阅读立面图，联系平面图和剖面图构思建筑物的整体外观，包括整体外部形状和外装修做法。

图 11-37 为一张立面图例图，与其对应的平面图是图 11-35、图 11-36。读者可根据建筑立面图的基本内容和读图要点自行读图。

图 11-37 中标注的"外墙1""外墙6""外墙8""外墙9""外墙14"等是外墙的材料做法，如"外墙1"为清水砖墙面，其做法为：清水砖墙 1：1 水泥砂浆勾凹缝。"外墙6"为水刷石墙面，20～22mm 厚，其做法为：①12mm 厚 1：3 水泥砂浆打底扫毛或划出纹道；②刷素水泥一道（内掺水重 3％～5％的 107 胶）；③8mm 厚 1：1.5 水泥石子（小八厘）或 10mm 厚 1：1.25 水泥石子（中八厘）罩面。

建筑立面图的绘图步骤如下：

① 画室外地坪线、轴线、外形轮廓线和屋面线。

② 画门窗洞口定位线，确定门窗位置。

③ 画细部结构，如台阶、雨篷、檐口、窗台、门窗扇、雨水管、勒脚等。

④ 画标高符号、尺寸线、尺寸界线、尺寸起止符号。

⑤ 检查无误后，擦去多余的线，按要求加深图线。

⑥ 标注轴线、尺寸、标高、外墙装饰做法、索引符号、图名比例及其他的文字说明。

11.4.3　建筑剖面图

建筑剖面图用来表示房屋内部的结构和构造形式、垂直空间的利用和各部位的高度、组合关系、所用材料及其做法等。习惯上剖面图中不画出基础的大放脚。建筑剖面图与平面图、立面图相互配合来表示整幢建筑物，是施工图中不可缺少的重要图样之一。

建筑剖面图的读图要点包括以下几个方面：

① 弄清剖面图的剖切位置及投影方向，一般在平面图中用索引符号标明。读图时，应根据剖切位置及投影方向校核剖面图所表明的轴线号、剖切到的内容和可见部位的位置是否与平面图中完全一致。如图 11-38（a）所示的甲—甲剖面图，其剖切位置甲—甲和投影方向可在图 11-35（a）中找到，剖切平面是在 7 号和 8 号轴线之间的楼梯间横向剖切的，投影方向由东向西。剖切到的部位包括外墙及外墙上的门窗，室内楼板，A、B 两轴线间的楼梯、休息板及台阶，B、C 两轴线间的门窗（是在走廊可见的西侧外墙上的门窗）等。

② 校对剖面图中的尺寸、标高是否与平面图中一致，通过核对尺寸、标高和材料做法，加深对建筑物各处做法的整体了解。由图 11-38 可知，首层地面的标高为 ± 0.000m，层高为 3.300m，屋顶标高为 6.600m，室外散水的标高为 -0.300m。门窗高度方向的尺寸见图，请自行分析。室内地面、楼板、顶棚及屋顶、散水等的材料做法是用文字说明的，如"地5""楼4""楼7""棚2"等。

建筑剖面图的绘图步骤如下：

① 画室外地坪线、定位轴线、楼面线、屋面线。

② 确定门窗洞口的位置画墙身线，根据厚度画楼板及屋面板的轮廓线，确定楼梯的位置画楼梯轮廓线。

③ 画其他细部如门窗、梁、台阶、雨篷、檐口、踢脚等构配件。

④ 画标高符号、尺寸线、尺寸界线、尺寸起止符号。

⑤ 检查无误后，擦去多余的线，按要求加深图线。

⑥ 标注轴线、尺寸、标高、索引符号、图名比例及其他的文字说明。

11.4.4　建筑详图

常用的详图主要有墙身剖面详图、楼梯详图、门窗详图、厨房、浴室、卫生间详图等。

（1）外墙详图的阅读

外墙详图是建筑剖面图中外墙墙身从室外地坪以下到屋顶檐部的局部放大图。外墙详图的作用是配合建筑平面图为砌墙，室内外装修，立门窗口，放预制件、配件等提供具体做法，并为编制概预算和准备材料提供依据。如图 11-39 所示，外墙详图的内容主要包括以下几个方面：

① 外墙详图要和建筑平面图或立面图中的剖切位置及投影方向等索引标志、朝向、轴线

编号完全一致，只不过详图用较大的绘图比例画图而已。由图 11-38（a）可知，图 11-39（a）所示外墙详图的剖切位置在 2、3 号两根横向轴线之间的南面 A 轴线外墙，与平面图对照可知投影方向由东向西；而图 11-39（b）所示详图为 B、C 两轴线之间的西侧 1 号轴线外墙，投影方向从南向北。

② 表明外墙厚度与轴线的关系，轴线位于墙中央还是偏向一侧、墙上哪里有变化等，均应在详图中表达清楚。图 11-39 所示两个外墙详图都是偏向一侧的，墙外皮至轴线 240mm，内皮至轴线 120mm。

③ 表明室内外地面处的节点构造。主要包括基础墙厚度、室外地面高程、散水或明沟、台阶或坡道做法，墙身防潮层做法，首层地面与暖气沟、暖气槽、暖气罩和暖气管件的做法，室外勒脚、室内踢脚板或墙裙的做法，首层室内外窗台做法等。图 11-39 所示基础墙与外墙相同，厚度为 360mm，室内首层相对标高 ±0.000m，室外散水的相对标高 -0.300m，散水做法为"散 2"，台阶做法为"台 2"，防潮层的做法为"20mm 厚 1：3 水泥砂浆加 5% 的防水粉"，室内地面及踢脚板做法分别为"地 5"和"踢 2"等，其他做法请自行读图。

④ 表明楼层处节点的详细做法。主要包括下层窗过梁到本层窗台范围内的全部内容，有门窗过梁、雨罩或遮阳板、楼板、圈梁、阳台板及阳台栏杆或栏板、楼地面、踢脚板或墙裙、楼层内外窗台、窗帘盒或窗帘杆、顶棚和内外墙面做法等。当楼层为若干层而各层节点完全相同时，可用一个图样表示，但需要标注若干层的标高。请自行阅读图 11-39。

（2）楼梯详图的阅读

楼梯是上下楼的交通设施，要求坚固耐久。当代多采用现浇楼梯和预制楼梯两种做法，楼梯组成有楼梯段（又称为梯段或楼梯跑，包括踏步和斜梁，有的层高之间只设一跑楼梯段，只设踏步而没有斜梁，但底板较厚）、楼梯井（两跑楼梯之间的缝隙）、休息平台（又称为休息板或平台板，由平台板和楼梯梁组成）、栏板（或栏杆）及扶手等。比较复杂的楼梯应分别绘制建筑和结构两个专业的楼梯详图，见图 11-40。装修比较简单的楼梯一般合并画一张详图。

楼梯详图的作用是表明楼梯的形式、结构类型、楼梯和楼梯间的平面与剖面尺寸以及细部装修做法。

（3）楼梯详图的基本内容

楼梯详图一般包括楼梯平面图、剖面图和详图。除首层和顶层平面图以外，中间无论有多少层，只要楼梯作法完全相同，都可只画一个平面图，称为标准层平面图。剖面图也类似，若中间各层作法完全相同，也可用一标准层代替，但该剖面图上下要加画水平折断线。详图包括踏步详图、栏板或栏杆详图以及扶手详图等。

1）楼梯平面图

楼梯平面图的剖切位置一般选在本层地面到休息板之间，或者说是第一楼梯段中间。水平剖切后向下作的全部投影图，称为本层楼梯平面图。如果是三层楼房，每层是两跑楼梯中间有一块休息板，楼梯间首层平面图表示出第一跑楼梯剖切后剩下的部分梯段，第一梯段下若设置成小储藏室，还要显示出该跑下面的隔墙、门，还有外门和室内外台阶等；二层平面图应表示出第一跑楼梯的上半部、第一块休息板、第二跑楼梯、二层楼面和第三跑楼梯被剖切以后的下半部；三层平面图则应表示出第三跑楼梯的上半部、第二块休息板、第四跑楼梯全部和三层楼面。

各层平面图，除应注明楼梯间的轴线和编号外，还必须注明梯段的宽度、上下两段之间的水平距离、休息板和楼层平台板的宽度、楼梯段的水平投影长度。如图 11-40（a）中的 @300×150，上 22 步，说明每步楼梯的宽为 300mm，高为 150mm，两个楼梯段共上 22 步，每个楼梯段上 11 步，即楼梯段的水平投影长度为 $300×(11-1)=3000(mm)$。另外还要注出楼梯间的墙厚、门窗的具体位置等。各层平面图以各层或地面为起点，注有"上"或"下"字的箭头，说明楼梯的走向。平面图中一般标注地面、各层楼面和休息板的标高，首层平面图中还应标注剖面图的索引符号。图 11-40 为一座二层楼房的楼梯平面图，它的内容包括各层平面图、每层轴线编号、详细尺寸、各部位标高、窗户位置及内外围构造，楼梯上下方向，1—1 剖切位置与投影方向，请自行阅读。

2）楼梯剖面图

楼梯剖面图重点表达各个楼层和休息板的标高、各楼梯段的踏步数和楼梯段数、各构件的搭接做法、楼梯栏杆的式样和扶手高度、楼梯间门窗洞口的位置和尺寸等。楼梯剖面图还应注明各节点的详图索引及有关文字说明。图 11-40（b）是楼梯间剖面图。由图 11-40（a）可知该剖面图的剖切位置为 1—1 剖切平面，其投影方向由东向西。因下到储藏室的台阶和第二跑梯段被切到，故画出断面材料符号和踏步踢面高度与步数，被切到的地面、休息板、楼板和屋顶也同样画出断面材料符号。栏杆及扶手的式样同时画到梯段上，被切到的其他部位，如门窗洞口、窗台、过梁及圈梁等同样用断面材料符号表示。图中除标注尺寸外，还注出标高，如还有要表示的细部结构，要画出索引标志。

3）楼梯踏步、栏杆及扶手详图

踏步由水平踏步和垂直踢面组成。踏步详图应表明踏步截面形状及尺寸、材料与面层做法。踏步边沿磨损较大、易滑跌，因此常在踏步平面边沿部位设置一条或两条防滑条。

栏杆和扶手是为保护上下行人的安全而设的。靠梯段和平台悬空一侧设置栏杆或栏板，上面做扶手，扶手的型式与大小及所用材料要满足一般手握适度弯曲的情况。由于踏步与栏杆、扶手是详图中的详图，要用详图索引标志画出详图。图 11-40（c）为楼梯踏步、栏杆及扶手详图，其中左图为底层踏步节点详图，右图为栏杆扶手节点详图，读者可自行阅读。注意左图中的虚线表示剖切平面前面的台阶（并未在剖切平面之后）。

读楼梯详图的注意事项：

① 注意剖切线的位置及剖视方向，注意分析剖切到的部分和可见的部分。有时需要根据轴线查清楼梯在建筑平面图、立面图及剖面图中的具体位置。

② 楼梯间门窗洞口及圈梁的具体位置和标高，要和建筑平、立、剖面图及结构专业图纸相对照，注意有无不符之处。

③ 若楼梯间地面标高低于首层地面标高，应注意楼梯间墙身防潮层的具体做法。

④ 楼梯间若分别画有建筑和结构专业图纸时，注意将两专业的图纸进行对照，核对楼梯梁、板交接处的尺寸和标高，它们的结构和建筑装修关系互相吻合；若有矛盾，要以结构尺寸为主，再定表面装修建筑尺寸。

其他详图均采用同样的正投影表达方法，本书不再详述。

11.5 总平面图的阅读

（1）总平面图的用途

建筑总平面图简称总平面图。它是在建设区的上空向下投影，将拟建工程四周一定范围内的新建、拟建、原有和拆除的建筑物、构筑物连同其周围的场地、道路、绿化等地形地物状况，采用相应的图例画出的水平投影图。

总平面图表明一个工程的总体布局，反映了新建房屋平面形状、位置、朝向及其与周围环境的相互关系。它是新建房屋定位放线、土方施工以及施工现场布置的依据，也是其他专业（如水、电、暖、燃气）管线总平面图规划布置的依据。

（2）总平面图的基本内容

总平面图的内容一般包括：①表明建筑红线范围，新建各种建筑物及构筑物的具体位置、标高、道路及各种管线布置系统等总体布局。②表明原有房屋、道路的位置，作为新建工程的定位依据，如利用道路的转折点或原有房屋的某个拐角点作为定位依据。③表明标高，如建筑物的首层地面标高、室外场地平整标高、道路中心线的标高。通常把总平面图上的标高全部推算成以海平面为零点的绝对标高。根据标高可以看出地势坡向及水流方向，并可计算出施工中土方填挖数量。④用指北针或风玫瑰图表示总平面范围内的整体朝向。一般用风玫瑰图，既能表示朝向，又能表示常年和季候风的多少及大小。⑤同一张总平面图如果表示的内容过多，则可分画几张总平面图，每一张侧重表示不同内容。

（3）总平面图的读图注意事项

① 总平面图中的内容，多数是用图例符号表示的，因此看图之前要先熟悉图例符号的意义。

② 看总平面图时，不仅要看图，还要看文字说明，才能明了工程性质。

③ 看总平面图的比例，了解工程的规模。总平面图常用比例有 1：500、1：1000、1：2000。

④ 看清用地范围内新建、原有、拟建、拆除建筑物的位置，新旧道路布局，周围环境和建设地段内的地形、地貌情况。

⑤ 看室内外地面高差和道路的标高、地面坡度及排水走向。

⑥ 根据指北针或风向频率玫瑰图看清建筑物的朝向。

⑦ 看图中的尺寸标注形式，是坐标网式的，还是一般形式的，以便看清建筑物自身占地尺寸和定位方式。图 11-41（a）为坐标网式。坐标网式又分为测量坐标和建筑坐标，测量坐标即大地测量坐标或地图上的坐标，建筑坐标是以小区内的某点作为坐标原点。测量坐标用 X、Y 表示（上图），建筑坐标用 A、B 表示（下图）；其中 X 和 A 表示纵轴方向，Y 和 B 表示横轴方向。当建筑物平行于坐标轴时，给一个拐角点定位即可；当建筑倾斜时，需要给两个拐角点定位，定位方式如图 11-41（a）所示。一般形式如图 11-41（b）所示，在图上标注尺寸即可，注意其尺寸单位为 m。

⑧ 要仔细阅读总平面图中的各种管线，有的管线很多甚至密如蛛网，管线上的窨井、检查井要看清编号和数目，还要看清管径、中心距、坡度以及入口的具体位置。

⑨ 绿化情况要看清草坪、树丛、松墙、花坛、长凳、林荫小路等各种物体的位置和具体尺寸、做法、建造要求及选材说明。

以上内容还要查清定位依据。由于总平面图内容多样、庞杂，需要仔细认真阅读。

图 11-42 是一张简单的总平面图实例。由图中的风玫瑰图可以看到建筑物是南北朝向，并且可看出本地段内的常年风向频率和大小。由等高线可以看出，地势北高南低。新设计的建筑物为六层楼房（六个小圆点表示六层），室内首层地面的相对标高是 ±0.000m，相当于绝对标高 49.00m；室外地坪标高是 −0.20m，相当于绝对标高 48.80m。旁边有已建好的四

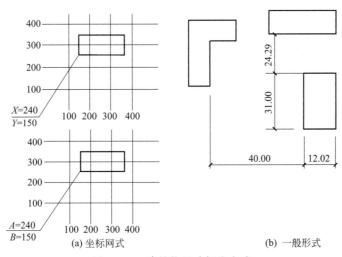

(a) 坐标网式　　　　　　(b) 一般形式

图 11-41　建筑物尺寸标注方式

座宿舍楼。新建六层楼需在拆除原有建筑物之后才能施工，图中还有简单的道路系统和绿化要求，新建楼房的占地尺寸是，长×宽=46.40m×13.00m。定位依据是西边和南边原有宿舍楼的东墙和北墙外皮，建筑物的定位采用一般方式标注尺寸，即图中的 21.60 和 19.71。

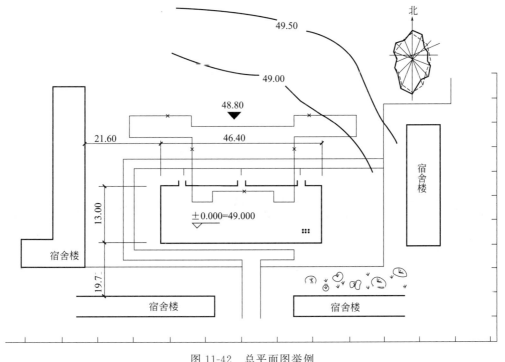

图 11-42　总平面图举例

图 11-43 为某单位的办公楼总平面图，由图名可以看到图形采用 1:1000 的比例绘制。该办公楼位于建筑用地的西北角，由指北针可以看出其朝向不是正南北朝向，两侧围墙与建筑红线重合。办公楼的定位方式采用一般的标注尺寸方式，尺寸单位为 m，但建筑用地的左上角采用测量坐标定位，即 $X=324820.664$ 和 $Y=495721.813$ 两个坐标。办公楼分三部分，中间倾斜部分为四层，两侧为三层，其长宽尺寸图中均已标注。室内首层地面的相对标

高为±0.00m，相当于绝对标高 43.55m。室外地坪绝对标高为 42.00m，室内外高差为 1.55m，这就为测量水平标高引进水准点提供了具体依据。办公楼大门设有台阶和坡道进入楼内，办公楼的地下室与地下人防工程相连，人防工程的出口位于办公楼外。办公楼外要修道路，门前绿化为草坪。

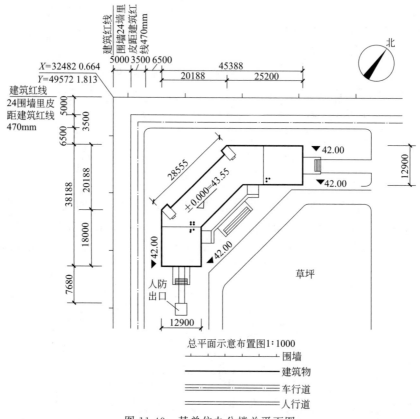

图 11-43　某单位办公楼总平面图

 练习题

（1）绘制一个车间的外形图。

（2）绘制本学期进行实验的楼房平面布置图。

第12章

食品车间设备工艺流程图与布置图

食品工程、生物工程、环境工程等工科专业，在专业课程设计、毕业设计等教学环节，常常需要绘制各种工艺流程图和车间布置图。本章将重点介绍车间布置图的绘制方法，了解图样在各行业实际应用情况。

12.1 食品车间工艺流程图概述与绘图方法

12.1.1 食品车间工艺流程图概述

工艺流程图是表示食品生产加工过程的示意图样。在设计过程中，工艺流程图可按其作用及内容详细程度的不同分为若干种，如物料流程图、能量流程图、设备工艺流程图、仪表流程图和管道流程图等。其中设备工艺流程图是用主要设备、辅助装置、仪表与控制要求等来表达一个工厂或生产车间工艺流程的视图。该图是食品工厂设计的基础图样，可供专业工程技术人员使用，能表明食品生产中由原料转变为成品的过程及采用的设备。常见的工艺流程图按其内容及使用目的的不同又可分为三种。

① 全厂总工艺流程图　用来表达工厂总的流程概况图，可为企业的生产组织与调度、过程的技术经济分析以及项目初步设计提供依据。通常在工艺技术人员完成系统的初步物料衡算与能量平衡计算之后绘制，也常称为物料平衡图。

② 设备方案流程图　它通常是在物料平衡图的基础上，用设备示意图和主要物料流程线形象地表达食品生产流程的初步方案图，如图12-1和图12-2所示。

③ 带控制点的工艺流程图　它是由生产工序的设备流程、管线、控制点和图例等组成，比方案流程图更为详细的设计图，也称施工流程图；是设备和管路布置的依据，供施工安装和生产操作时使用。

12.1.2 工艺流程图的绘制方法

工艺流程图一般以设备或工段（工序）为单元绘制。按工艺流程图次序把设备、管道流程自左向右展开画在同一平面上，一般按草图、设计流程图和施工流程图三个阶段完成图样绘制。绘图重点主要有五个方面。

(1) 设备的图示方法

采用示意性的展开画法，即按照主要物料的流程，从左至右用细实线、按大致比例画出能够显示设备形状特征的主要轮廓。常见设备示意画法如图12-3所示。各设备之间要留有适当距离，以布置连接管路。对相同或备用设备一般也应画出。

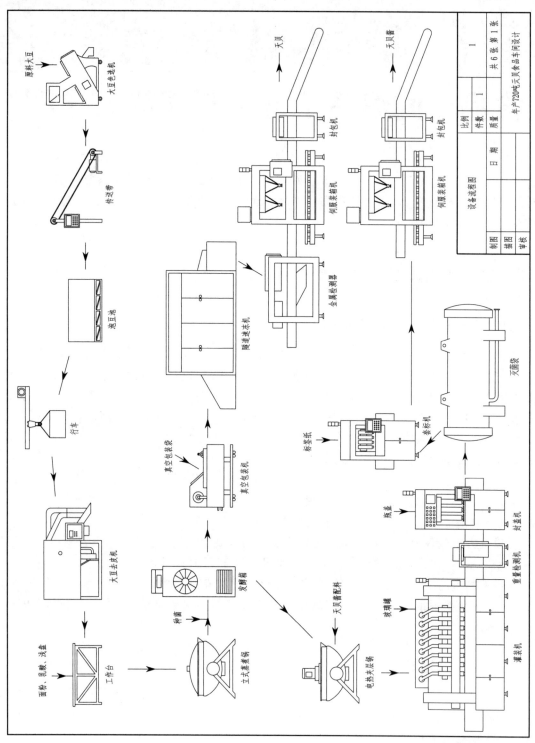

图 12-1　酱制品设备工艺流程图

**图纸：酱制品
设备工艺
流程图**

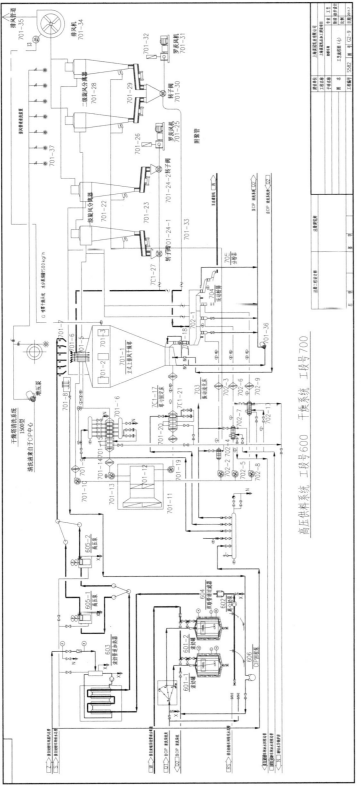

图 12-2　奶粉设备工艺流程图

图纸：奶粉设备工艺流程图

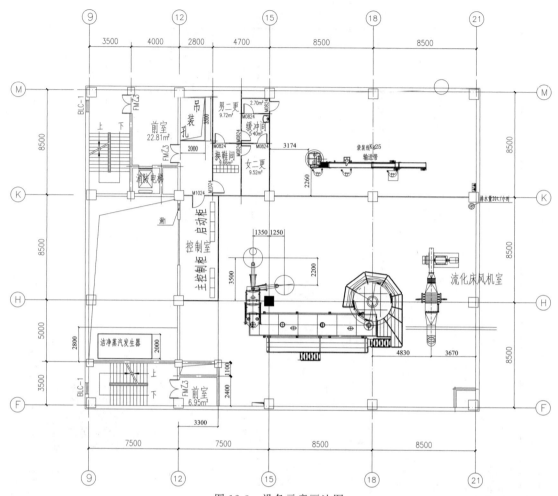

图 12-3 设备示意画法图

每台设备都可编写设备序号并注写设备名称，或标注设备位号和设备名称。设备位号一般包括设备分类代号、车间或工段号和设备序号等，相同设备以尾号加以区别。设备的分类代号见表 12-1。

图纸：设备示
意画法图

表 12-1　设备的分类代号 (摘自 SB/T 10084—2009)

设备类型	饮食加工机械	小食品加工机械	糕点加工机械	乳制品加工机械	糖果加工机械	豆制品加工机械	冷冻饮品加工机械	屠宰加工机械	酿造加工机械	其他食品加工机械
代号	YS	XS	GD	RZ	TG	DZ	LY	TZ	NZ	QS
设备类型	容器	计量设备	泵	塔	换热器	锅炉	反应器	压缩机	其他机械	其他设备
代号	V	W	P	T	E	F	R	C	M	X

(2) 管道的图示方法

带控制点工艺流程图中应画出所有管路，即各种物料的流程线。流程线是工艺流程图的主要表达内容，主要物料的流程线用黄色粗实线表示；热蒸汽或热空气的流程线用红色中实线表示；冷却水管路的流程线用绿色中实线表示；自来水管路的流程线用蓝色中实线表示；清洗管路的流程线用粉红色中实线表示。各种不同形式的图线如图 12-2 所示（颜色请扫码读图）。

　　画管路图时，一般流程线画成水平或垂直，转弯时画成直角。每条管路线上应画出箭头指明物料流向，并在起始端与终端用文字说明物料名称及来源或去向；且标注每段管路代号，一般横向管路标在管路的上方，竖向管路标在管路的左方（字头朝左）。管路代号一般包括物料代号、车间或工段号、管路序号、管径、壁厚等内容。必要时可注明管路压力、管路材料及隔热等内容。物料代号一般以大写的英文词头来表示，见表 12-2 和图 12-4。

表 12-2　物料代号表

代号	物料名称	代号	物料名称	代号	物料名称	代号	物料名称
A	空气	DM	脱盐水	HW	循环水回	PW	工艺水
AM	氨	DR	排液排水	LS	低压蒸汽	R	冷冻剂
BD	排污	DW	饮用水	MS	中压蒸汽	RO	原料油
BF	锅炉给水	FG	燃料气	PA	工艺空气	RW	原水
BR	盐水	HM	载热体	PG	工艺气体	SW	软水
CW	循环水	HS	高压蒸汽	PL	工艺液体	VE	真空排气

（3）主要阀件、管件的图示方法

　　饮料生产车间要使用各种阀门，以实现对管路内的流体进行开、关及流量控制、止回、安全保护等功能。在流程图上，阀门及管件用细实线按规定的符号在相应处画出。由于功能和结构的不同，阀门的种类很多，常用阀门及管件的图形符号见表 12-3。

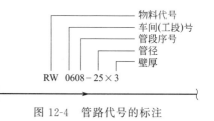

RW　0608 − 25 × 3

图 12-4　管路代号的标注

表 12-3　工艺流程图上管件和阀门的图例

名称	图例	名称	图例	名称	图例
截止阀	▶◁	旋塞阀	▶◀	球阀	▶●
闸阀	▶◁	蝶阀	∅	三通截止阀	
节流阀	▶◀	止回阀	◁	视镜	⊘

（4）仪表、调节控制系统等表示方法

　　生产过程中需对管路或设备内不同位置、不同时间流经的物料压力、温度、流量等参数进行测量、显示或取样分析。在带控制点工艺流程图中，仪表控制点用符号表示，并从其安装位置引出。符号包括图形符号和仪表位号，它们组合起来表达仪表功能、被测量变量和检测方法等。

　　控制点的图形符号用一个细实线圆（直径约 10mm）表示，并用细实线连向设备或管路上的测量点。仪表位号由字母和数字组成，第一位字母表示被测变量，后继字母表示仪表的功能，一般用三位或四位数字表示工段号和仪表序号，如表 12-4 和图 12-5 所示。

表 12-4　被测变量及仪表功能的字母组合示例

仪表功能 被测变量	温度	温差	压力或真空	压差	流量	分析	密度	黏度
指示	TI	TdI	PI	PdI	FI	AI	DI	DI

续表

仪表功能 被测变量	温度	温差	压力或真空	压差	流量	分析	密度	黏度
指示、控制	TIC	TdIC	PIC	PdIC	FIC	AIC	DIC	DIC
指示、报警	TIA	TdIA	PIA	PdIA	FIA	AIA	DIA	DIA
指示、开关	TIS	TdIS	PIS	PdIS	FIS	AIS	DIS	DIS
记录	TR	TdR	PR	PdR	FR	AR	DR	VR
记录、控制	TRC	TdRC	PRC	PdRC	FRC	ARC	DRC	VRC
记录、报警	TRA	TdRA	PRA	PdRA	FRA	ARA	DRA	VRA
记录、开关	TRS	TdRS	PRS	PdRS	FRS	ARS	DRS	VRS
控制	TC	TdC	PC	PdC	FC	AC	DC	VC
控制、变速	TCT	TdCT	PCT	PdCT	FCT	ACT	DCT	VCT

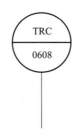

图 12-5 安装的温度记录控制仪的标注方法

12.2 食品车间单元操作流程图

为了表明食品或发酵生产车间某一单元或工序的详细操作过程而绘制的流程图，称为单元操作流程图。如图 12-6 所示，一般画出主设备和附属设备的示意图，画出管路和仪器仪表等，并加以说明。

12.3 典型食品车间设备布置图

工艺流程图设计所确定的全部设备，必须根据生产工艺的要求，在厂房建筑的内外合理布置安装。表达设备在厂房内外安装位置的图样，称为设备布置图；在简化了的厂房建筑图基础上增加了设备布置的内容，主要用于指导生产设备的安装施工，并且作为管路布置设计、绘制管路布置图的重要依据。由于设备布置图的表达重点是设备的布置情况，因此用粗实线绘制设备轮廓线条，而厂房建筑的所有内容均用细线表示。

12.3.1 设备布置图的内容

设备布置图包括以下内容。

① 一组视图 主要包括设备布置平面图和剖面图，表示厂房建筑的基本结构和设备在厂房内外的布置情况。必要时还应画出设备的管口方位图。

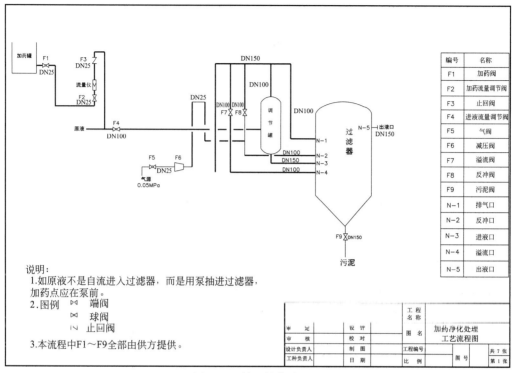

图纸：单元操作
流程图

图 12-6　单元操作流程图

② 必要的标注　设备布置图中应标注出建筑物的主要尺寸，建筑物与设备之间、设备与设备之间的定位尺寸，同时还要标注厂房建筑定位轴线的编号、设备的名称和位号以及注写必要的说明等。

③ 安装方位标　安装方位标又称设计北向标志，是确定设备安装方位的基准，一般将其画在图样的右上方或平面图的右上方。

④ 标题栏　注写图名、图号、比例及签字等。

12.3.2　设备平面布置图的绘图方法与阅读

设备布置平面图用来表示设备在水平面内的布置情况。当厂房为多层建筑时，应按楼层分别绘制平面图。设备布置平面图通常要绘制的内容有：

① 厂房建筑（构筑）物的具体方位、占地大小、内部分隔情况以及与设备安装定位有关的厂房建筑结构形状和相对位置尺寸。

② 厂房建筑的定位轴线编号和尺寸。

③ 所有设备的水平投影或示意图，反映设备在厂房建筑内外的布置位置，并标注出位号和名称。

④ 各设备的定位尺寸以及设备基础的定形和定位尺寸。

设备布置图的阅读，主要了解设备与建筑物、设备与设备之间的相对位置。如图 12-7 所示为天贝酱制品车间平面布置图。从设备布置平面图可知，该车间开间 8m、进深 9m，建筑面积 1080m²，车间分为速冻车间、灭菌车间、低温装箱车间、成品装箱车间、仓库等功能区；并标注了设备的主要安装位置尺寸，对建筑及安装要求进行了说明。图 12-8 是糖

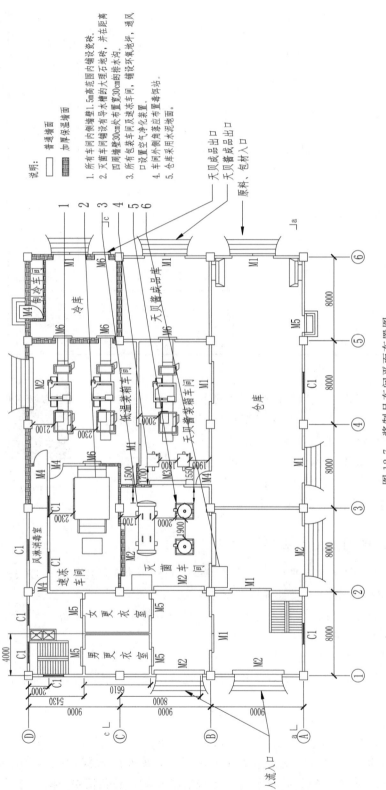

图 12-7 酱制品车间平面布置图

图纸：酱制品车间平面布置图

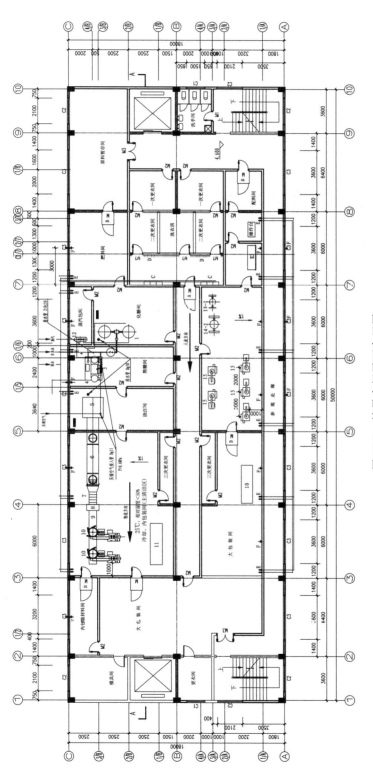

图 12-8　糖果车间平面布置图

图纸：糖果车间平面布置图

果车间平面布置图。由图可见该车间两边设有电梯、楼梯，设有参观走廊，整条生产线设备的示意图和定位尺寸都很完整（CAD 图清晰）。

12.3.3　设备布置剖面图

设备布置剖面图是在厂房建筑的适当位置纵向剖切绘出的剖视图，用来表达设备沿高度方向的布置安装情况。剖面图一般应反映以下几方面的内容。

① 厂房建筑高度方向上的结构，如楼层分隔情况、楼板的厚度及开孔等。

② 画出有关设备的立面投影或示意图反映其高度方向上的安装情况。

③ 厂房建筑各楼层、设备和设备基础的标高。

 练习题

（1）绘制一个生产蛋白饮料的工艺流程图。

（2）绘制果蔬饮料生产车间的平面布置图。

（3）绘制一个速冻食品生产工厂的全厂平面布置图。

一、螺纹

（一）普通螺纹（GB/T 193—2003，GB/T 196—2003）

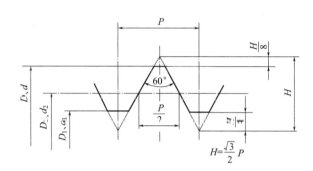

$$H = \frac{\sqrt{3}}{2}P$$

公称直径为 24mm、螺距为 3mm 的粗牙右旋普通螺纹　　　　　M24

公称直径为 24mm、螺距为 1.5mm 的细牙左旋普通螺纹　　　　M24×1.5LH

附表 1　　　　　　　　　　　　　　　单位：mm

公称直径 D,d		螺距 P		粗牙小径 D_1,d_1	公称直径 D,d		螺距 P		粗牙小径 D_1,d_1
第一系列	第二系列	粗牙	细牙		第一系列	第二系列	粗牙	细牙	
3		0.5	0.35	2.459		22	2.5	2,1.5,1,(0.75),(0.5)	19.294
	3.5	(0.6)		2.850	24		3	2,1.5,1,(0.75)	20.752
4		0.7	0.5	3.242		27	3	2,1.5,1,(0.75)	23.752
	4.5	(0.75)		3.688	30		3.5	(3),2,1.5,1,(0.75)	26.211
5		0.8		4.134		33	3.5	(3),2,1.5,(1),(0.75)	29.211
6		1	0.75,(0.5)	4.917	36		4	(3),2,1.5,(1)	31.670
8		1.25	1,0.75,(0.5)	6.647		39	4		34.670
10		1.5	1.25,1,0.75,(0.5)	8.376	42		4.5	(4),3,2,1.5,(1)	37.129
12		1.75	1.5,1.25,1,(0.75),(0.5)	10.106		45	4.5		40.129
	14	2	1.5,(1.25),1,(0.75),(0.5)	11.835	48		5		42.587
16		2	1.5,1,(0.75),(0.5)	13.835		52	5		46.587

公称直径 D,d		螺距 P		粗牙小径 D_1,d_1	公称直径 D,d		螺距 P		粗牙小径 D_1,d_1
第一系列	第二系列	粗牙	细牙		第一系列	第二系列	粗牙	细牙	
	18	2.5	2,1.5,1,(0.75),(0.5)	15.294	56		5.5		50.046
20		2.5		17.294					

注:1.优先选用第一系列,括号内尺寸尽可能不用。第三系列未列入。
2.中径 D_2,d_2 未列入。

附表 2　　　　单位：mm

螺距 P	小径 D_1,d_1	螺距 P	小径 D_1,d_1	螺距 P	小径 D_1,d_1
0.35	$d-1+0.621$	1	$d-2+0.918$	2	$d-3+0.835$
0.5	$d-1+0.459$	1.25	$d-2+0.647$	3	$d-4+0.752$
0.75	$d-1+0.188$	1.5	$d-2+0.376$	4	$d-5+0.670$

注:表中的小径按 $D_1=d_1=d-2\times\dfrac{5}{8}H,H=\dfrac{\sqrt{3}}{2}P$ 计算得出。

(二) 梯形螺纹 (GB/T 5796.2—2005,GB/T 5796.3—2005)

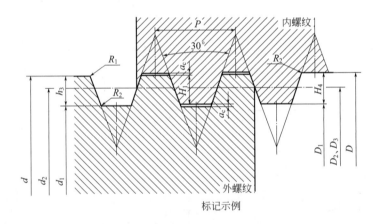

标记示例

公称直径为 40mm、螺距为 7mm 的单线右旋梯形螺纹 Tr40×7

公称直径为 40mm、导程为 14mm、螺距为 7mm 的双线左旋梯形螺纹 Tr40×14 (14/2)LH

附表 3　　　　单位：mm

公称直径 d		螺距 P	中径 $d_2=D_2$	大径 D	小径		公称直径 d		螺距 P	中径 $d_2=D_2$	大径 D	小径	
第一系列	第二系列				d_1	D_1	第一系列	第二系列				d_1	D_1
8		1.5	7.25	8.30	6.20	6.50		20	2	19.00	20.50	17.50	18.00
	9	1.5	8.25	9.30	7.20	7.50			*4	18.00	20.50	15.50	16.00
		*2	8.00	9.50	6.50	7.00							

公称直径 d 第一系列	公称直径 d 第二系列	螺距 P	中径 $d_2=D_2$	大径 D	小径 d_1	小径 D_1
10		1.5	9.25	10.30	8.20	8.50
		*2	9.00	10.50	7.50	8.00
	11	*2	10.00	11.50	8.20	9.00
		3	9.50	11.50	7.50	8.00
12		2	11.00	12.50	9.50	10.00
		*3	10.50	12.50	8.50	9.00
	14	2	13.00	14.50	11.50	12.00
		*3	12.50	14.50	10.50	11.00
16		2	15.00	16.50	13.50	14.00
		*4	14.00	16.50	11.50	12.00
	18	2	17.00	18.50	15.50	16.00
		*4	16.00	18.50	13.50	14.00
	30	3	28.50	30.50	26.50	29.00
		*6	27.00	31.00	23.00	24.00
		10	25.00	31.00	19.00	20.00
32		3	30.50	32.50	28.50	29.00
		*6	29.00	33.00	25.00	26.00
		10	27.00	33.00	21.00	22.00
	34	3	32.50	34.50	30.50	31.00
		*6	31.00	35.00	27.00	28.00
		10	29.00	35.00	23.00	24.00

公称直径 d 第一系列	公称直径 d 第二系列	螺距 P	中径 $d_2=D_2$	大径 D	小径 d_1	小径 D_1
	22	3	20.50	22.50	18.50	19.00
		*5	19.50	22.50	16.50	17.00
		8	18.00	23.00	13.00	14.00
24		3	22.50	24.50	20.50	21.00
		*5	21.50	24.50	18.50	19.00
		8	20.00	25.00	15.00	16.00
	26	3	24.50	26.50	22.50	23.00
		*5	23.50	26.50	20.50	21.00
		8	22.00	27.00	17.00	18.00
28		3	26.50	28.50	24.50	25.00
		*5	25.50	28.50	22.50	23.00
		8	24.00	29.00	19.00	20.00
36		3	34.50	36.50	32.50	33.00
		*6	33.00	37.00	29.00	30.00
		10	31.00	37.00	25.00	26
	38	3	36.50	38.50	34.50	35.00
		*7	34.50	39.00	30.00	31.00
		10	33.00	39.00	27.00	28.00
40		3	38.50	40.50	36.50	37.00
		*7	36.50	41.00	32.00	33.00
		10	35.00	41.00	29.00	30.00

注:1. 应优先选择第一系列直径。

2. 在每个直径所对应的诸螺距中应优先选择有 * 的螺距。

3. 特殊需要时,允许选用表中邻近直径所对应的螺距。

(三)非螺纹密封的管螺纹（GB/T 7307—2001）

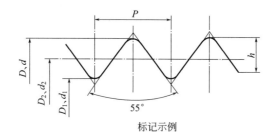

标记示例

管子尺寸代号为 3/4 左旋螺纹　G3/＋LH（右旋不注）

管子尺寸代号为 1/2A 级右旋外螺纹　G1/2A

管子尺寸代号为 1/2B 级右旋外螺纹　G1/2B

附表 4   单位：mm

尺寸代号	每25.4mm内包含的牙数 n	螺距 P	牙高 h	基本直径			中径公差①					小径公差		大径公差	
				大径 d=D	中径 d_2=D_2	小径 d_1=D_1	内螺纹		外螺纹			内螺纹		外螺纹	
							下偏差	上偏差	下偏差		上偏差	下偏差	上偏差	下偏差	上偏差
									A级	B级					
1/16	28	0.907	0.581	7.723	7.142	6.561	0	+0.107	-0.107	-0.214	0	0	+0.282	-0.214	0
1/8	28	0.907	0.581	9.728	9.147	8.566	0	+0.107	-0.107	-0.214	0	0	+0.282	-0.214	0
1/4	19	1.337	0.856	13.157	12.301	11.445	0	+0.125	-0.125	-0.250	0	0	+0.445	-0.250	0
3/8	19	1.337	0.856	16.662	15.806	14.950	0	+0.125	-0.125	-0.250	0	0	+0.445	-0.250	0
1/2	14	1.814	1.162	20.955	19.793	18.631	0	+0.142	-0.142	-0.284	0	0	+0.541	-0.284	0
5/8	14	1.814	1.162	22.911	21.749	20.587	0	+0.142	-0.142	-0.284	0	0	+0.541	-0.284	0
3/4	14	1.814	1.162	26.441	25.279	24.117	0	+0.142	-0.142	-0.284	0	0	+0.541	-0.284	0
7/8	14	1.814	1.162	30.201	29.039	27.877	0	+0.142	-0.142	-0.284	0	0	+0.541	-0.284	0
1	11	2.309	1.479	33.249	31.770	30.291	0	+0.180	-0.180	-0.360	0	0	+0.640	-0.360	0
$1\frac{1}{8}$	11	2.309	1.479	37.897	36.418	34.939	0	+0.180	-0.180	-0.360	0	0	+0.640	-0.360	0
$1\frac{1}{4}$	11	2.309	1.479	41.910	40.431	38.952	0	+0.180	-0.180	-0.360	0	0	+0.640	-0.360	0
$1\frac{1}{2}$	11	2.309	1.479	47.803	46.324	44.845	0	+0.180	-0.180	-0.360	0	0	+0.640	-0.360	0
$1\frac{3}{4}$	11	2.309	1.479	53.746	52.267	50.788	0	+0.180	-0.180	-0.360	0	0	+0.640	-0.360	0
2	11	2.309	1.479	59.614	58.135	56.656	0	+0.180	-0.180	-0.360	0	0	+0.640	-0.360	0
$2\frac{1}{4}$	11	2.309	1.479	65.710	64.231	62.752	0	+0.217	-0.217	-0.434	0	0	+0.640	-0.434	0
$2\frac{1}{2}$	11	2.309	1.479	75.184	73.705	72.226	0	+0.217	-0.217	-0.434	0	0	+0.640	-0.434	0
$2\frac{3}{4}$	11	2.309	1.479	81.534	80.055	78.576	0	+0.217	-0.217	-0.434	0	0	+0.640	-0.434	0
3	11	2.309	1.479	87.884	86.405	84.926	0	+0.217	-0.217	-0.434	0	0	+0.640	-0.434	0
$3\frac{1}{2}$	11	2.309	1.479	100.330	98.351	97.372	0	+0.217	-0.217	-0.434	0	0	+0.640	-0.434	0
4	11	2.309	1.479	113.030	111.551	110.072	0	+0.217	-0.217	-0.434	0	0	+0.640	-0.434	0
$4\frac{1}{2}$	11	2.309	1.479	125.730	124.251	122.772	0	+0.217	-0.217	-0.434	0	0	+0.640	-0.434	0
5	11	2.309	1.479	138.430	136.951	135.472	0	+0.217	-0.217	-0.434	0	0	+0.640	-0.434	0
$5\frac{1}{2}$	11	2.309	1.479	151.130	149.651	148.721	0	+0.217	-0.217	-0.434	0	0	+0.640	-0.434	0
6	11	2.309	1.479	163.830	162.351	160.872	0	+0.217	-0.217	-0.434	0	0	+0.640	-0.434	0

① 对薄壁件，此公差适用于平均中径，该中径是测量两个相互垂直直径的算术平均值。

二、常用的标准件

（一）六角头螺栓

六角头螺栓-A 和 B 级（GB/T 5782—2016）、六角头螺栓-全螺纹 A 和 B 级（GB/T 5783—2016）

螺纹规格 d=M12，公称长度 l=80mm，性能等级为 8.8 级，表面氧化，A 级的六角头

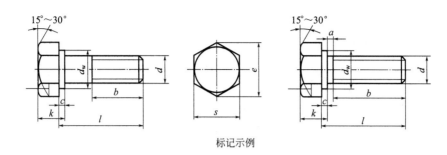

标记示例

螺栓，其标记为：螺栓 GB/T 5782 M122×80

附表 5　　　　　　　　　　　　　　　　　　　　　　单位：mm

螺纹规格 d			M3	M4	M5	M6	M8	M10	M12	M16	M20	M24	M30	M36	M42
b 参考	$l \leqslant 125$		12	14	16	18	22	26	30	38	46	54	66	78	—
	$125 \leqslant l \leqslant 200$		18	20	22	24	28	32	36	44	52	60	72	84	96
	$l > 200$		31	33	35	37	41	45	49	57	65	73	85	97	109
C			0.4	0.4	0.5	0.5	0.6	0.6	0.6	0.8	0.8	0.8	0.8	0.8	1
d_w	产品等级	A	4.6	5.9	6.9	8.9	11.6	14.6	16.6	22.5	28.2	33.6	—	—	—
		B	—	—	6.7	8.7	11.4	14.4	16.4	22	27.7	33.2	42.7	51.1	60.6
e	产品等级	A	6.07	7.66	8.79	11.05	14.38	17.77	20.03	26.75	33.53	39.98		—	—
		B	—	—	8.63	10.89	14.20	17.59	19.85	26.17	32.95	39.55	50.85	60.79	72.02
k 公称			2	2.8	3.5	4	5.3	6.4	7.5	10	12.5	15	18.7	22.5	26
r			0.1	0.2	0.2	0.25	0.4	0.4	0.6	0.6	0.8	0.8	1	1	1.2
s 公称			5.5	7	8	10	13	16	18	24	30	36	46	55	65
l（商品规格范围）	GB/T 5782—2016		20~30	25~40	25~50	30~60	35~80	40~100	45~120	55~160	65~200	80~240	90~300	110~360	130~400
	GB/T 5783—2016		6~30	8~40	10~50	12~60	16~80	20~100	25~100	35~100	40~100				80~500
l			6,8,10,12,16,20,25,30,35,40,45,50,(55),60,(65),70,80,90,100,110,120,130,140,150, 160,180,200,220,240,260,280,300,320,340,360,380,400												

注：1. A级用于 $d \leqslant 24$mm 和 $l \leqslant 10d$ 或 $\leqslant 150$mm 的螺栓；B级用于 $d > 24$mm 和 $l > 10d$ 或 > 150mm 的螺栓。
2. 括号内的规格尽可能不采用。

（二）双头螺柱

双头螺柱-$b_m = d$（GB/T 897—88）

双头螺柱-$b_m = 1.25d$（GB/T 898—88）

双头螺柱-$b_m = 1.5d$（GB/T 899—88）

双头螺柱-$b_m = 2d$（GB/T 900—88）

两端均为粗牙普通螺纹，$d = 10$mm，$l = 50$mm，性能等级为 4.8 级、B 型、$b_m = d$ 的

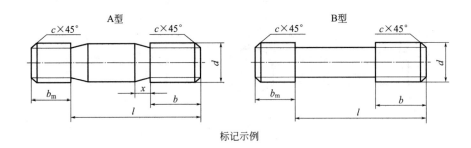

双头螺柱：

螺柱 GB/T 897 M10×50

旋入一端为粗牙普通螺纹，旋螺母一端为螺距 1mm 的细牙普通螺纹，$d=10$mm，$l=50$mm，性能等级为 4.8 级、A 型、$b_m=d$ 的双头螺柱：

螺柱 GB/T 897 AM10×50－M10×1×50

旋入一端为过渡配合的第一种配合，旋螺母一端为粗牙普通螺纹，$d=10$mm，$l=50$mm，性能等级为 8.8 级、B 型、$b_m=d$ 的双头螺柱：

螺柱 GB/T 897 GM10-M10×50－8.8

附表 6　　　　　　　　　　　　　　　　　单位：mm

螺纹规格 d		M5	M6	M8	M10	M12	M16	M20	M24	M30	M36	M42
b_m	GB/T 897	5	6	8	10	12	16	20	24	30	36	42
	GB/T 898	6	8	10	12	15	20	25	30	38	45	52
	GB/T 899	8	10	12	15	18	24	30	36	45	54	65
	GB/T 900	10	12	16	20	24	32	40	48	60	72	84
d_n		5	6	8	10	12	16	20	24	30	36	42
X		1.5P	1.5P	1.5P	1.5P	1.5P	1.5P	1.5P	1.5P	1.5P	1.5P	1.5P
$\dfrac{l}{b}$		$\dfrac{16\sim22}{10}$	$\dfrac{20\sim22}{10}$	$\dfrac{20\sim22}{12}$	$\dfrac{25\sim28}{14}$	$\dfrac{25\sim30}{16}$	$\dfrac{30\sim38}{20}$	$\dfrac{35\sim40}{25}$	$\dfrac{45\sim50}{30}$	$\dfrac{60\sim65}{40}$	$\dfrac{65\sim75}{45}$	$\dfrac{65\sim80}{50}$
		$\dfrac{25\sim50}{16}$	$\dfrac{25\sim30}{14}$	$\dfrac{25\sim30}{16}$	$\dfrac{30\sim38}{16}$	$\dfrac{32\sim40}{20}$	$\dfrac{40\sim150}{30}$	$\dfrac{45\sim65}{35}$	$\dfrac{55\sim75}{45}$	$\dfrac{70\sim90}{50}$	$\dfrac{80\sim110}{60}$	$\dfrac{85\sim110}{70}$
			$\dfrac{32\sim75}{18}$	$\dfrac{32\sim90}{22}$	$\dfrac{40\sim120}{26}$	$\dfrac{45\sim120}{30}$	$\dfrac{60\sim120}{38}$	$\dfrac{70\sim120}{46}$	$\dfrac{80\sim120}{54}$	$\dfrac{95\sim120}{60}$	$\dfrac{120\sim78}{}$	$\dfrac{120}{90}$
					$\dfrac{130}{32}$	$\dfrac{130\sim180}{36}$	$\dfrac{130\sim200}{44}$	$\dfrac{130\sim200}{52}$	$\dfrac{130\sim200}{60}$	$\dfrac{130\sim200}{72}$	$\dfrac{130\sim200}{84}$	$\dfrac{130\sim200}{96}$
										$\dfrac{210\sim250}{85}$	$\dfrac{210\sim300}{90}$	$\dfrac{210\sim300}{109}$
l 系列		\multicolumn{11}{l}{16,(18),20,(22),25,(28),30,(32),35,(38),40,45,50,(55),60,(65),70,(75),80,(85),90,(95),100,110,120,130,140,150,160,170,180,190,200,210,220,230,240,250,260,280}

注：P 是粗牙螺纹的螺距。

（三）开槽圆柱头螺钉（GB/T 65—2016）

螺纹规格 $d=$M5，公称长度 $l=20$mm，性能等级为 4.8 级，不经表面处理的开槽圆柱头螺钉，其标记为：螺钉 GB/T 65 M5×20

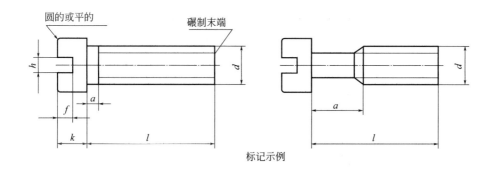

标记示例

附表 7 单位：mm

螺纹规格 d	M4	M5	M6	M8	M10
螺距 P	0.7	0.8	1	1.25	1.5
a_{max}	1.4	1.6	2	2.5	3
d_{max}	7	8.5	10	13	16
k_{max}	2.6	3.3	3.9	5	6
l	5～40	6～50	8～60	10～80	12～80
l 公称(系列值)	5,6,8,10,12,(14),16,20,25,30,35,40,45,50,(55),60,(65),70,(75),80				

注：1. 公称值尽可能不采用括号内的规格。

2. 当 $l \leqslant 40$mm 时，螺纹制出全螺纹。

（四）开槽沉头螺钉（GB/T 68—2016）、十字槽沉头螺钉（GB/T 819—2016）、十字槽半沉头螺钉（GB/T 820—2015）

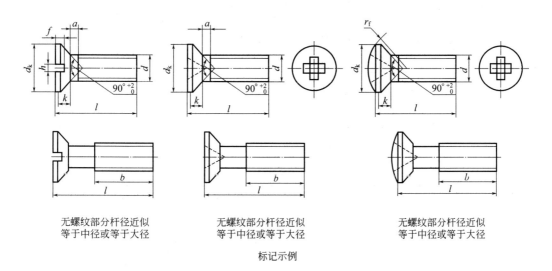

无螺纹部分杆径近似 无螺纹部分杆径近似 无螺纹部分杆径近似
等于中径或等于大径 等于中径或等于大径 等于中径或等于大径

标记示例

螺纹规格 d＝M5，公称长度 l＝20mm，性能等级为 4.8 级，不经表面处理的开槽沉头螺钉，其标记为：螺钉 GB/T 68 M5×20

螺纹规格 d＝M5，公称长度 l＝20mm，性能等级为 4.8 级，不经表面处理的 H 型十字槽半沉头螺钉，其标记为：螺钉 GB/T 820 M5×20

附表 8   单位：mm

螺纹规格 d		M2	M2.5	M3	M4	M5	M6	M8	M10
螺距 P		0.4	0.45	0.5	0.7	0.8	1	1.25	1.5
a_{max}		0.8	0.9	1	1.4	1.6	2	2.5	3
b_{min}		25	25	25	38	38	38	38	38
d_{kmax}		3.8	4.7	5.5	8.4	9.3	11.3	15.8	18.3
k_{max}		1.2	1.5	1.65	2.7	2.7	3.3	4.65	5
n 公称		0.5	0.6	0.8	1.2	1.2	1.6	2	2.5
t_{min}		0.4	0.5	0.6	1	1.1	1.2	1.8	2
H 型十字槽(m)参考	GB/T 819	1.9	2.9	3.2	4.6	5.2	6.8	8.9	10
	GB/T 820	2	3	3.4	5.2	5.4	7.3	9.6	10.4
l	GB/T 68	3～20	4～25	5～30	6～40	8～50	8～60	10～80	12～80
	GB/T 819	3～20	3～25	4～30	5～40	6～50	8～60	10～60	12～60
	GB/T 820								
l 公称(系列值)		2.5,3,4,5,6,8,10,12,(14),16,20,25,30,35,40,45,50,(55),60,(65),70							

注：1. 公称值尽可能不采用括号内的规格。

2. 当 $d \leqslant 3mm$、$l \leqslant 30mm$ 时，及当 $d \leqslant 45mm$ 时，螺纹制出全螺纹。

（五）1 型六角头螺母-A 和 B（GB/T 6170—2015）、六角薄螺母-A 和 B 级-倒（GB/T 6172—2016）

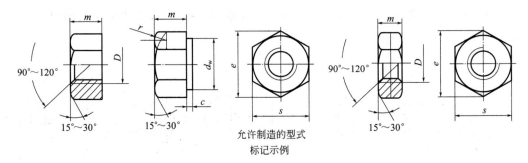

允许制造的型式
标记示例

螺纹规格 D＝M12，性能等级为 10 级，不经表面处理，A 级的 1 型六角螺母，其标记为螺母 GB/T 6170 M12

附表 9   单位：mm

螺纹规格 D		M2	M2.5	M3	M4	M5	M6	M8	M10	M12	M16	M20	M24	M30
c_{max}		0.2	0.3	0.4	0.4	0.5	0.5	0.6	0.6	0.6	0.8	0.8	0.8	0.8
d_{wmin}		3.1	4.1	4.6	5.9	6.9	8.9	11.6	14.6	16.6	22.5	27.5	33.2	42.7
e_{min}		4.32	5.45	6.01	7.66	8.79	11.05	14.38	17.77	20.03	26.75	32.75	39.55	50.85
m_{max}	GB/T 6170	1.6	2	2.4	3.2	4.7	5.2	6.8	8.4	10.8	14.8	18	21.5	25.6
	GB/T 6172	1.2	1.6	1.8	2.2	2.7	3.2	4	5	6	8	10	12	15
s_{max}		4	5	5.5	7	8	10	13	16	18	24	30	36	46

注：A 级用于 $D \leqslant 16mm$ 的螺母，B 级用于 $D > 16mm$ 的螺母。

（六）小垫圈-A 级（GB/T 848—2002）、平垫圈-A 级（GB/T 97.1—2002）、平垫圈倒角型-A 级（GB/T 97.2—2002）

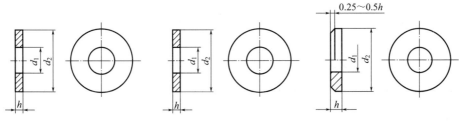

标记示例

标准系列公称尺寸 $d=8$mm，性能等级为 140HV 级，不经表面处理的平垫圈：垫圈 GB/T 97.18

附表 10   单位：mm

公称尺寸（螺纹规格 d）		2	2.5	3	4	5	6	8	10	12	14	16	20	24	30	36
d_1 公称（最小值）	GB/T 848	2.2	2.7	3.2	4.3	5.3	6.4	8.4	10.5	13	15	17	21	25	31	37
	GB/T 97.1															
	GB/T 97.2					5.3	6.4	8.4	10.5	13	15	17	21	25	31	37
d_2 公称（最小值）	GB/T 848	4.5	5	6	8	9	11	15	18	20	24	28	34	39	50	60
	GB/T 97.1	5	6	7	9	10	12	16	20	24	28	30	37	44	56	66
	GB/T 97.2															
h 公称	GB/T 848	0.3	0.5	0.5	0.5	1	1.6	1.6	1.6	2	2.5	2.5	3	4	4	5
	GB/T 97.1	0.3	0.5	0.5	0.8	1	1.6	1.6	2	2.5	2.5	3	3	4	4	5
	GB/T 97.2															

（七）平键的断面及键槽（GB/T 1095—2003）

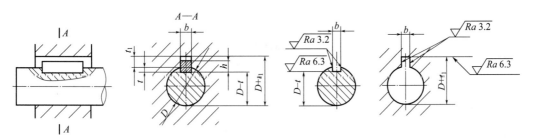

附表 11   单位：mm

轴径 D		6～8	>8～10	>10～12	>12～17	>17～22	>22～30	>30～38	>38～44	>44～50	>50～58	>58～65	>65～75	>75～85	>85～95	>95～110	>110～130
键的公称尺寸	b	2	3	4	5	6	8	10	12	14	16	18	20	22	25	28	32
	h	2	3	4	5	6	7	8	8	9	10	11	12	14	14	16	18

续表

轴径 D		6~8	>8~10	>10~12	>12~17	>17~22	>22~30	>30~38	>38~44	>44~50	>50~58	>58~65	>65~75	>75~>85	>85~95	>95~110	>110~130
键槽深	轴 t	1.2	1.8	2.5	3.0	3.5	4.0	5.0	5.0	5.5	6.0	7.0	7.5	9.0	9.0	10	11
	毂 t_1	1.0	1.4	1.8	2.3	2.8	3.3	3.3	3.3	3.8	4.3	4.4	4.9	5.4	5.4	6.4	7.4
半径	r	0.08~0.16			0.16~0.25			0.25~0.40						0.40~0.60			

注：在工作图中槽深用 $d-t$ 或 t 标注，轮毂槽深用 $d+t$ 标注。

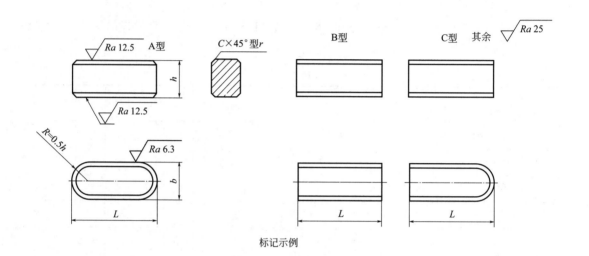

标记示例

(八) 普通平键的型式尺寸 (GB/T 1096—2003)

圆头普通平键（A 型），$b=18\text{mm}$，$h=11\text{mm}$，$L=100\text{mm}$，其标记为：

键 18×100 GB/T 1096—2003

平头普通平键（B 型），$b=18\text{mm}$，$h=11\text{mm}$，$L=100\text{mm}$，其标记为：

键 B18×100 GB/T 1096—2003

单圆头普通平键（C 型），$b=18\text{mm}$，$h=11\text{mm}$，$L=100\text{mm}$，其标记为：

键 C18×100 GB/T 1096—2003

附表 12   单位：mm

b	2	3	4	5	6	8	10	12	14	16	18	20	22	25	28	32	36	40	45	50
h	2	3	4	5	6	7	8	8	9	10	11	12	14	14	16	18	20	22	25	28
C 或 r	0.16~0.25			0.25~0.40			0.40~0.60				0.60~0.80					1.0~1.2				
L	6~20	6~36	8~45	10~56	14~70	18~90	22~110	28~140	36~160	45~180	50~200	56~220	63~250	70~280	80~320	90~360	100~400	100~400	110~450	125~500
L 系列	6,8,10,12,14,16,18,20,22,25,28,32,36,40,45,50,56,63,70,80,90,100,110,125,140,160,180,200,220,250,280,320360,400,450,500																			

（九）圆柱销（GB/T 119—2000）

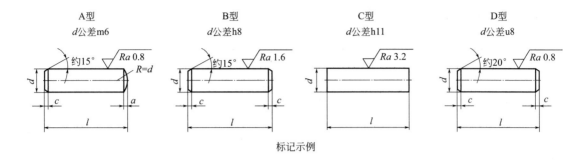

标记示例

公称直径 $d=8$mm，长度 $l=30$mm 的 B 型圆柱销，标记为：销 GB/T 119—2000 B8×30

附表 13　　　　　单位：mm

公称直径 d	1	1.2	1.5	2	2.5	3	4	5	6	8	10	12
$a\approx$	0.12	0.16	0.20	0.25	0.30	0.40	0.50	0.63	0.80	1.0	1.2	1.6
$c\approx$	0.20	0.25	0.30	0.35	0.40	0.50	0.63	0.80	1.2	1.6	2	2.5
l 系列	2,3,4,5,6,8,10,12,14,16,18,20,22,24,26,28,30,32,35,40,45,50,55,60,65,70,75,80,85,90,95,100,120											

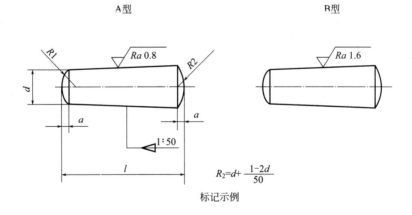

$$R_2 = d + \frac{1-2d}{50}$$

标记示例

（十）圆锥销（GB/T 117—2000）

公称直径 $d=10$mm，长度 $l=60$mm 的 A 型圆锥销，标记为：销 GB/T 117—2000 A10×60

附表 14　　　　　单位：mm

公称直径 d	1	1.2	1.5	2	2.5	3	4	5	6	8	10	12
$a\approx$	0.12	0.16	0.20	0.25	0.30	0.40	0.50	0.63	0.80	1.0	1.2	1.6
L 系列	2,3,4,5,6,8,10,12,14,16,18,20,22,24,26,28,30,32,35,40,45,50,55,60,65,70,75,80,85,90,95,100,120											

三、极限偏差

常用配合轴的极限偏差表基本尺寸至 500mm 优先。

附表

代号\基本尺寸/mm	C11	d8	d9	e7	e8	f7	f8	g6	g7	h5	h6	h7	h8	h9	h10	h11	js6
≤3	-60/-120	-20/-34	-20/-45	-14/-24	-14/-28	-6/-16	-6/-20	-2/-8	-2/-12	0/-4	0/-6	0/-10	0/-14	0/-25	0/-40	0/-60	±3
>3~6	-70/-145	-30/-48	-30/-60	-20/-32	-20/-28	-10/-22	-10/-28	-4/-12	-4/-16	0/-5	0/-8	0/-12	0/-18	0/-30	0/-48	0/-75	±4
>6~10	-80/-170	-40/-62	-40/-76	-25/-40	-25/-47	-13/-28	-13/-35	-5/-14	-5/-20	0/-6	0/-9	0/-15	0/-22	0/-36	0/-58	0/-90	±4.5
>10~14	-95/-205	-50/-77	-50/-93	-32/-50	-32/-59	-16/-34	-16/-43	-6/-17	-6/-24	0/-8	0/-11	0/-18	0/-27	0/-43	0/-70	0/-110	±5.5
>14~18	-95/-205	-50/-77	-50/-93	-32/-50	-32/-59	-16/-34	-16/-43	-6/-17	-6/-24	0/-8	0/-11	0/-18	0/-27	0/-43	0/-70	0/-110	±5.5
>18~24	-110/-240	-65/-98	-65/-117	-40/-61	-40/-73	-20/-41	-20/-53	-7/-20	-7/-28	0/-9	0/-13	0/-21	0/-33	0/-52	0/-84	0/-130	±6.5
>24~30	-110/-240	-65/-98	-65/-117	-40/-61	-40/-73	-20/-41	-20/-53	-7/-20	-7/-28	0/-9	0/-13	0/-21	0/-33	0/-52	0/-84	0/-130	±6.5
>30~40	-120/-280	-80/-119	-80/-142	-50/-75	-50/-89	-25/-50	-25/-64	-9/-25	-9/-34	0/-11	0/-16	0/-25	0/-39	0/-62	0/-100	0/-160	±8
>40~50	-130/-290	-80/-119	-80/-142	-50/-75	-50/-89	-25/-50	-25/-64	-9/-25	-9/-34	0/-11	0/-16	0/-25	0/-39	0/-62	0/-100	0/-160	±8
>50~65	-140/-330	-100/-146	-100/-174	-60/-90	-60/-106	-30/-60	-30/-76	-10/-29	-10/-40	0/-13	0/-19	0/-30	0/-46	0/-74	0/-120	0/-190	±9.5
>65~80	-150/-340	-100/-146	-100/-174	-60/-90	-60/-106	-30/-60	-30/-76	-10/-29	-10/-40	0/-13	0/-19	0/-30	0/-46	0/-74	0/-120	0/-190	±9.5
>80~100	-170/-390	-120/-174	-120/-207	-72/-107	-72/-126	-36/-71	-36/-90	-12/-34	-12/-47	0/-15	0/-22	0/-35	0/-54	0/-87	0/-140	0/-220	±11
>100~120	-180/-400	-120/-174	-120/-207	-72/-107	-72/-126	-36/-71	-36/-90	-12/-34	-12/-47	0/-15	0/-22	0/-35	0/-54	0/-87	0/-140	0/-220	±11
>120~140	-200/-450	-145/-208	-145/-245	-85/-125	-85/-148	-43/-83	-43/-106	-14/-39	-14/-54	0/-18	0/-25	0/-40	0/-63	0/-100	0/-160	0/-250	±12.5
>140~160	-210/-460	-145/-208	-145/-245	-85/-125	-85/-148	-43/-83	-43/-106	-14/-39	-14/-54	0/-18	0/-25	0/-40	0/-63	0/-100	0/-160	0/-250	±12.5
>160~180	-230/-480	-145/-208	-145/-245	-85/-125	-85/-148	-43/-83	-43/-106	-14/-39	-14/-54	0/-18	0/-25	0/-40	0/-63	0/-100	0/-160	0/-250	±12.5
>180~200	-240/-530	-170/-242	-170/-285	-100/-146	-100/-172	-50/-96	-50/-122	-15/-44	-15/-61	0/-20	0/-29	0/-46	0/-72	0/-115	0/-185	0/-290	±14.5
>200~225	-260/-550	-170/-242	-170/-285	-100/-146	-100/-172	-50/-96	-50/-122	-15/-44	-15/-61	0/-20	0/-29	0/-46	0/-72	0/-115	0/-185	0/-290	±14.5
>225~250	-280/-570	-170/-242	-170/-285	-100/-146	-100/-172	-50/-96	-50/-122	-15/-44	-15/-61	0/-20	0/-29	0/-46	0/-72	0/-115	0/-185	0/-290	±14.5
>250~280	-300/-620	-190/-217	-190/-320	-110/-162	-110/-191	-56/-108	-56/-137	-17/-49	-17/-69	0/-23	0/-32	0/-52	0/-81	0/-130	0/-210	0/-320	±16
>280~315	-330/-650	-190/-217	-190/-320	-110/-162	-110/-191	-56/-108	-56/-137	-17/-49	-17/-69	0/-23	0/-32	0/-52	0/-81	0/-130	0/-210	0/-320	±16
>315~355	-360/-720	-210/-299	-210/-350	-125/-182	-125/-214	-62/-119	-62/-151	-18/-54	-18/-75	0/-25	0/-36	0/-57	0/-89	0/-140	0/-230	0/-360	±18
>355~400	-400/-760	-210/-299	-210/-350	-125/-182	-125/-214	-62/-119	-62/-151	-18/-54	-18/-75	0/-25	0/-36	0/-57	0/-89	0/-140	0/-230	0/-360	±18
>400~450	-440/-840	-230/-327	-230/-385	-135/-198	-135/-232	-68/-131	-68/-165	-20/-60	-20/-83	0/-27	0/-40	0/-63	0/-97	0/-155	0/-250	0/-400	±20
>450~500	-480/-880	-230/-327	-230/-385	-135/-198	-135/-232	-68/-131	-68/-165	-20/-60	-20/-83	0/-27	0/-40	0/-63	0/-97	0/-155	0/-250	0/-400	±20

注：代号栏各公差等级为 C:11；d:8、9；e:7、8；f:7、8；g:6、7；h:5、6、7、8、9、10、11；js:6（等级）。

15　　　　　　　　　　　　　　　　　　　　　　　　　　　　　单位：μm

级

k6	k7	m6	m7	n5	n6	p6	p7	r6	r7	s5	s6	t6	t7	U6	v6	x6	y6	z6
+6/0	+10/0	+8/+2	+12/+2	+8/+4	+10/+4	+12/+6	+12/+6	+16/+10	+20/+10	+18/+14	+20/+14	—	—	+24/+18	—	+26/+20	—	+32/+26
+9/+1	+13/+1	+12/+4	+16/+4	+13/+8	+16/+8	+20/+12	+24/+12	+23/+15	+27/+15	+24/+19	+27/+19	—	—	+31/+23	—	+36/+28	—	+43/+35
+10/+1	+16/+1	+15/+6	+21/+6	+16/+10	+19/+10	+24/+15	+30/+15	+28/+19	+34/+19	+29/+23	+32/+23	—	—	+37/+28	—	+43/+34	—	+51/+42
+12/+1	+19/+1	+18/+7	+25/+7	+20/+12	+23/+12	+29/+18	+36/+18	+34/+23	+41/+23	+36/+28	+39/+28	—	—	+44/+33	—	+51/+40	—	+61/+50
															+50/+39	+56/+45	—	+71/+60
+15/+2	+23/+2	+21/+8	+29/+8	+24/+15	+28/+15	+35/+22	+43/+22	+41/+28	+49/+28	+44/+35	+48/+35	—	—	+54/+34	+60/+47	+64/+54	+76/+63	+86/+73
												+54/+41	+62/+41	+61/+48	+68/+55	+77/+64	+88/+75	+101/+88
+18/+2	+27/+2	+25/+9	+34/+9	+28/+17	+33/+17	+42/+26	+51/+26	+50/+34	+59/+34	+54/+43	+59/+43	+64/+48	+73/+48	+76/+60	+84/+68	+96/+80	+110/+94	+128/+112
												+70/+54	+79/+54	+86/+70	+97/+81	+113/+97	+130/+114	+152/+136
+21/+2	+32/+2	+30/+11	+41/+11	+33/+20	+39/+20	+51/+32	+62/+32	+60/+41	+71/+41	+66/+53	+72/+53	+85/+66	+96/+66	+106/+87	+121/+102	+141/+122	+163/+144	+191/+172
								+62/+43	+73/+43	+72/+59	+78/+59	+94/+75	+105/+75	+121/+102	+139/+120	+165/+146	+193/+174	+229/+210
+25/+3	+38/+3	+35/+13	+48/+13	+38/+23	+45/+23	+59/+37	+72/+37	+73/+51	+86/+51	+86/+71	+93/+71	+113/+91	+126/+91	+146/+124	+168/+146	+200/+148	+236/+214	+280/+258
								+76/+54	+89/+54	+94/+79	+101/+79	+126/+104	+139/+104	+166/+144	+194/+172	+232/+210	+276/+254	+332/+310
+28/+3	+43/+3	+40/+15	+55/+15	+45/+27	+52/+27	+68/+43	+83/+43	+88/+63	+103/+63	+110/+92	+117/+92	+147/+122	+162/+122	+195/+170	+227/+202	+273/+248	+325/+300	+390/+365
								+90/+65	+105/+65	+118/+100	+125/+100	+159/+134	+174/+134	+215/+190	+253/+228	+305/+280	+365/+340	+440/+415
								+93/+68	+108/+68	+126/+108	+133/+108	+171/+146	+186/+146	+235/+210	+277/+252	+335/+310	+405/+380	+490/+465
+38/+4	+50/+4	+46/+17	+63/+17	+51/+31	+60/+31	+79/+50	+96/+50	+106/+77	+123/+77	+142/+122	+151/+122	+195/+166	+212/+166	+265/+236	+313/+284	+379/+350	+454/+425	+549/+520
								+109/+80	+126/+80	+150/+130	+159/+130	+209/+180	+226/+180	+287/+258	+339/+310	+414/+385	+499/+470	+604/+575
								+113/+84	+130/+84	+160/+140	+169/+140	+225/+196	+242/+196	+313/+284	+369/+340	+454/+425	+549/+520	+669/+640
+36/+4	+56/+4	+52/+20	+72/+20	+57/+34	+66/+34	+88/+56	+108/+56	+126/+94	+146/+94	+181/+158	+190/+158	+250/+218	+270/+218	+347/+315	+417/+385	+507/+475	+612/+580	+742/+710
								+130/+98	+150/+98	+193/+170	+202/+170	+272/+240	+292/+240	+382/+350	+457/+425	+557/+525	+682/+650	+822/+790
+40/+4	+61/+4	+57/+21	+78/+21	+62/+37	+73/+37	+98/+62	+119/+62	+114/+108	+165/+108	+215/+190	+226/+190	+304/+268	+325/+268	+426/+390	+511/+475	+626/+590	+766/+730	+936/+900
								+150/+114	+171/+114	+233/+208	+244/+208	+330/+294	+351/+294	+471/+435	+566/+530	+696/+660	+856/+820	+1036/+1000
+45/+5	+68/+5	+63/+23	+86/+23	+67/+40	+80/+40	+108/+68	+131/+68	+166/+126	+189/+126	+259/+232	+272/+232	+370/+330	+393/+330	+530/+490	+635/+595	+780/+740	+960/+920	+1240/+1100
								+172/+132	+195/+132	+279/+252	+292/+252	+400/+360	+423/+360	+580/+540	+700/+600	+860/+820	+1040/+1000	+1290/+1250

常用配合孔的极限偏差表基本尺寸至 500mm 优先。

附表

代号	C	D	D	E	E	F	F	G	G	H	H	H	H	H	H	H
基本尺寸/mm	等															
	11	9	10	8	9	8	9	6	7	6	7	8	9	10	11	12
≤3	+126 / +60	+45 / +20	+60 / +20	+28 / +14	+39 / +14	+20 / +6	+31 / +6	+8 / +2	+12 / +2	+6 / +0	+10 / 0	+14 / 0	+25 / 0	+40 / 0	+60 / 0	+100 / 0
>3~6	+145 / +70	+60 / +30	+78 / +30	+38 / +20	+50 / +20	+28 / +10	+40 / +10	+12 / +4	+16 / +4	+8 / 0	+12 / 0	+18 / 0	+30 / 0	+48 / 0	+75 / 0	+120 / 0
>6~10	+170 / +80	+76 / +40	+98 / +40	+47 / +25	+61 / +25	+35 / +13	+49 / +13	+14 / +5	+20 / +5	+9 / +0	+15 / +0	+22 / +0	+36 / 0	+58 / 0	+90 / 0	+150 / 0
>10~14	+205 / +95	+93 / +50	+120 / +50	+59 / +32	+75 / +32	+43 / +16	+59 / +16	+17 / +6	+24 / +6	+11 / 0	+18 / 0	+27 / 0	+43 / 0	+70 / 0	+110 / 0	+180 / 0
>14~18	+205 / +95	+93 / +50	+120 / +50	+59 / +32	+75 / +32	+43 / +16	+59 / +16	+17 / +6	+24 / +6	+11 / 0	+18 / 0	+27 / 0	+43 / 0	+70 / 0	+110 / 0	+180 / 0
>18~24	+120 / +110	+117 / +65	+149 / +65	+73 / +40	+92 / +40	+53 / +20	+72 / +20	+20 / +7	+28 / +7	+13 / 0	+21 / 0	+33 / 0	+52 / 0	+84 / 0	+130 / 0	+210 / 0
>24~30	+120 / +110	+117 / +65	+149 / +65	+73 / +40	+92 / +40	+53 / +20	+72 / +20	+20 / +7	+28 / +7	+13 / 0	+21 / 0	+33 / 0	+52 / 0	+84 / 0	+130 / 0	+210 / 0
>30~40	+280 / +120	+142 / +80	+180 / +80	+89 / +50	+112 / +50	+64 / +25	+87 / +25	+25 / +9	+34 / +9	+16 / 0	+25 / 0	39 / 0	+62 / 0	+100 / 0	+160 / 0	+250 / 0
>40~50	+290 / +130	+142 / +80	+180 / +80	+89 / +50	+112 / +50	+64 / +25	+87 / +25	+25 / +9	+34 / +9	+16 / 0	+25 / 0	39 / 0	+62 / 0	+100 / 0	+160 / 0	+250 / 0
>50~65	+330 / +140	+174 / +100	+220 / +100	106 / +60	+134 / +60	+76 / +30	+104 / +30	+29 / +10	+40 / +10	+19 / 0	+30 / 0	+46 / 0	+74 / 0	+120 / 0	+190 / 0	+300 / 0
>65~80	+340 / +150	+174 / +100	+220 / +100	106 / +60	+134 / +60	+76 / +30	+104 / +30	+29 / −10	+40 / +10	+19 / 0	+30 / 0	+46 / 0	+74 / 0	+120 / 0	+190 / 0	+300 / 0
>80~100	+390 / +170	+207 / +120	+260 / +120	+126 / +72	+159 / +72	+90 / +36	+123 / +36	+34 / +12	+47 / +12	+22 / 0	+35 / 0	+54 / 0	+87 / 0	+140 / 0	+220 / 0	+350 / 0
>100~120	+400 / +180	+207 / +120	+260 / +120	+126 / +72	+159 / +72	+90 / +36	+123 / +36	+34 / +12	+47 / +12	+22 / 0	+35 / 0	+54 / 0	+87 / 0	+140 / 0	+220 / 0	+350 / 0
>120~140	+450 / +200	+245 / +145	305 / +145	+148 / +85	+185 / +85	+106 / +43	+143 / +43	+39 / +14	+45 / +14	+25 / 0	+40 / 0	+160 / 0	+100 / 0	+160 / 0	+250 / 0	+400 / 0
>140~160	+460 / +210	+245 / +145	305 / +145	+148 / +85	+185 / +85	+106 / +43	+143 / +43	+39 / +14	+45 / +14	+25 / 0	+40 / 0	+160 / 0	+100 / 0	+160 / 0	+250 / 0	+400 / 0
>160~180	+480 / +230	+245 / +145	305 / +145	+148 / +85	+185 / +85	+106 / +43	+143 / +43	+39 / +14	+45 / +14	+25 / 0	+40 / 0	+160 / 0	+100 / 0	+160 / 0	+250 / 0	+400 / 0
>180~200	+530 / +240	+285 / +170	+355 / +170	+172 / +100	+215 / +100	+122 / +50	+165 / +50	+44 / +15	+61 / +15	+29 / 0	+46 / 0	+72 / 0	+115 / 0	+185 / 0	+290 / 0	+460 / 0
>200~225	+550 / +260	+285 / +170	+355 / +170	+172 / +100	+215 / +100	+122 / +50	+165 / +50	+44 / +15	+61 / +15	+29 / 0	+46 / 0	+72 / 0	+115 / 0	+185 / 0	+290 / 0	+460 / 0
>225~250	+570 / +280	+285 / +170	+355 / +170	+172 / +100	+215 / +100	+122 / +50	+165 / +50	+44 / +15	+61 / +15	+29 / 0	+46 / 0	+72 / 0	+115 / 0	+185 / 0	+290 / 0	+460 / 0
>250~280	+620 / +300	+320 / +190	+400 / +190	+191 / +110	+240 / +110	+137 / +56	+186 / +56	+49 / +17	+69 / +17	+32 / 0	+52 / 0	+81 / 0	+130 / 0	+210 / 0	+320 / 0	+520 / 0
>280~315	+650 / +330	+320 / +190	+400 / +190	+191 / +110	+240 / +110	+137 / +56	+186 / +56	+49 / +17	+69 / +17	+32 / 0	+52 / 0	+81 / 0	+130 / 0	+210 / 0	+320 / 0	+520 / 0
>325~355	+720 / +360	+350 / +210	+440 / +210	+214 / +125	+265 / +125	−F151 / +62	+202 / +62	+54 / +18	+75 / +18	+36 / 0	+57 / 0	+89 / 0	+140 / 0	+230 / 0	+360 / 0	+570 / 0
>355~400	+760 / +400	+350 / +210	+440 / +210	+214 / +125	+265 / +125	−F151 / +62	+202 / +62	+54 / +18	+75 / +18	+36 / 0	+57 / 0	+89 / 0	+140 / 0	+230 / 0	+360 / 0	+570 / 0
>400~450	+840 / +440	+385 / +230	+480 / +230	+232 / +135	+290 / +135	+165 / +68	+223 / +68	+60 / +20	+83 / +20	+40 / 0	+63 / 0	+97 / 0	+155 / 0	+250 / 0	+400 / 0	+630 / 0
>450~500	+880 / +480	+385 / +230	+480 / +230	+232 / +135	+290 / +135	+165 / +68	+223 / +68	+60 / +20	+83 / +20	+40 / 0	+63 / 0	+97 / 0	+155 / 0	+250 / 0	+400 / 0	+630 / 0

16　　　　　　　　　　　　　　　　　　　　　　　　　　　单位：μm

级

Js7	Js8	K6	K7	M7	M8	N6	N7	P6	P7	R6	R7	S6	S7	T6	T7	U6
±5	±7	0/−6	0/−10	−2/−12	−2/−16	−4/−10	−4/−14	−6/−12	−6/−16	−10/−16	−10/−20	−14/−20	−14/−24	—	—	−18/−24
±6	±9	+2/−6	+3/−9	0/−12	+2/−16	−5/−13	−4/−16	−9/−17	−8/−20	−12/−20	−11/−23	−16/−24	−15/−27	—	—	−20/−28
±7	±11	+2/−7	+5/−10	0/−15	+1/−21	−7/−16	−4/−19	−12/−21	−9/−24	−16/−25	−13/−28	−20/−29	−17/−32	—	—	−25/−34
±9	±13	+2/−9	+6/−12	0/−18	+2/−25	−9/−20	−5/−23	−15/−26	−11/−29	−20/−31	−16/−34	−25/−36	−21/−39	—	—	−30/−41
±10	±16	+2/−11	+6/−15	0/−21	+4/−29	−11/−24	−7/−28	−18/−31	−14/−35	−24/−37	−20/−41	−31/−44	−27/−48	—	—	−37/−50
														−37/−50	−33/−54	−44/−57
±12	±19	+3/−13	+7/−18	0/−25	+5/−34	−12/−28	−8/−33	−21/−37	−17/−42	−29/−45	−25/−50	−38/−54	−34/−59	−43/−59	−39/−54	−55/−71
														−49/−65	−45/−70	−65/−81
±15	±23	+4/−15	+9/−21	0/−30	+5/−41	−14/−33	−9/−39	−26/−45	−21/−51	−35/−54	−30/−60	−47/−66	−42/−72	−60/−79	−55/−85	−81/−100
										−37/−56	−32/−62	−53/−72	−48/−78	−69/−88	−64/−94	−96/−115
±17	±27	+4/−18	+10/−25	0/−35	+6/−48	−16/−38	−10/−45	−30/−52	−24/−59	−44/−66	−38/−73	−64/−86	−58/−93	−84/−106	−78/−113	−117/−139
										−47/−69	−41/−76	−72/−94	−66/−101	−97/−119	−91/−126	−137/−159
±20	±31	+4/−21	+12/−28	0/−40	+8/−55	−20/−45	−12/−52	−36/−61	−28/−68	−56/−81	−48/−88	−85/−110	−77/−117	−115/−140	−107/−147	−163/−188
										−58/−83	−50/−90	−93/−118	−85/−125	−127/−152	−119/−159	−183/−208
										−61/−86	−53/−93	−101/−126	−93/−133	−139/−164	−131/−171	−203/−228
±23	±36	+5/−24	+13/−33	0/−46	+9/−63	−22/−51	−14/−60	−41/−70	−33/−79	−68/−97	−60/−106	−113/−142	−105/−151	−157/−186	−149/−195	−227/−256
										−71/−100	−63/−109	−121/−150	−113/−159	−171/−200	−163/−209	−249/−278
										−75/−104	−67/−113	−131/−160	−123/−169	−187/−216	−179/−225	−275/−304
±26	±40	+5/−27	+16/−36	0/−52	+9/−72	−25/−57	−14/−66	−47/−79	−36/−88	−85/−117	−74/−126	−149/−181	−138/−190	−209/−241	−198/−250	−306/−338
										−89/−121	−78/−130	−161/−193	−150/−202	−231/−263	−220/−272	−341/−373
±28	±44	+7/−29	+17/−40	0/−57	+11/−78	−26/−62	−16/−73	−51/−87	−41/−98	−97/−133	−87/−144	−179/−215	−169/−226	−257/−293	−247/−304	−379/−415
										−103/−139	−93/−150	−197/−233	−187/−244	−283/−319	−273/−330	−424/−460
±31	±48	+8/−32	+18/−45	0/−63	+11/−86	−27/−67	−17/−80	−55/−95	−45/−108	−113/−153	−103/−166	−219/−259	−209/−272	−317/−357	−307/−370	−477/−517
										−119/−159	−109/−172	−239/−279	−229/−292	−347/−387	−337/−400	−527/−567

四、滚动轴承

附表 17

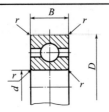

000 型
$r_{min}-r$ 的单向

轴承型号	尺寸/mm				轴承型号	尺寸/mm			
	d	D	B	r_{min}		d	D	B	r_{min}
特轻(1)系列					中窄(3)系列				
16	6	17	6	0.3	34	4	16	5	0.3
17	7	19	6	0.3	35	5	19	6	0.3
18	8	22	7	0.3	300	10	35	11	0.6
19	9	24	7	0.3	301	12	37	12	1
100	10	26	8	0.3	302	15	42	13	1
101	12	28	8	0.3	303	17	47	14	1
102	15	32	9	0.3	304	20	52	15	1.1
103	17	35	10	0.3	305	25	62	17	1.1
104	20	42	12	0.6	306	30	72	19	1.1
105	25	47	12	0.6	307	35	80	21	1.5
106	30	55	13	1	308	40	90	23	1.5
107	35	62	14	1	309	45	100	25	1.5
108	40	68	15	1	310	50	110	27	2
109	45	75	16	1	311	55	120	29	2
110	50	80	16	1	312	60	130	31	2.1
111	55	90	18	1.1	313	65	140	33	2.1
112	60	95	18	1.1	314	70	150	35	2.1
					315	75	160	37	2.1
					316	80	170	39	2.1
					317	85	180	41	3
					318	90	190	43	3
轻窄(2)系列					重轻(4)系列				
23	3	10	4	0.15	403	17	62	17	1.1
24	4	13	5	0.2	404	20	72	19	1.1
25	5	16	5	0.3	405	25	80	21	1.5
26	6	19	6	0.3	406	30	90	23	1.5
27	7	22	7	0.3	407	35	100	25	1.5
28	8	24	8	0.3	408	40	110	27	2
29	9	26	8	0.3	409	45	120	29	2
200	10	30	9	0.6	410	50	130	31	2.1
201	12	32	10	0.6	411	55	140	33	2.1
202	15	35	11	0.6	412	60	150	35	2.1
203	17	40	12	0.6	413	65	160	37	2.1
204	20	47	14	1	414	70	180	42	3
205	25	52	15	1	415	75	190	45	3
206	30	62	16	1	416	80	200	48	3
207	35	72	17	1.1	417	85	210	52	4
208	40	80	18	1.1	418	90	225	54	4
209	45	85	19	1.1	420	100	250	58	4
210	50	90	20	1.1					
211	55	100	21	1.5					
212	60	110	22	1.5					

参考文献

［1］韩敬，李希荣，等.园林计算机辅助设计［M］.北京：化学工业出版社，2017.

［2］何铭新，钱可强，徐祖茂，等.机械制图［M］.北京：高等教育出版社，2014.

［3］杜冬梅，崔永军，等.工程制图与 CAD［M］.北京：中国电力出版社，2018.

［4］李雪梅.工程图学基础［M］.北京：清华大学出版社，2009.

［5］董振珂.化工制图［M］.北京：化学工业出版社，2005.

［6］李勇，韩霜.AutoCAD 入门与提高［M］.北京：人民邮电出版社，2014.

［7］天工在线.AutoCAD 从入门到精通［M］.北京：中国水利水电出版社，2019.